短视频

策划·拍摄·制作与运营

李彪 吕澜希 著

清華大學出版社
北京

内 容 简 介

本书详细讲解短视频策划、拍摄、制作与运营的技术与技巧，以帮助新入行的从业人员快速制作出有吸引力的短视频，从而能在短视频行业中站稳脚跟、发展壮大并顺利盈利。

本书共分为8章。第1章介绍什么是短视频，以及短视频的营销特点；第2章讲解当下热门的一些短视频平台的定位和玩法；第3章讲解策划一个优秀短视频的方法与技巧；第4章讲解短视频拍摄方面的方法与技巧；第5章讲解短视频后期制作的方法与技巧；第6章讲解短视频的推广引流方面的技能与技巧；第7章讲解短视频平台运营、用户运营和内容运营等多种运营方面的内容；第8章讲解短视频的盈利方式，并以养生茶为例，介绍短视频项目从策划到获利的实操技巧。

本书所讲的短视频运营知识，贴近实际，可操作性强，且每个具体的知识点后，都跟有案例讲解，对于初入行的创作者而言十分适用。有一定经验的播主也可以借助这些技巧与知识，提升自身短视频的运营效果。

图书在版编目（CIP）数据

短视频策划、拍摄、制作与运营/李彪，吕澜希著. —北京：清华大学出版社，2021.1
ISBN 978-7-302-56836-0

Ⅰ. ①短… Ⅱ. ①李… ②吕… Ⅲ. ①视频制作 Ⅳ. ①TN948.4

中国版本图书馆CIP数据核字（2020）第226810号

责任编辑： 夏毓彦
封面设计： 王 翔
责任校对： 闫秀华
责任印制： 吴佳雯
出版发行： 清华大学出版社
网 址： http://www.tup.com.cn，http://www.wqbook.com
地 址： 北京清华大学学研大厦A座　　**邮 编：** 100084
社 总 机： 010-62770175　　**邮 购：** 010-62786544
投稿与读者服务： 010-62776969，c-service@tup.tsinghua.edu.cn
质量反馈： 010-62772015，zhiliang@tup.tsinghua.edu.cn
印 装 者： 三河市铭诚印务有限公司
经 销： 全国新华书店
开 本： 190mm×260mm　　**印 张：** 16.5　　**字 数：** 423千字
版 次： 2021年1月第1版　　**印 次：** 2021年1月第1次印刷
定 价： 89.00元

产品编号： 090165-01

前言 PREFACE

随着生活节奏的加快，人们的闲暇时间呈现出“碎片化”的特点，很多人习惯于利用碎片时间来休闲或学习。短视频以其短小有趣的特点，迅速占领了人们的碎片时间，受到了全世界手机用户的喜爱，短视频行业因此迅速发展了起来。

如今，中国短视频用户已经接近10亿户，短视频行业市场规模已经超过千亿元大关。巨大的用户规模与市场规模，吸引了无数创作者和资本投入到短视频行业中，这既促进了短视频行业的发展，同时也加剧了行业内的竞争。

很多人受李子柒、李佳琦等成功案例的激励，投身到短视频行业中，想要赚取属于自己的第一桶金。但往往入场后，他们才发现原来自己还有很多不会的地方，无论是策划、拍摄、后期，还是推广、引流、盈利，都不是那么简单。各方面知识与技能的缺乏，导致他们在竞争中无法脱颖而出，聚集不起人气，更谈不上发展壮大了。这才意识到，原来想要在短视频行业有所作为，也需要先给自己“充电”，充分了解这个行业的运作机制，短视频的各种制作、运营方法与技巧，如此才能在竞争中站稳脚跟，获得人气。

正是看到了广大短视频从业者的需求，本书编者经过半年的精心策划与筹备，邀请了17位短视频行业的头部播主作为写作指导，编写出这本详细讲解短视频策划、拍摄、制作、运营、推广等方面知识的图书，力求让读者在学习后能够全面、深入地掌握相关的技能与技巧，快速成长起来，在短视频行业大显身手。

此外，由于本书在运营方面的介绍较多，因此对已经有一定人气积累的播主也有较大的帮助。本书也可为各高等院校及高职高专电子商务专业的师生提供视频营销方面的参考，对于研究中国短视频行业的学者与机构而言本书也有很好的参考作用。

由于短视频行业属于新兴行业，发展非常迅速，知识与技能更新换代很快，因此本书所讲解的内容在未来可能会存在一些偏差，还望读者谅解。如有意见与建议，请将来函发至booksaga@163.com，作者将尽力解决问题。

著者

2021年1月

短视频
策划·拍摄·制作与运营

策划×拍摄×制作×引流×吸粉×盈利

解析短视频运营秘技：**引流精准真实**
揭秘短视频生财之道：**盈利稳定可靠**

目录 CONTENTS

第 1 章 短视频与短视频运营

随着互联网的普及和新媒体行业的不断发展，短视频逐渐进入了大众的视野。它作为一种新兴的内容传播方式，具有内容新奇丰富、制作门槛低的特点，并且在短短时间内就成为人们的重要娱乐与社交平台之一。同时，短视频带来的巨大流量，也带来了巨大的商业利益。

总的来说，一个短视频的利益，是与其播放量密切相关的。因此，让短视频能更受欢迎，被更多人播放，从而带来更多的利益的工作，就成了一种新的职业，即短视频运营。短视频运营从业者通过策划与品牌相关的优质的、高传播性的视频内容，并借助抖音、快手、火山、微视和美拍等短视频平台向粉丝推送消息，充分利用粉丝经济提高品牌知名度，从而达到营销的目的。要做好短视频运营，应先对相关的环境、情况以及概念有所了解，这就是本章将要介绍的内容。

1.1

越来越火的短视频

不难发现，越来越多的人涌入到短视频行业中来，其目的各有不同，有的是为了展示自我、有的是为了获得名气、有的是为了获得经济利益，等等。要达到这些目的，就应该先对短视频的概念、短视频的特点、短视频的商业价值以及短视频的常见类型有一定的了解。

1.1.1 什么是短视频

短视频是指视频时长较短，在各个互联网新媒体平台上播放的、适合大众在闲暇时观看的、高频率推送的视频内容，是继文字、图片和传统视频之后新兴的一种互联网内容传播方式。

短视频的具体时间长度，并没有一个统一的规定，有人认为应当不超过1分钟，有人则认为只要不超过20分钟都算是短视频。无论如何，短视频与电视剧、电影等动辄半小时到数小时的长度相比，更加适合现代人“碎片化”的休闲与社交需求。

短视频的内容新奇、丰富，涵盖了技能分享、情景短剧、街头采访、幽默搞怪、网红IP、时尚潮流、社会热点、创业剪辑、商业定制等。此外，用户还可以借助短视频进行自我表达和情感抒发，这些都是短视频备受大众喜爱的原因。

以哔哩哔哩网站上的一条“吐槽挑刺狂魔”的短视频为例，视频内容从人们生活中经常遇到的情景出发，并用生动有趣的语言展现出来，使得在生活中遇到这种事情的用户得到了情感上的抒发和共鸣。截至目前，该视频的播放量已达456.6万次，点赞量已达22.6万次，收藏已达4.2万次，转发量已达3.5万次。由此可见，该条短视频是极受用户喜爱和认可的，如图1-1所示。

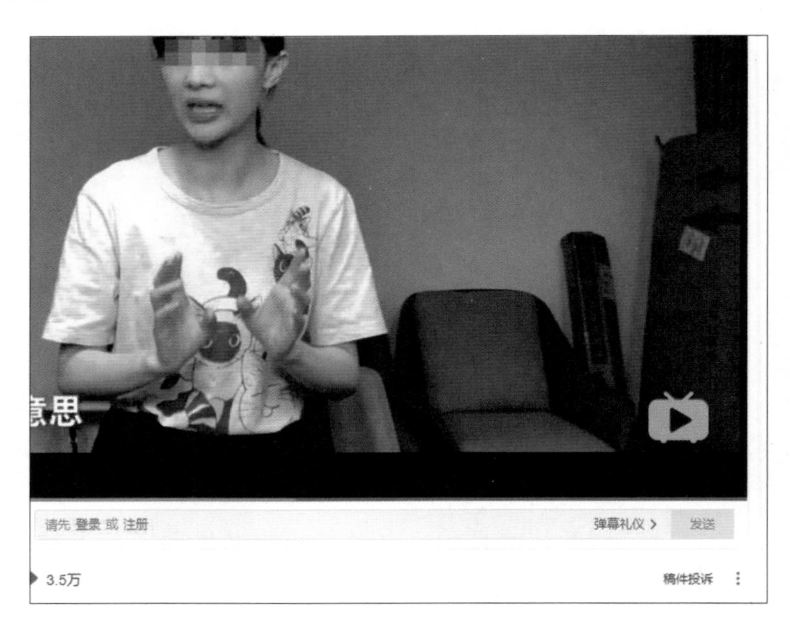

图1-1 短视频示例

1.1.2 短视频的特点

短视频与长视频和直播的不同点，不仅仅表现在视频时长上的缩短，在制作上也没有特定的表达形式和团队配置要求，这大大地节省了传播成本。总的来说，短视频具有以下4大特点：

- 制作门槛低，参与性强：目前大部分短视频软件中都具有特效、滤镜、剪辑等功能，拍摄和制作十分简单。只需要一个人和一部手机就能够完成，真正意义上做到随拍随传，随时分享。
- 具有社交属性，互动性强：短视频信息传播力度大、范围广、互动性强，为众多用户的创造和分享提供了一个便捷的传播通道。同时，通过点赞、分享、评论等手段，能够让短视频被更多用户点赞、评论，大大增加了互动性。
- 符合快节奏生活的需求：短视频时长较短，内容简单明了，在如今较快的生活节奏下，能让人们更方便快捷地获取信息。
- 内容新奇丰富：相较于文字、图片、传统视频，短视频可以以最快的方式传达出更多的、更直观的、更立体的信息，表现形式也更加丰富，非常符合当前受众对于个性化、多元化的内容需求。

以上这4大特点，是短视频迅速火爆起来的重要原因，也是短视频商业价值在众多领域中脱颖而出的重要基石。

达人提示

优质的视频内容和超短、较短的视频制作周期，对于短视频制作人员的文案功底以及脚本策划来说具有一定的挑战性。有的创作者可能会选择依附成熟的自媒体运营团队，从而获得高频稳定的内容输出和强大的粉丝渠道。

这里以抖音平台播主“孟婆十九”和“月老玄七”二人组为例，两个播主输出的短视频受到用户喜爱和追捧，很大程度上是依靠了团队的力量。据了解，团队不仅会提供优质的短视频脚本，还会在短视频拍摄时下足功夫，大到场地选择，小到演员动作神态，都会一一把关，使得短视频内容以更好的方式呈现在大众眼前。

截至目前，两个播主在抖音上的粉丝数一共将近1400万，收获点赞量超过150,000,000万次。这正是依靠了优质的团队运营，两位播主才能得到如此好的成绩。

1.1.3 短视频的商业价值

如今，大家的手机里面都有一两个短视频APP，且随处可见观看短视频的人，如公交车上、咖啡店里，等等。短视频用新奇丰富的内容吸引着大众的目光，几乎渗透到了人们生活和娱乐的各个角落。

在这流量为王的时代，短视频拥有了其他领域无可比拟的流量优势，其商业价值也逐渐突显出来，被大家所重视。如今，越来越多的人选择用短视频植入硬性广告、软性广告或内容原创广告推广产品，并取得显著的效果。

通过一系列数据分析和统计，短视频的商业价值主要体现在以下5个方面：

- 品牌传播能力强：短视频融合文字、图片、语音和视频，内容生动有趣，渗透到生活的各个角落，将品牌场景化，因此使用户更容易产生认同感，更有利于品牌口碑快速形成。
- 流量巨大：以抖音为例，截至2020年1月，抖音日活跃用户数达5亿，可见流量十分巨大。
- 智能推送：如今的短视频平台都拥有强大的机器算法机制，能够根据用户画像和地点实现个性化推送，对于植入广告的短视频而言，这样的推送可以减少无效受众，能达到更好的广告效果。
- 视频传播能力强：由于短视频内容新鲜有趣，贴近生活，因此很容易得到大众的自发传播。以美拍为例，某位网友自己发现了一种不一样的牛肉做法，并通过美拍发起了“牛肉做法”的话题挑战，该话题通过网友的迅速传播，带来了5万多用户的参与。
- 用户转化率高：转化能力可以简单理解为盈利能力。不难发现，短视频平台拥有着巨大流量，在进行用户转化时，做得也相当不错。例如某网红小吃，原本只是一个无人问津的小吃店，在网上蹿红之后，线下迅速获得了一大批客流量，如今已经开了10家分店，且每家分店每天都有许多客人排队购买，这些客流都是通过短视频平台用户转化而来的。

那么，要怎么样做才能将短视频的点击量和互动量变为利润，充分地实现短视频的商业价值呢？具体的方法将在本书后续的内容中为读者进行详细讲解。

1.1.4 短视频的常见类型 

短视频作为互联网新媒体内容传播的工具之一，不仅带给了人们知识、信息和娱乐，更多的是让人们走进了一个短视频时代。要运营好短视频，首先要对短视频的类型有一定的了解。那么，常见的短视频有哪些类型呢？

1. 短型纪录片

纪录片是指描写、记录或者研究真实世界的影片，在影片里表现出来的人、物、地点应与实际情况一致。以短型纪录片“鲁菜”为例，视频内容用“以菜阐道”的风格，向观众展示了“鲁菜”文化，并且得到了观众的喜爱。以下是该账号发布的一条“鲁菜”视频，已经获得了15.1万的点赞和近3000个评价，如图1-2所示。

2. 才艺展示

通过声乐、舞蹈、器乐、小品、戏曲、插花、茶道等才艺，向观众展示自我。以某展示钢琴才艺的短视频为例，在视频中，创作者纤长的手指在黑白琴键上飞扬，一个个动听的音符随之回荡在观众耳朵，经久不绝。也正是因为如此，视频收获了30万的点赞、1万的评论和近1万的转发，如图1-3所示。

图1-2 “鲁菜”纪录片

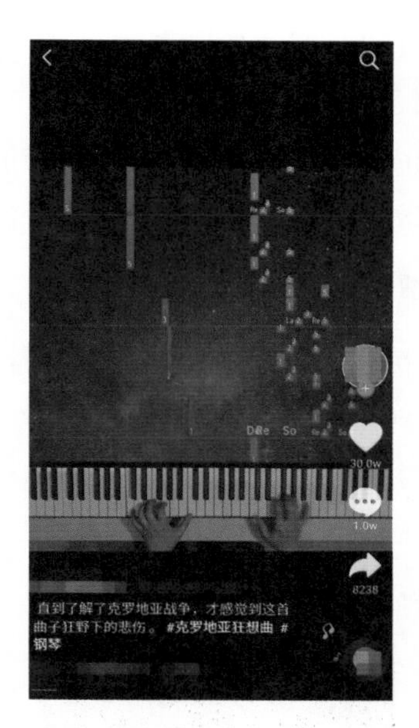

图1-3 “钢琴”才艺展示

3. 幽默搞笑

幽默搞笑类型主要针对当下人们追捧的热点或话题进行创作，使得视频更具有趣味性，且这种创作的结果往往会受到不少人的喜爱。不少的平台用户会输出一些搞笑内容，为快节奏生活中的人们提供了娱乐谈资。以抖音视频平台的创作者“唐马鹿”为例，他发布的内容多是一些幽默搞笑的吐槽。下面是他发布的“唱歌技巧的方法教学”短视频以及网友对该视频的评论，截至目前，点赞量已经达到53万，评论量超过7万，如图1-4所示。

图1-4 唐马鹿唱歌技巧教学短视频

4. 网红IP类型

网红是指在现实或网络中因为某个事件或者某种行为而被大众关注从而走红的人，也指那些长期持续输出专业知识而走红的人。IP是知识产权的英文缩写，网红IP类型则是指以网红的名气为基础创造出的商业价值。以知名网红papi酱为例，她通过犀利有趣的言语、富有张力的表演，成功塑造了一个网红的形象。下面是她对于“怀孕”一事的调侃视频，视频中充分表现了孕妇身边的同事、亲友对孕妇的关怀以及担忧，也因此让很多人都找到了同感，如图1-5所示。

一个简单的视频，点赞量达到70.7万，这充分说明papi酱的“名人效应”是多么强大，papi酱的商业价值也是毋庸置疑的了。

5. 情景短剧

情景短剧多以创意为主，在内容呈现上，前期设计、情节发展、事件逻辑性非常重要，有时也会抖一两个搞笑的包袱来增加整个节目效果。以陈翔六点半为例，该账号发布的内容多是根据生活创造出来的情景短剧。下面是一个关于“美好爱情”的短剧，通过视频展现出爱情的美好，很大程度上引起了“想憧憬美好爱情”这一类人的情感共鸣，因此获得的点赞量和转发量都非常高，如图1-6所示。

图1-5 papi酱的调侃短视频

图1-6 讲述“美好爱情”的情景短剧

6. 技能分享

技能分享，即分享一些技能性、技巧性的短视频，例如制作美食、化妆教程、育儿技巧、养花技巧等，用户通过观看这些短视频能够得到知识或技能上的收获。下面是某个创作者发布的关于“宝宝肚子疼的原因”的短视频，视频内容对于宝宝肚子疼的原因做出了详细解答，这对于有这些知识需求的用户来说犹如雪中送炭，用户自然地就会去点赞和转发，如图1-7所示。

7．街头采访

街头采访是指在比较热闹的大街小巷，随意询问不同路人一些趣味问题，这些问题往往能够比较真实地反映出他们的思想和内心想法。采访的人越多，素材就越多，视频的内容也就更丰富，更有看点。下面是一个关于“男女朋友要不要AA制”的街头采访，由于采访内容话题性较高，非常容易引起用户的参与，评论数量高达1.8万次，如图1-8所示。

图1-7 分享育儿技巧的短视频

图1-8 “男女朋友要不要AA制”的街头采访

8．创意剪辑

创意剪辑是利用现有的视频素材进行二次加工，通过拼接、添加配音、解说、字幕、特效等方法，制作出更加具有趣味性的视频。以胥渡吧为例，通过剪辑不同的视频素材，并添加配音，将古装影视剧中的经典桥段变成了一个具有“现代生活味道”的视频内容，如图1-9所示。

短视频类型多种多样，创作者选择一种类型进行创作即可。需要注意的是，在创作时务必遵循原创、守法的原则，尊重他人的知识产权，不要直接照搬照抄，或上传有版权的内容，如大段的电影、电视剧等，否则会给自己带来很多不必要的麻烦。

图1-9 创意剪辑的短视频页面

1.2

短视频营销及其优势

由于生活节奏越来越快，人们也越来越喜欢利用通勤、用餐等“碎片”时间来进行社交和娱乐，短视频正好迎合了人们的这种需求。人们不仅可以通过短视频进行娱乐、获取信息，还可以通过弹幕、评论、分享进行社交互动。因此，各类短视频APP几乎成为人们的必备社交软件。

在巨大流量的驱动下，人们越来越重视短视频营销，使得短视频营销逐渐成为风口。因此，对于短视频创作者来说，理解短视频营销和掌握其优势，就显得非常有必要了。

1.2.1 什么是短视频营销 

什么是短视频营销？短视频营销是指借助短视频的内容影响目标群体行为方式的宣传手法，比如，通过展示某款食品的制作全过程，向用户展示食品的卫生与美味的特性，从而吸引用户购买。利用短视频进行营销，选对目标受众人群和创造有说服力、吸引力的视频内容是最重要的两点要求。

企业利用短视频对品牌进行营销的操作方式是：将企业形象或品牌融入到短视频当中，并通过剧情和段子的形式将其展现出来，这样，用户在观看过程中，就会不知不觉地接受企业或品牌，从而在购物时产生倾向。此外，用户还会因为对视频产生共鸣并主动分享传播视频，从而使品牌或产品达到裂变引流的目的。

以西安摔酒碗为例，它借助短视频营销，让永兴坊这条街道瞬间变成了人潮涌动的打卡胜地，同时也极大地带动了西安旅游业的发展，带来的相关经济效益也非常显著，如图1-10所示。

图1-10 西安摔酒碗的现场

西安摔酒碗通过短视频营销快速蹿红，无论是从品牌塑造的效果，还是从引流的效果来看，都达到了其他传统营销方式达不到的高度。

1.2.2 短视频营销与传统电商营销的区别 

传统电商营销是借助传统互联网媒介，如图片、文字和电视媒体广告完成的一系列的营销活动。这个时候大家关注的是流量、销售量、性价比、爆款、好评率等数据，因此，这些数据是引起人们关注产品的重要因素。

短视频营销虽然也是借助互联网完成营销活动，但是相对于图片、文字、电视媒体广告，它更具互动性，承载的内容与信息更加丰富直接。并且它凭借自己直观立体、新意有趣和容易传播的特点，成了当下炙手可热的营销方式。

那么，这两者的本质区别是什么呢？为方便读者理解，下面列出短视频营销与传统电商营销的对比表，如表1-1所示。

表1-1 短视频营销与传统电商营销特点对比表

对比项 营销方式	适应性	信息量	传播性	指向性
短视频营销	适应性广，几乎各类“产品”都可以通过短视频的方式呈现	信息量大，短时间内可以传播大量的信息	传播性强，用户用碎片化时间就能获取信息或将内容传播出去	指向性较弱，面对的用户可能没有购买需求
传统电商营销	适应性较弱，图文描述较为单一，不能够全面立体地展示“产品”	传播量的大小根据图文长度而定	传播性较弱	指向性较强，直接面对有购买需求的用户

从表1-1中可以明显地看出，短视频营销和传统电商营销的区别主要表现在适应性、传播性、承载量和营销指向性上。此外，短视频构建的是一个多媒体的流量入口。转化用户流量的点是动态而多元的，并且声音和立体的画面相结合，可以营造出真实性的体验感，从而增加平台用户的信任度和黏性。而传统电商营销的流量入口，虽然也有着多元化的特点，但内容多为图文形式，不如短视频直观立体。

1.2.3 短视频营销与微商营销的区别

微商是利用移动终端社交软件平台，借助移动互联网技术，以人为中心，社交媒体为纽带进行的系列商业活动。微商营销使用的工具多是社交工具，如微信、QQ、微博等。微商在营销时，只需要在朋友圈、QQ空间、微博动态发布产品的信息即可，可以说是门槛非常低了。

微商营销有着“低投入、低技术”的优势，为创业资本不够、企业管理机制不成熟的弱势群体降低了创业门槛和创业难度，提供了就业和创收的机会，非常适合家庭主妇、在校大学生、自由职业者等群体。

但是微商营销模式的弊端也是显而易见的，朋友圈发送广告为真正想购物的好友提供了方便，但也会使不想购物的好友心生反感，导致朋友圈遭到好友屏蔽。同时，微商主要以社交人群为中心，其营销范围是相对比较狭小的。

此外，短视频营销相较于微商营销，除了营销方式不一样，其受众也是比微商营销更为广阔、精准。为方便读者理解，下面将短视频营销与微商营销进行了对比，如表1-2所示。

表1-2 短视频营销与微商营销对比表

对比项 营销方式	营销逻辑	动力来源	赢利模式	传播方式	成本投入	最终效果
短视频营销	以短视频海量用户为基础，发展产品广告与服务，达到盈利目的	通过不断输出用户喜欢的内容，得到用户的信赖，从而让用户为产品付费	广告盈利、电商获利、粉丝打赏等多种赢利模式	在互联网上以视频形式进行传播，如短视频平台上，社交软件	为了获得更多流量会投入一定推广费用	营销效果显著，在营销受众准确的前提下，用户转化率高，且营销时间跨度长
微商营销	以自己为中心，对外传播产品信息，达到吸粉、吸金目的	通过物质上的或精神上的奖励来刺激经销商推广产品	通过售卖产品获得利润，或者通过发展经销商赚取差价，赚朋友或陌生人的钱	可以在微信群、朋友圈用软文、图文进行传播	会投入“进货”的成本	营销效果较低，主要表现在：用户转化率低，用户复购率低，营销时间跨度短

1.2.4 短视频营销的5大优势 

随着互联网媒体的飞速发展，营销手段也变得多样化，例如微信营销、电商营销、直播营销、短视频营销。其中，短视频营销的优势尤为显著，这是因为短视频营销将互联网和视频结合，既有新奇丰富、感染力、内容多元的特征，又具有传播性高、成本低廉等优势，自然受到人们的青睐。总的来说，短视频营销有5大优势。

1．品牌冲击力强，加深品牌印象

借助短视频能够直观全面地展示产品，使得产品更具有视觉冲击力，从而给用户留下深刻印象。同时，其新奇灵活的营销方式，能减少用户的排斥感，更容易让用户对品牌产生一个好的印象。

某口红品牌利用抖音短视频营销，用“没化妆碰到认识的人，怎么用口红救急”为切入点植入广告，使得品牌形象生动立体地展示在用户面前，也让用户加深了对该品牌的印象，如图1-11所示。

2．互动性强，加大品牌接受度

短视频有着互动性强的特点，这也是短视频营销的优势。在互联网络、移动智能设备普及，短视频APP功能越来越完善的背景下，人们越来越喜欢借助短视频抒发情感、寻找乐趣。利用短视频进行营销时，优质内容可以在短时间内引发用户互动，如进行评论、点赞和转发等行为。这不仅加强了营销双方之间的互动性，也让用户更容易接受营销内容。

例如某品牌借助短视频营销，将产品融入到视频里，让用户在轻松“看剧”的过程中就了解了产品的特点，以下是该视频页面，如图1-12所示。

图1-11 植入口红广告的视频

图1-12 优质的广告短视频

3．通过用户画像，为品牌提供准确的受众群体

从图中可以明显看到，该短视频已经获得100万的点赞、近5000的评论和近2000的转发，这正是用户接受产品的体现。

不难发现，短视频营销能够在平台的匹配下较为准确地找到企业或品牌的受众或潜在用户。最简单的例子就是，当某位喜欢看美食节目的用户打开抖音观看视频时，视频平台会根据用户的喜好推荐相应的食品、餐厅方面的内容。

通过大数据为用户画像的方式主要有两种，第一种方法是短视频平台一般都自带搜索框，当用户激活搜索框准备进行搜索时，平台会根据用户观看视频的历史，推荐一些用户可能感兴趣的词汇供用户参考，如图1-13所示。

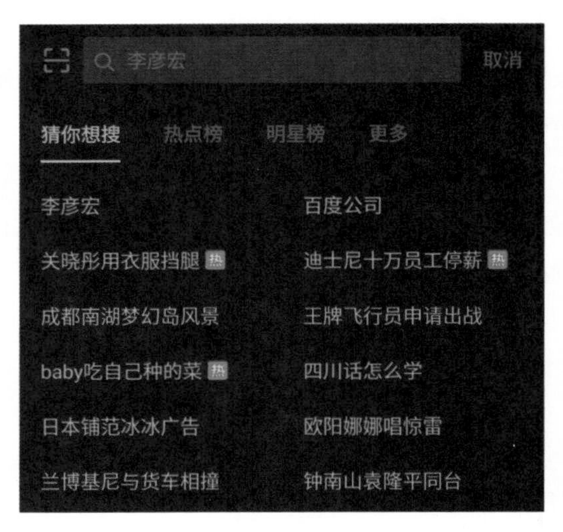

图1-13 抖音短视频平台的搜索页面

用户也可以通过搜索关键词汇找到自己感兴趣的内容，这样一来，就会大大增加了与这些关键词相关的企业或品牌被用户看到的机会，进而提升短视频营销的有效性与准确性。

第二种方法是短视频平台会不定期地组织和发起一些主题活动和比赛，以此来聚集用户，品牌方可以策划出相关的内容引起用户关注，并对他们进行营销。例如短视频平台推出了一个化妆主题活动，那么化妆品品牌就可以策划一个化妆、护肤相关的视频内容，以引起参加这个活动用户的关注，进而实现营销目的。

4．专业营销策划，效果好

高端的短视频营销需要编导、策划、摄像、后期等人员进行协作，这些人员的专业性较强，制作出来的短视频质量较高，不仅能更好地吸引用户，还能更有效地避免仿制视频的出现，营销效果自然就更好了。

此外，短视频可以直接与电商、直播等平台结合，不仅能用直接而富有画面感的内容有效激发用户的购买欲望，还可以实现“边看边买”的模式来满足用户的购买需求，使得营销效果更好。

以淘宝短视频为例，用户在观看短视频的过程中，如点击短视频下方的购买链接，即可进入产品详情介绍页面购买产品，如图1-14所示。

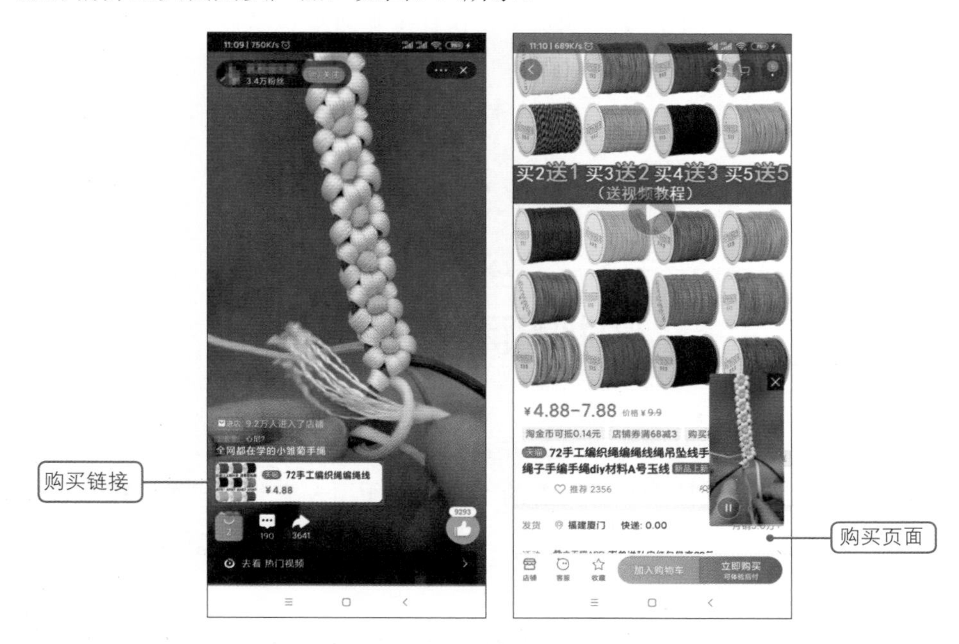

图1-14 淘宝商家利用短视频销售产品

5．高传播性，渠道广阔

短视频平台数量较多，很多人都同时在多个平台进行营销，也就是在多个平台发布相同的短视频。以某位创作者发布的产品广告视频为例，该创作者分别在抖音和美拍开通账号进行营销。他发布的同一个视频在美拍收获了近1000 的点赞和近100的评论，在抖音上收获了76.4万的点赞、5.7万的评论以及1.5万的转发，这无疑大大增加了产品广告的覆盖度，如图1-15所示。

图1-15 同一个内容多平台发布的视频

据相关数据显示，短视频是当下年轻用户群体热爱的新潮社交方式。同时，它短小精悍、趣味新奇的内容，也更符合快节奏生活下用户获取碎片化信息的需求。当人们借助短视频宣传产品，用短视频作为与用户交流的语言，这样信息将更容易被用户接受，创作者也更容易实现企业或品牌想要的传播效果。

1.3

短视频和直播

短视频相较于直播来说，是事先录制好并且经过一定处理、时间较短的视频，而直播则是实时的影像视频。为了方便读者掌握两者的不同，下面用表格的方式对短视频和直播进行比较，如表1-3所示。

表1-3 短视频和直播对比表

视频产品 / 对比项	短视频	直播
互动性	不能做到面对面沟通，在短视频发布后，用户通过评论、点赞和分享与视频创作者进行互动	主播可以与用户“面对面”沟通，当用户向主播发问时，主播通常都会给予回答，这可以提高用户的积极性

（续表）

对比项＼视频产品	短视频	直播
实时性	具有时间上的延迟，但其存在周期长，被用户发现的可能性大	实时直播，虽然大多数直播有回放功能，但一般的用户都不会观看回放
传播性	当下短视频平台较多，一条短视频营销内容可以在多个平台发布。同时，由于视频质量高，用户乐于评论和分享，非常利于增加曝光量，从而达到营销最佳效果	一般来说只能在直播时间段进行传播，传播的效果如何，关键在于粉丝数量
内容上	视频内容丰富多样，涵盖了多个方面	直播与短视频内容差不多，也涵盖了多个方面
时间上	时间较短	时间跨度较长
盈利能力	主要通过企业或品牌营销，赚取广告费或者抽成，盈利能力较好	主要通过用户的虚拟礼物、打赏等方式获利，同时有名气的主播也可以通过接广告，赚取广告费

曾经，观看直播是互联网上最受年轻人欢迎的一种娱乐方式，随着智能手机和4G网络的普及，各种直播软件迅速出现在人们视野中，只要有一部手机人们就可以观看直播，甚至是自己做主播，因此直播曾经红极一时。

但是，在快节奏生活下，人们时间越来越宝贵，已经没有过多的精力去观看一条时间长、内容拖沓的直播了。短视频正好可以满足当下人们的需求，这短短的数十秒就能把想要表达的内容准确、直观地传达给用户。加上各类短视频APP都可以根据用户的喜好进行算法推荐，这大大增加了用户的黏性，非常有利于用户的转化。

值得注意的是，短视频和直播都属于视频媒介，在视觉观赏上是一致的，并无大的冲突，甚至还可以相互弥补，例如短视频时间短，弥补了直播内容的冗长拖沓，而直播时间长，又一定程度上弥补了短视频信息的碎片化；直播可以是短视频内容的补充，短视频则可以成为主播维护用户关系的纽带，增强用户黏性。

1.4 不可不了解的短视频违规行为

短视频是一个巨大的市场，有着各种各样的短视频平台，任何视频平台都需要有规则来维护其运营，让平台更良好地发展。如今，视频平台通过不断完善这些规则，基本上形成了一个非常全面的管理体系，具体的内容主要包含三个方面，分别是：短视频账号违规后的征兆和后果、5种不会被平台推荐的视频内容和3种一定会被封号的行为。

1.4.1 账号违规后的征兆与后果

随着短视频风暴席卷全国，越来越多的人选择加入短视频的队伍中，成为短视频的创作者。在运营短视频账号的同时，创作者一般都会遵循该平台的规则，因为一旦违规，不管作品有多火爆，粉丝有多少，该创作者都会受到相应的处罚。下面从账号违规后的征兆与后果分别进行讲解。

1. 账号违规后的征兆

短视频账号违规之后常见的征兆是降低账号权重，账号被限流。以抖音短视频平台为例，平台里面的账号按照权重来划分共有6个级别，分别如下：

- 僵尸号：视频播放量一般在100以下。
- 最低权重号：视频播放量一般在100~500。
- 中途降权号：因为违规操作，账号新发布视频播放量被降到500以下，甚至没有播放量。
- 待推荐账号：视频播放量一般在1000~3000。
- 待上热门账号：视频播放量一般都会超过1万。
- 热门账号：视频播放量一般都会超过10万。

由此可见，每个级别的账号发布的短视频都有相应的播放量，但是如果出现了违规情况，视频播放量就会下降，账号的权重也会降低。例如，某账号属于待推荐账号，以前发布的短视频播放量都在1000~3000，但是因为涉及违规，账号权重被降低，抖音系统不再给账号流量和推荐，使得视频的播放量被降到500以下，甚至是0播放量。

如果出现这样的征兆，创作者应立即检查视频内容是否涉嫌违规，尽快做出处理，以免账号被“重置”。

2. 账号违规的后果

一般来说，如果创作者的视频内容涉嫌违规，在视频上传审核时就会被系统拦截，从而停止上传，而且短视频平台官方也会给予创作者相应的警告。如果创作者上传的短视频违规情况比较严重，那么官方就会选择直接封禁账号，甚至报警处理，让违规创作者受到相应的处罚。下面是各个短视频平台对于账号违规的处理方式，如果创作者违规，将受到相应的惩罚，如图1-16所示。

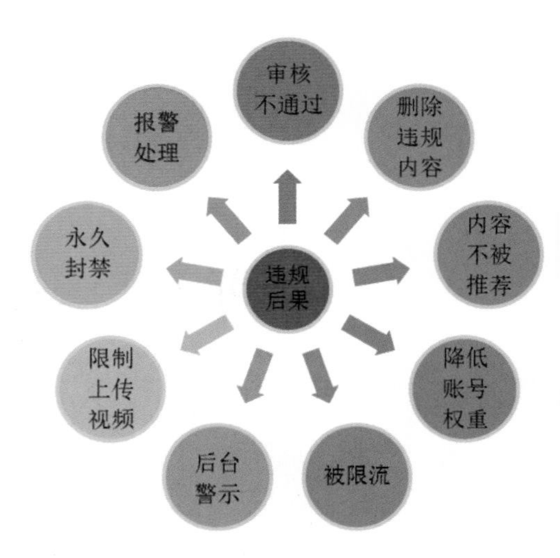

图1-16 短视频违规后果

这里看一个实例，某创作者上传了吃鱼汤的视频，被人举报涉嫌违法。后经青海网警与当地渔政管理部门调查，该视频中烹饪的鱼类为青海省重点野生保护动物“湟鱼”，依据《中华人民共和国野生动物保护法》相关规定，青海省渔政管理部门总站对该视频的发布者处以行政处罚并罚款。

1.4.2 5种一定不会被平台推荐的视频内容

短视频推荐的规则是，创作者制作好短视频，上传并审核后，会进入推荐系统，系统自动识别短视频内容的分类和标题等信息，并且试探性推荐给首批目标用户，根据用户反馈进行叠加推荐或停止推荐。

不难发现，有的短视频可以得到平台赏识，获得更多的流量和推荐，有的短视频却只能淹没在短视频的汪洋大海中，没有出头之日。那么哪些短视频是不会被平台推荐的呢？这些视频主要有以下5类。

1．内容低俗

低俗内容主要是指低级趣味、使人萎靡、颓废、暴力血腥等容易诱发青少年不良思想以及唆使人去违法犯罪的消极内容。个别创作者为获得流量曝光，会创作一些低级趣味、没营养的视频，这不仅会导致用户反感，一旦被视频平台发现，创作者账号也会受到限流等处罚。

2．搬运视频

短视频平台需要的是优质内容，重复的视频内容是没有推荐意义的。有的创作者为了节省时间，会使用“剪刀手”等工具将原创视频进行二次创作，然后把它作为原创视频发布。这类视频即使有可能通过审核，但是一旦被发现，短视频平台就会重点标注该账号，对账号进行限流，甚至是对创作者做出严厉的处罚。

3．发垃圾广告

如今，越来越多的人加入到短视频创作的阵营里，这是因为短视频的盈利能力和引流效果都非常强大。创作者为了实现盈利和引流的目的，最常用的方法就是植入广告。但个别创作者可能会发一些垃圾广告，甚至用广告刷屏，以此来博人眼球，这样该账号往往会被平台认定为营销号，就会被限制曝光。

同时，对于短视频平台来说，他们自然不愿意自己花费巨额资金从其他短视频平台引流来的用户，被创作者通过广告拉入微信、APP、QQ群等。因此，如果创作者发布的内容存在恶意营销、垃圾广告行为，不仅不会被系统推荐，还可能会被封号。

4. 负面信息

对于任何一个短视频平台来说，想要良好地发展，传播的内容一定是正能量、积极和美好的。个别创作者为了上热门、引起关注和涨粉，会发布一些短视频平台不允许发布的内容，如以封建迷信、主张早恋等主题思想为内容的视频，一旦被发现，发布该类视频的账号自然会受到限流或封号的处罚。

5. 视频质量差

视频质量差主要是指视频画面模糊、比例不正常、视频只有一个画面且时间不超过三秒等情况。这样的视频，观感度是十分差的，即使平台没有发现，系统也会根据用户的反馈，对该视频进行限流，不予推荐。

1.4.3 3种一定会被封号的行为

现在，几乎人人手机里都有一个短视频APP，在其巨大的流量背后，也潜藏着巨大的商业价值。短视频迅速成为许多企业、品牌、创业者追捧的盈利新战场，但短视频营销具有较大不可控性，其营销行为一旦触碰平台管理红线，不管作品多么火爆，粉丝数量多么庞大，也都会受到相应的惩罚，其中，最严厉、也是创作者最害怕遇到的惩罚是封号处理。而一定会被封号的行为有以下3种。

1. 违法违规

发布违法违规视频，一定是会被短视频平台封号的，情节严重者，还会受到法律制裁。例如创作者发布一些不符合法律或破坏社会稳定性的言行，不管有意还是无意，都会面临处罚。

2. 账号营销性质过重

什么叫账号营销性质过重？即发布大量广告信息。如果账号发布的内容以广告居多，例如在视频中放上二维码、微信号、手机号等联系方式，或者引导用户点击本账号之外的账号，不仅会让用户反感，短视频平台也会对该类账号采取限流、封号措施。

3. 发布低俗色情内容

如果创作者发布的视频内容，画面色情、言语露骨、内容低俗，毫无疑问也是会被短视频平台封号的。有些急功近利的创作者往往想着铤而走险，靠低俗内容吸引用户，但最终都不会有好结果的。

走心秘技1：这些无版权免费素材可以随便用

在创作短视频时，素材无疑是各个创作者最为稀缺的东西，尤其是免费的图片以及免费的素材，更是大家渴望得到的。这里介绍几种获取免费素材的方法，供读者在寻找素材时使用。

在获取视频素材的方法上，创作者可以到各个视频平台寻找相关的视频素材，如乐视网、腾讯、优酷、80S手机电影网等。当创作者找到相关素材之后，就可以在电脑上直接下载（MP4格式）。举个简单的例子，某个创作者要创作与娱乐相关的话题，就可以在这些视频网站上寻找娱乐题材的视频，找到合适的就可以下载使用。

在获取图片素材上，堆糖、花瓣、Pixabay、Pexels、Gratisography这些图片网站上都会提供高清、可商用的精美图片，创作者可以在这些网站上面寻找自己想要的图片，直接下载下来即可。

当然，如果创作者不喜欢直接在某个站点内进行搜索，也可以直接在浏览器中，用“素材领域+平台”进行搜索，这也是一种非常简单快捷的搜索方式。举个简单的例子，某个创作者想要搜索今日头条上的美食素材，那么在搜索时，就可以在搜索框内输入“美食+今日头条”，搜索出来的结果就是创作者想要的结果。

走心秘技2：不懂种草号与营销号的这些区别会吃大亏

种草号就是在抖音上直接推广淘宝商品和精选联盟的产品，并通过抖音橱窗卖货收益。种草号可以直接显示出产品，但是抖音平台会抽取6%的佣金作为技术服务费。

平日常见的好物推荐和抖音淘客的账号的属性都和种草号相似，好物推荐和抖音淘客甚至会成为未来主流卖货的趋势。

营销号虽然也是以推销产品为主，但其视频内容多为软性广告植入，这是因为只要视频内明显地展示出了产品，就会被抖音系统认定为广告。系统视情节轻重给予相应的处罚，如果情节较轻，账号会被降权限流；如果情节较重，账号将会被关进小黑屋。

走心秘技3：种草号的4大优势

近年来，抖音平台出现了许多种草号，很大程度上是因为种草号具有4个营销号无可比拟的优势，其优势具体如表1-4所示。

表1-4 种草号的4大优势

种草号的4大优势
❶ 不需要实体店铺，也不需要雇佣员工，能在房租租金和人力成本上节省一大笔开支
❷ 不需要自己进货，不会有积压库存的风险；由平台挑选出当下火爆的产品，销售量会更好
❸ 由于是商家代发产品，由商家负责物流问题，创作者不用操心物流的问题
❹ 没有售后压力，如果用户对产品不满意，顾客可以直接找商家退款，不需要创作者操心

走心秘技4：不适合抖音带货的产品有5种，千万要避开！

在抖音上火爆起来的产品千千万万，但其中也不乏有一些产品，即使经过种草达人和好物推荐官的推荐也火爆不起来，这正是因为踩了雷，选择了不适合在抖音卖的产品。不适合在抖音平台售卖的产品有5种，分别如下：

❶ 奢侈品。

❷ 大件贵重类产品。

❸ 不符合平台价值观和法律法规的产品。

❹ 用视频画面展示不了其卖点、亮点的产品。

❺ 没有内容做支撑的产品。

走心秘技5：这样打造种草号，30天带货赚钱可上百万

快速打造出一个赚钱种草号的步骤非常简单，主要可以分为5个步骤，分别是确定账号定位及人设、包装账号、养号、了解可种草产品的范围和选品。

（1）确定种草账号的人设

和其他账号一样，种草号也有自己的人设。种草号的人设就是这个账号向用户展现出来的形象。

举个简单的例子，某个抖音账号叫作“XX测评”，该账号的定位就是为大家测评各种各样的产品，并将测评的过程和结果通过视频的方式展现给观众，同时通过“不收商家钱的测评达人”的个性签名，向观众展现出一个敢说真话的人设，大大提升了观众的好感度和信任度，这对于后期带货是十分重要的。

因此，在注册账号之前，要先确定好种草账号的定位以及人设。

（2）包装种草账号

在抖音注册账号非常简单，这里就不介绍了。当账号注册成功之后，包装种草账号就成了重要的工作，包装种草账号可以从背景墙、昵称、头像、个性签名和其他基础信息这5点出发，具体包装方法如表1-5所示。

表1-5 包装种草账号

包装方法	操作方法
背景墙头图	在设置背景墙头图的时候，可以用一句话引导关注，例如“你这么好看，怎么还不关注我”这样的提示语。制作背景墙的头图很简单，可以直接在网上下载精美的图片，用美图秀秀就可以完成制作
昵称	种草号的昵称拟定可以套用“称呼+类目”这个公式，常见的类目名称有种草、开箱、好物、好货、测评和精选。例如，抖音见到的“妈咪测评”，根据昵称就能让观众知道账号将要输出的内容，有兴趣的就会关注
头像	头像的颜色要与背景头图的颜色保持一致，风格要统一，这样会更加协调

（续表）

包装方法	操作方法
签名	在签名中可以表明自己是做什么的，也可以表明自己的态度，以增强用户信任感和好感。另外，当账号粉丝低于10万的时候，不要在签名处放置联系方式，否则容易被系统限流，用户也会心生反感
其他基础信息	其他基础信息指的是性别、年龄、学校和地址，在包装种草账号时，这些信息需要完善，并且遵循真实原则

（3）养号

当种草账号包装完成之后，就要进行养号的工作了。种草账号的养号方式非常简单，只要遵循以下4点，基本上就能提高种草号的权重以及获得智能化标签。

❶ 要保持一机一卡一号状态，即一部手机绑定一张电话卡绑定一个抖音号。

❷ 不在抖音上频繁操作，有规律地操作即可。

❸ 使用数据流量上传作品，避免使用无线网络上传作品。

❹ 尽量多观看一些种草账号的视频，或观看直播卖货，从而争取智能化的标签。

（4）掌握抖音可种草产品的领域

抖音可种草产品的领域很广，生活用品、护肤彩妆、零食特产、男装女装、母婴育儿、鞋帽箱包、玩具图书等这些都可以在抖音上售卖。

（5）选品

选择种草产品时，要遵循7个选品原则，这样更有利于观众接受产品和购买产品。选品的7个原则如表1-6所示。

表1-6 选品的7个原则

选品原则	介　绍
新	种草的产品要带有新鲜感
奇	种草的产品要带具有创意
特	种草的产品要能颠覆用户以往的见识，很特别
展	种草的产品要能通过视频展示其使用场景、优点、亮点等
利	创作者在选择种草的产品时，要追求利润，要看商品的往期销量、佣金
品	种草的产品品质要过关，这直接影响用户对创作者的信任
高	种草的产品在生活中使用频率高，是生活上的刚需的产品，例如，食物、洗护用品、纸巾等

走心秘技6：现在做抖音晚不晚

现在做抖音晚不晚？很明显，现在做抖音是不晚的，可以说现在这个时间点正合适。据相关数据显示，如今短视频红利正处于全面爆发时期，并且呈稳定上涨趋势。其中，抖音短视频平台的商业价值更为显著，已经成为不少企业营销的标配。如果错过了这个机会，等待市场饱和后，就为时已晚了。至于短视频的发展潜力，则可以从以下5个方面进行分析。

1．流量趋势及竞争

在短视频APP还未推出前，微博、微信等流量平台利用“跑马圈地”的方式来抓取更多的用户流量，争夺用户的使用时间。各类短视频APP陆续推出后，短视频迅速抢占了用户视线，各个流量平台的流量逐步流向短视频平台。其中抖音的用户数量最为突出，截至2020年1月5日，抖音日活跃用户数已经突破4亿，并且抖音的用户数量还在持续增长。

据相关数据分析显示，抖音用户群体将逐渐地从一、二线城市向三、四线城市下沉，用户的年龄段也会逐渐向全年龄段扩散。如此一来，抖音覆盖的用户就更加广泛，对于创作者获利极为有利。

2．流量成本

在互联网时代，信息传播速度是非常快的，尤其是高质量的内容更能吸引人，传播力度更大。抖音也是一样的，只要短视频内容丰富、视频质量高、用户反馈好，就会得到系统的推荐，从而收获很大一部分免费流量。与传统的引流方式相比，短视频能够在不耗费太大成本的情况下，实现信息的快速传播，并获得不错的引流效果。

以人气网红李子柒为例，她通过在社交平台发布唯美的乡下生活短视频，受到众多观众喜爱和认可，还成为了中国国际文化输出的代言人。同时，李子柒凭借庞大的流量，还开展了电商方面的业务。据了解，李子柒天猫店开业当天，店铺的产品销量迅速突破1万笔，这正是借助了她庞大流量的优势。

3．盈利能力

据相关数据显示，近年来淘宝、京东等各个电商平台销售量排名靠前的产品，大多数都利用过短视频带货，且使用抖音的带货效果最好。

例如“口红一哥”李佳琦，运营抖音账号两个月，吸粉就超1300万，并凭借一句“OMG”让众多粉丝不停地“买买买”，甚至创造出单场销售超2000万，一度让口红卖断货的神话。

4．巨头和资本的涌入

不难发现，一个行业如果有巨头和资本的大量涌入，那么这个行业一定会得到很大的发展。例如，腾讯开发“微视”短视频、今日头条开发的“西瓜视频”、澎湃新闻开发的“梨视频”等等，这些都是资本涌入的表现。

5. 技术升级

所谓技术，简单可以理解为应用在短视频身上的辅助力量，如网速、智能手机等。在早期流量比较值钱和智能手机还未普及的时代，网上的信息多以图文展示，但如今技术升级后，网速加快，智能手机与平板电脑到处可见，人们基本可以随时随地上网，因此信息传播方式逐渐往视频方向倾斜。尤其是最近5G网络开始试运行，互联网将又一次实现飞跃发展，而抖音等平台也将“好风凭借力”，迎来更大的爆发期。

由此可见，抖音市场红利还在，且发展趋势一片大好，现在做抖音是一个非常合适的时机，值得人们去尝试。

第 2 章 了解热门的短视频平台

在这个生活节奏快、短视频大爆炸的时代背景下，各个短视频平台迅速积累了庞大的活跃用户数量，创造了不少的商业价值。据了解，不少企业以短视频为核心发展进入了这个领域，并且得到了良好的效益。

从第一家短视频平台推出到现在数百家短视频平台争奇斗艳，几乎每个人的手机里都安装了短视频软件，如抖音、快手、抖音火山版、好看视频、美拍等。这5个短视频平台能在众多短视频平台中脱颖而出，成为行业翘楚，这与它们的定位和玩法有着紧密的联系。

对于创作者来说，要在一个短视频平台立足，就需要了解平台，了解它们的定位、平台的玩法以及典型的案例。只有这样，才能在短视频运营过程中得心应手，使得运营效果更上一层楼。

2.1

抖　音

抖音是一款专注年轻人拍摄短视频的音乐创意短视频社交软件，用户可以通过抖音软件选择歌曲，拍摄音乐短视频，生成自己的作品，进行发布。

抖音由北京字节跳动科技有限公司研发并运营，于2016年9月上线。在2020年1月6日，抖音发布了《2019抖音数据报告》，报告中显示截至2020年1月5日，抖音日活跃用户数已经突破4亿。

2.1.1 平台简介

抖音是一款由北京字节跳动有限公司孵化的短视频创意社交软件。是以年轻人爱好交友的社区为前提，打造的年轻人聚集生态圈，于2016年9月上线。通过抖音APP，用户可以选择歌曲，配以短视频，形成自己的作品进行发布。同时还可以分享自己的生活，认识更多的朋友，了解各种奇闻趣事。

今日头条在策划抖音平台时，其愿景是做一个适合年轻人的音乐短视频社区产品，让年轻人喜欢，并轻松表达自己。因此，抖音虽然与其他短视频平台相似，但通过一些功能上的改进以及创新，用户制作的短视频更具有创造性，让抖音在众多短视频平台中迅速脱颖而出，成为用户所爱。图2-1所示是抖音APP的城市界面以及平台的短视频播放界面。

图2-1　抖音APP城市界面以及平台短视频播放界面

据相关数据显示，2018年1月，抖音日活跃用户数突破3000万；2018年3月，抖音日活跃用户数突破7000万；2018年6月，抖音日活跃用户数突破1.5亿；2018年11月，抖音日活跃用户数突破2亿；2019年1月，抖音日活跃用户数突破2.5亿，截至2020年1月5日，抖音日活跃用户数已经超过4亿。

2.1.2 平台定位

所谓定位，简单可以理解为让抖音这个品牌与其他平台的不同点，并且可以通过这个定位形成核心竞争力。对于用户而言，就是一个鲜明而立体的品牌形象。

抖音作为一款专注年轻人拍摄短视频的音乐创意短视频社交软件，它的定位是以年轻人为主的，其主要的用户可以分为以下几类：

- 生产内容的用户：即短视频内容原创作者，这类用户在音乐和短视频制作上有很高的热情和专业度，他们会打造自己的品牌和商业价值，其主要诉求为获得名利。
- 二次生产内容的用户：即短视频内容伪原创作者，通常是跟风创作短视频或者是通过二次剪辑混剪创作一个新的短视频进行发布，这类用户通常是将短视频当作爱好发展，其主要诉求为展现自我，增加名气。
- 消费内容的用户：即普通用户，这类用户无论是在获得名利还是在展现自我上的意愿都不明显，他们主要为了填补自己碎片化时间，为生活添加乐趣。

根据抖音用户群体的分析，可以很明显地看出它的定位是：以年轻人为中心，输出符合年轻人偏好的内容；根据用户的喜好、好友名单、关注的账号，自动推荐内容。在抖音个人中心里可以看到账号的粉丝、点赞和作品等数据，如图2-2所示。

图2-2 抖音创作者个人中心

2.1.3 平台玩法

在抖音巨大的流量池内，有的创作者可以凭借一条短视频，日涨粉丝数十万，而有的创作者虽然投入了大量的时间和精力，但是效果不尽人意。原因很简单，没有掌握抖音平台的玩法。抖音平台的玩法有三大类。

1. 直播和加入直播工会

抖音作为目前用户日活跃数最高的短视频软件，其直播功能也备受用户青睐。截至目前，只要经过实名认证的抖音用户就可以进行抖音直播，直播操作方式非常简单。用户只需要点击抖音首页下方的“+”图标，随后进入拍摄界面，将拍摄模式切换成直播模式，并点击“开始视频直播”按钮，就可以进行直播了，如图2-3所示。

图2-3 抖音直播

值得注意的是，如果播主粉丝比较少，礼物分成就会相对较低甚至是没有，并且会因为直播没有推荐，导致粉丝增长速度缓慢。针对涨粉和礼物分成有要求的主播，可以加入抖音直播工会。

在抖音平台上，当用户具备了直播权限就会收到直播工会的邀请信息，点击信息内的“确认加入工会”链接，即可加入工会。加入之后，工会会给主播提供包装、宣传、商务签约谈判、拉取粉丝等服务，主播只需要在所得酬劳中抽取一部分给工会即可。

达人提示

一个合格的抖音主播最基本的要求是不能让直播间冷场或氛围尴尬，因此主播可以搜集当下热门话题、最新资讯等，与直播间观众建立起话题联系，让直播间气氛活跃起来。此外，当主播有了一定粉丝基础之后，就要做好粉丝维护工作，例如，建立粉丝群，经常与粉丝互动，以增强粉丝的黏性。

2. 热点关键词和标题优化

用户在抖音APP首页点击搜索栏，就可以看到平台自动推荐的热门话题和热搜词，创作者可以在自己的短视频标题里添加热门关键词，并且做好标题优化，这样可以提高该视频被搜索到的可能性。也正是因为用户可以根据关键词快速找到感兴趣的视频，甚至主动参与制作相关的视频，在增加了视频的社交性和互动性的同时，也为很多短视频内容添加了热点关键词，更方便其他用户寻找，形成一种良性循环。下面是一个包含抖音热点关键词的短视频，可以看出该短视频的点赞量和评论量都非常高，如图2-4所示。

图2-4 热点关键词视频

3. 拍摄美好故事

抖音的宣传口号是“记录美好生活”，就是说平台内的短视频朝着美好、潮流、年轻化的方向发展，用户通过拍摄和观看抖音短视频，能够发现美好生活、了解美好生活。

正是因为“记录美好生活”的口号，抖音平台更倾向于扶持美好生活类的短视频，创作者拍摄“美好生活”的视频也更容易得到平台流量的倾斜和用户喜爱，对于提升短视频账号知名度和快速涨粉非常有帮助。拍摄美好生活故事的短视频可以从以下几个方面入手：

- 才艺展示：通过跳舞、唱歌、绘画、表演等才艺展示，创作者既展示了自我，又能使用户得到了“良好”的观感体验。
- 拍摄有趣故事：拍摄有趣的故事既为快节奏下生活的人们提供了娱乐谈资，也让创作者得到了用户的关注。
- 分享技能：技能涵盖方方面面，用户观看视频时学习到了一门技能，而创作者也在不断发现新技能的过程中提升了自己。
- 传播正能量：正能量是每个人都需要的，创作正能量的短视频既激励了创作者自己，又鼓舞了其他需要正能量的用户。

抖音平台的短视频多种多样，但无论是哪一种，都要从“美好”这个方向出发，让创作者自己或用户，都能通过短视频获得一些娱乐性的、知识性的东西。只有这样，才更加符合抖音“记录美好生活”的主旋律，也更加容易得到平台流量的倾斜。图2-5所示是一个短视频播主发布的旅行视频。

行走于蓝天白云下，置身于青山绿水间，呼吸清新空气，怡然自得地看着羊群吃草的生活是绝大多数人都憧憬的。可见，这就是一个从“美好”出发的短视频，也正是因为如此，此短视频获得了6.7万的点赞以及5411次的转发。

图2-5 记录美好生活短视频

2.1.4 典型案例

截至2020年4月，抖音平台上的入驻明星、抖音达人和PGC（专业生产内容）内容生产者人数非常多，其中入驻明星已达2216位。

这里从3种类型的账号进行分析解读，供读者参考。

（1）明星

不难发现，明星本身就拥有一定数量的忠实粉丝，明星去哪个平台，这些粉丝也都会跟着去支持。图2-6所示是抖音平台2020年3月行业排行榜上榜的10位明星。

排行	播主	飞瓜指数	粉丝数	平均点赞	平均评论	平均转发	操作
01 –	陈赫	1471.7	6492.9w	94.5w	3.6w	3168	详情
02 –	Angelababy	1332.3	3897.3w	138.6w	9.3w	5237	详情
03 ↑1	罗志祥	1316.5	4443.7w	25.5w	2.3w	2223	详情
04 ↓1	GEM邓紫棋	1308.8	3832.7w	56.6w	2.4w	2575	详情
05 ↑2	薛之谦	1273.8	2630.2w	173.4w	16.2w	3.7w	详情
06 ↓1	涂磊	1251.2	3510.0w	21.0w	8877	2987	详情
07 ↑3	摩登兄弟	1240.3	3105.6w	22.6w	3.2w	4370	详情
08 ↑6	杨幂	1209.1	1845.4w	94.6w	5.3w	3655	详情
09 ↑43	黄晓明	1190.6	2218.5w	26.8w	1.4w	2175	详情
10 –	李沁	1160.4	969.7w	85.1w	3.8w	7819	详情

图2-6 抖音月度行业排行榜上榜明星

从上图中可以明显看到，明星的粉丝数量、平均点赞数量都是非常高的。很大的原因在于他们原本在其他平台都拥有了庞大的粉丝基础，再加上他们输出的是有趣、生活化的内容，让大家进一步地了解到了明星的生活，自然会受到平台用户的欢迎。

（2）抖音达人

抖音达人常指某个领域的意见领袖者，大众目光关注者。例如以萌宠为主题的短视频达人“大G”，东方美食生活家李子柒，集才华与美貌于一身的papi酱，她们都是在抖音平台快速走红，进而被更多的人所熟悉。

（3）PGC内容生产者

PGC内容生产者也就是专业的短视频内容生产者，这些内容涉及新闻、娱乐、美食、生活等多个领域。PGC内容往往是不同的视频团队针对某一个领域生产的高质、高量的短视频内容。例如万合天宜、二更视频、奇葩说和暴走大事件等都属于PGC内容生产者，他们通过不断输出优质的内容，获得大批忠实粉丝。

这3种典型案例的视频特点和关注者的对比如表2-1所示。

表2-1 3种典型案例对比表

分 类	关 注 者	视频特点
明星	粉丝	内容有趣、生活化
抖音达人	认可该达人的人群	极具个人特点
PGC内容生产者	对该领域有兴趣的人群	内容深耕细作，持续输出

2.2 快 手

快手是一款记录和分享生活的短视频平台。在快手上，用户可以用照片和短视频记录自己的生活点滴，也可以通过直播与粉丝实时互动。在这里，人们能找到自己喜欢的内容，找到自己感兴趣的人，看到更真实有趣的世界，也可以让世界发现真实有趣的自己。

2.2.1 平台简介

快手短视频是北京快手科技有限公司旗下的产品，最初是一款用来制作、分享GIF图片的手机应用。2012年11月，快手从一个图片工具软件转型为短视频社区，用于用户记录和分

享生产、生活的平台。后来，随着移动智能手机的普及和移动流量成本下降，以及短视频爆发的冲击，快手在短视频市场迅速站稳脚跟，成为短视频市场内火热的短视频平台之一。

据相关数据显示，2015年6月至2016年2月，快手短视频用仅仅8个月的时间就实现了用户1亿到3亿的跨越。2017年，快手短视频日活跃用户数据达到4000万，到了2019年5月底，快手日活跃用户数已经超过2亿。

快手用户数量稳定增长的同时，融资也进行得非常顺利，腾讯先后投资200亿元，并且于2018年6月全资收购AcFun（A站）。图2-7所示是快手APP的首页界面以及视频播放界面。

图2-7 快手APP首页及视频播放界面

此外，快手还有一个是其他短视频无法比拟的特点，快手创作者的门槛非常低，不需要貌美帅气、知识渊博、豪车豪宅，也不需要包装。即使是一个草根群众、一个普通人，在快手平台上也可能成为焦点，成为红人。

2.2.2 平台定位

如今各类短视频平台层出不穷、争奇斗艳，每天都有新鲜事发生，人们的注意力越来越稀缺，快手APP能保持用户的高黏性和高复用率，成为国内最为火爆短视频平台之一，这与它的定位分不开。

- 快手满足了大多数普通人的需求，为普通人提供记录生活和分享生活的平台。它不同于各大主流媒体，突破了网红、精英、焦点的限定，将目光聚焦在普通人身上，让普通人也能得到展现的机会。在用户上，不设范围、不设门槛，人人都能使用。
- 快手CEO宿华曾指出："坚持不对某一特定人群（比如网红）进行运营，也不与明星和网红主播签订合作条约，希望快手成为普通人记录和分享生活的阵地。这意味着快手将目光瞄准了大部分的用户群体。这些用户不仅数量庞大，且长期生活在真实世界的边缘，甚至在互联网世界也极少有针对他们的垂直产品。快手的出现，正是满足了他们的需求。"
- 快手高度重视推荐流的机制，减少运营的干预和价值引导，按用户喜欢的类型通过算法进行推荐。让所有视频都有机会被发现、被喜欢，而不是将流量一味导向某一部分内容。
- 强调技术，重视用户体验。快手自主研发了一套商业化机制，即AI用户体验量化体系，设定了一系列指标来准确衡量每条商业内容给用户带来的个性化价值。通过这套机制，可以实现用户和平台的共赢。

这样的平台定位和运营策略很大程度上保证了源源不断的内容来源和创作者的发展空间，自然容易被用户接受和喜爱。快手和抖音同为短视频平台的两大巨头，它们之间的区别如表2-2所示。

表2-2 快手和抖音的区别

视频平台 对比项	快　手	抖　音
平台定位	短视频社区，记录和分享生活的平台	专注年轻人拍摄短视频的音乐创意短视频社交平台
目标用户群体	三、四线城市，村镇居民	一、二线城市，年轻人
用户特征	好奇心、自我展现意愿强	商业意识、自我展现意识较强
运营模式	注重内容	注重推广

2.2.3 平台玩法

不难发现，每一个创作者都憧憬着借助短视频的风暴，让自己在快手平台上获得物质的或非物质的回报，要达到这样的目的，就需要深入了解快手平台的玩法。

1. 直播

快手拥有庞大的用户数量，这意味着播主只要有内容产出，就有可能成为有收益的主播之一。目前，快手平台对所有注册用户都开通了直播功能，用户只需要申请开通即可。同时，在主播直播过程中，官方还推出惩罚和奖励活动，这大大增加了粉丝和主播的互动性。用户观看快手主播直播的界面如图2-8所示。

但是，无论平台的用户数量有多么庞大，主播自身的粉丝积累，也必不可少。在运营账号时，还要注意吸粉，保持更新，连续性发布有趣的直播内容或产出高质量的短视频内容，以此来增加粉丝的黏性。

2. 同城推荐

在快手首页顶端可以清晰地看到三个选项："关注""发现"和"同城"。"关注"是用户显示关注账号的更新内容，"发现"是平台根据用户喜好所推荐的内容；而当用户打开"同城"，则可以看到同城的短视频推荐或直播推荐，并且会显示距离，大大增加了互动性。图2-9所示是快手APP同城推荐页面，可以清楚地看到发布视频的创作者与自己的距离。

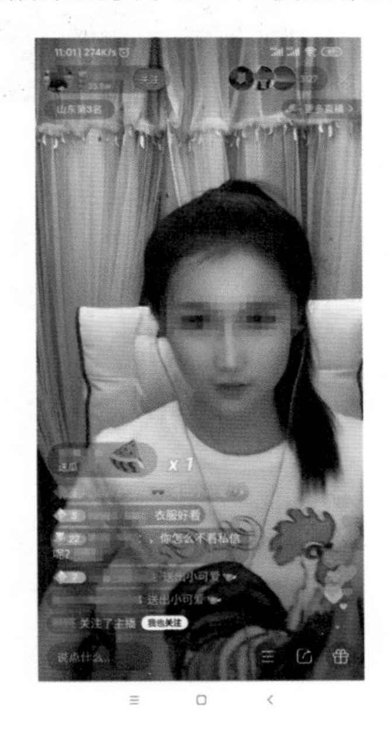

图2-8 快手直播

图2-9 快手APP同城界面

值得注意的是，"同城"渠道拥有巨大的流量，创作者非常有必要把握这一部分流量。因此，创作者在创作内容时，不仅可以加入一些爆款内容的元素，也可以在短视频中加入城市的特点、人文和历史等元素，使得视频更具有代入感，引起同城用户的共鸣，这对于增加短视频的完播率和转发率非常有帮助。

3. 拍摄作品

拍摄作品是各大短视频平台最主要的一个玩法，尤其是在快手运营理念的支持下，拍摄作品的优势更为显著，创作者点击快手APP首页右上角的相机标志，就可以进入视频拍摄状态，如图2-10所示。

这里给出几条建议，供读者在拍摄、制作、发布短视频时参考，从而帮助视频获得更多的曝光和关注。

图2-10 拍摄作品

- 保证原创：任何平台对于原创作品都十分重视，如果抄袭或二次创作，视频账号就会被平台标记，并对账号做出限流的处理。
- 传播正能量：无论短视频是什么类型，但向人们呈现的内容有价值，才会受到欢迎，得到认可。
- 确定视频账号类型：确定账号类型有助于视频账号后期的良好发展，如确定账号类型为创意搞笑、生活纪实类等，为了增加账号的权重，建议创作者以这一类型为中心，重点发展。
- 选对视频封面：封面的质量直接决定用户是否浏览短视频，如果封面吸引力较强，就会吸引用户点击观看，从而为视频带来曝光甚至是热度。
- 适当添加文案：一条优质的短视频文案是吸引用户点击的重要因素，如果文案有足够的噱头，比如设置悬念、解密手法等，都会吸引用户点击，创作者根据作品内容设置即可。
- 选对发布时间：据相关数据统计，在一天当中，中午和晚上的在线用户数量是最多的，如果此时发布短视频，就更有利于增加视频曝光率。

此外，打开快手APP，首先显示的是“发现”界面，其目的在于将那些最新发布的短视频，借助大数据算法智能地推荐给目标用户群体，这不仅让普通用户快速接触到感兴趣的、没浏览过的视频内容，更让创作者在最短的时间内曝光拍摄好的短视频，这对于“热点话题抢流量”无疑是提供了时间上的优势。

2.2.4 典型案例

在讲解典型案例之前，先在这里列出一组根据飞瓜数据统计的数据，即快手2020年3月涨粉排行榜月榜榜单，如图2-11所示。

从图2-11中可以明显看到，这些创作者月涨粉增量都超过了100万，且最高粉丝增长量已经将近500万，可见涨粉速度之快。经过相关资料分析得出，这些视频创作者创作的短视频内容几乎都有一个共同点，即贴近生活。

同时，根据相关数据得出，输出创意段子、搞笑、游戏、日常等贴近生活的主题视频的创作者在快手平台更受到用户的欢迎，很大的原因在于贴近生活的视频内容更容易使人产生共鸣，而只输出时尚、奢侈的生活等内容与普通用户的距离较远，很难引发他们的共鸣。

这里以快手创作者“你的蓝小爸”为例进行讲解，“你的蓝小爸”在快手APP的个人主页如图2-12所示。

图2-11 快手创作者月涨粉排行榜

图2-12 “你的蓝小爸”个人主页

“你的蓝小爸”属于一个穿搭类的账号，通过小女孩真人出镜，拍摄日常穿搭视频，立体地展现童装颜色、款式，从而促进该创作者品牌童装的销售量。

据了解，该账号的粉丝女性居多男性较少，且年龄以20～35为主，女性粉丝向来对萌娃、萌宠喜爱有加，面对可爱的小女孩儿自然关注，且这些粉丝中很大一部分都是奶爸奶妈，有抚养幼女的需求，对于漂亮好看的穿搭自然愿意购买。同时，视频中展现出来的浓浓父爱，进一步增加了粉丝的共鸣和心理认同感，对于账号长期良好发展非常有帮助。下面是粉丝对“你的蓝小爸”视频的评论，如图2-13所示。

图2-13 “你的蓝小爸”快手评论词云

总的来说，“你的蓝小爸” 发布的视频作品，视频故事、拍摄画面、后期剪辑、配乐和视频文案都堪称一流，正是因为这样的原因，仅仅发布了13个作品就吸纳了89.9万的粉丝，可以说是快手平台里一个较为成功的短视频账号。

2.3

抖音火山版

抖音火山版其前身是火山小视频，是一款主打15秒短视频分享生活的社交软件。它与市面上大多短视频APP相似，但抖音火山版APP在编辑拍摄完成的视频时，具有独一无二的优势，如“抖动”“幻觉”“黑魔法”“70年代”“灵魂出窍”等特效处理，让短视频别具一格，又充满调性。如今，抖音火山版凭借平台定位、平台玩法的优势已经在短视频市场站稳了脚跟。

2.3.1 平台简介

抖音火山小视频是由北京微播视界科技有限公司研发的一款主打15秒原创生活的短视频社交APP，于2017年6月上线。用户通过小视频可以快速获取信息、获得粉丝、自我展现，让火山小视频在很多地方一度成为用户最爱的短视频APP。

2020年1月8日，火山和抖音正式宣布品牌整合升级，火山小视频正式更名为抖音火山版，并由今日头条孵化。

品牌升级打通了抖音和火山的流量入口，实现了资源互通。同时，抖音火山版短视频继承了火山小视频原有的优势，并通过抖音的大数据算法，同步算出用户的兴趣，定制用户专属的直播和视频内容，深受用户喜欢。截至2019年12月，火山小视频日活跃用户人数已经超过5000万。

抖音火山版能在众多短视频APP中脱颖而出，与其独特性分不开，主要表现在以下几个方面：

- 视频创作速度快：通过APP，只需要15秒就可以做出一个专属短视频作品。
- 炫酷特效功能：简单编辑视频，添加特效，让普通短片1秒变大片，且操作方式简单易上手。
- 高颜值直播：超强美颜滤镜功能，素颜出镜也能实现高颜值直播，成为焦点。
- 画质精美：实时传递高清画面，给人以高端的视觉体验。
- 深知用户心：通过大数据算法计算出用户兴趣所在，定制出用户的专属视频、直播内容。

同时，为了避免火山小视频原生创作者权益问题，吸引更多人关注和参与，平台向创作者推出了一项“云梯计划”，承诺在抖音和抖音火山版给予100亿流量扶持优质短视频创作者，并提供更专业的一对一顾问服务，以及各种独家合作和曝光。"云梯计划"的宣传海报如图2-14所示。

图2-14 "云梯计划"宣传海报

抖音火山版短视频通过品牌升级优化了用户体验，给用户提供了更高效、更优质的服务，同时也为各大创作者提供了更大的展示平台。

此外，抖音火山版和抖音在短视频领域差异化的发展，也让北京字节跳动科技有限公司在短视频市场迅速占据了一席之地。那么抖音和抖音火山版有什么差异呢？表2-3所示列出了两者的区别，供读者参考。

表2-3 抖音和抖音火山版区别表

视频平台 / 对比项	抖音	抖音火山版
视频内容	热门歌曲和搞笑的片段为主	幽默段子和生活技巧类为主
目标用户	年轻人为主	30岁左右的人群
收益方式	没有直接获得收益方式，但可以通过吸粉赚取广告费，或者开通直播获得打赏礼物	发布原创视频获得火力值，将火力值兑换为现金，即可提现

2.3.2 平台定位

抖音火山版因其独具一格的特点，迅速在许多用户手机里占据了一席之地。如官方宣传语所说，抖音火山版发起初衷是为了让用户交到更多的朋友，看见更大的世界。抖音火山版平台发布的短视频如图2-15所示。

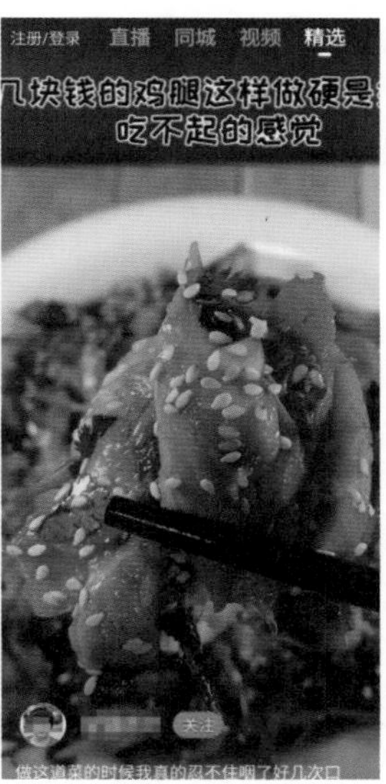

图2-15 抖音火山版短视频内容示例

据相关数据统计，抖音火山版的用户分布在二、三线城市，年龄段在25~30岁、31~35岁的居多，且男性用户数量大于女性用户数量，用户消费层次为成年人，且属于稳重型消费类型。由此可见，抖音火山版的受众群体与快手短视频非常相似，要与快手争夺一席之地，那么，抖音火山版就得另辟蹊径，所以抖音火山版从一开始就抓住了目标群体想要赢利的心理，打出了“会赚钱的视频”的口号来吸引大众目光。

同时，抖音火山版的直播主播不再局限于帅哥美女，并且通过不同的内容推荐方式，直接将用户附近的直播（主播）推荐给用户，让直播真正有了社交属性。

2.3.3 平台玩法

在短视频市场以及直播领域，抖音火山小视频无疑是走在前沿的平台，能有这样的成绩，与平台的玩法有着密不可分的关系。抖音火山版短视频的玩法有两种。

1. 全民直播

抖音火山版小视频目前对所有注册用户都开通了直播功能，真正意义上做到了全民直播。用户进入直播界面之后，不仅有多种开播模式可以选择，还可以选择“聊一聊”，与万千网友互动，如图2-16所示。

图2-16 用户直播模式选择以及展示在网友面前的页面

大多数的直播平台竞争压力都很大，新人甚至是得不到曝光的机会，但是在抖音火山版平台上，有实力的新主播不仅会得到在首页上的推荐机会，保持曝光度，还可以聚集到明星连麦赛、主播PK等，让优质的新主播能够在比赛中展现出自己的实力。对于成长起来的主播，平台会带着他们参加线下各类活动，让主播不再局限于秀场。

值得注意的是，平台在扶持主播时，比起强调主播的颜值来说，更看重主播的才艺，因此，巨大的站内流量会向才艺类的直播内容倾斜。同时，平台也会推出各类的才艺比赛，让各个主播展现出自己的特色。

2. 录制精彩视频

“云梯计划”不仅让短视频创作者获得了切实的流量红利，也推动了平台短视频内容生态更加繁荣。借助火山小视频本来的优势，让录制短视频更为轻松，创作者只要遇到精彩瞬间，按下快门，简单处理一下，大片就完成了。抖音火山版官方专门为录制视频玩法推出了宣传海报，如图2-17所示。

图2-17 宣传录制视频海报

同时，原本很多抖音短视频上的元素，如音效、道具、合拍等功能，也会在抖音火山版体现出来，让视频录制更有意思。

2.3.4 典型案例

抖音火山版与抖音同属于今日头条旗下的产品，但抖音火山版与抖音有一定的区别，抖音火山版的运营重点是二三线城市的用户群体。此外，抖音火山版的短视频在内容上多是幽默段子和生活类。

这里以抖音火山版创作者“阿纯”为例进行案例分析。图2-18所示是“阿纯”抖音火山版个人中心，可以看到该账号共发布视频作品235个，粉丝达到2000万，火力值达到11万。

据了解，“阿纯”全网粉丝将近5000万，且绝大多数粉丝是以18~30岁的女性为主。且“阿纯”账号的定位是通过反串、搞笑的风格吸引用户关注，最终实现电商带货和广告赢利。

“阿纯”之所以会选择这样的定位，有两个方面的原因：一方面是年轻粉丝对反串、搞笑内容感兴趣，尤其是男扮女装后的反串美颜镜头更容易获得女性用户的青睐；另一方面是通过该账号内容，粉丝既可以得到心情上的放松，为生活增添乐趣，又能买到货真价实的产品。

“阿纯”宣传自己说是一个“反诈宣传达人”，奉劝粉丝珍惜身边人，不要沉迷于网络虚幻颜值，正是契合了抖音火山版“发现精彩生活”的运营理念，自然就得到了抖音火山版官方的流量扶持。

此外，“阿纯”还通过“阿纯身高191”“阿纯来了”和“阿纯是打假测评家”共同组成了“阿纯”的短视频账号矩阵，进一步扩大了账号的影响力。

图2-18 阿纯抖音火山版个人中心

2.4

好 看 视 频

好看视频是一款全民分享的短视频平台，拥有众多独家短视频内容资源，涵盖搞笑、音乐、娱乐、影视、生活、游戏、小品、科技等多方面的内容。

好看视频以用户和创作者为核心，用户能在好看视频APP上观看海量且优质的独家内容，并评论分享视频。而创作者则可以拍摄短视频上传，并通过百度APP的七亿用户，不断扩散自己的作品，获得物质或非物质的收获。

2.4.1 平台简介

好看视频是由百度团队打造的一个为用户提供海量优质短视频内容聚合平台。于2017年11月在百度世界大会上正式发布，截至2019年1月，好看视频APP的用户规模已突破2亿，短视频创作者达47万人。好看视频拥有两大核心竞争优势：人工智能（AI技术）和优质的生态内容。在人工智能上，通过扫描短视频内容，并利用语音识别、人脸识别、物体识别等技术，完整地分析出视频中的背景、人物、语音等信息，再将这些信息组合成一个标签，最后借助人工智能技术，将视频推荐给目标用户或潜在用户群体。

在优质的生态内容上，好看视频不仅邀请3000名海外优质创作者入驻，还与全球30家顶级互联网内容平台合作，使得在这个优质内容稀缺的时代，保障了平台海量且独家的优质内容。

从2019年3月开始，好看视频平台推出了“出资10亿人民币奖励内容原创作者”的计划。同时，好看视频还宣布将提供20亿流量资源扶持原创作者，开屏曝光、站内活动、商业赋能，鼓励原创作者创作出更加优质的内容。图2-19所示是好看APP小视频推荐页面，能清晰地看到视频的播放量和点赞量。

图2-19 好看APP小视频推荐页面

2.4.2 平台定位

好看视频能在短时间内跻身成为国内短视频一线平台，与它的定位有着密不可分的联系。好看视频在内容方面以“知识型、充满正能量”为主，致力于为用户提供一个探索世界、自我提升、获得快乐以及获得价值的综合性视频平台。

简单而言，好看视频的定位是一个为用户提供个性化定制和推荐视频内容，让用户“成长并收获”的平台。

好看视频选择明星代言便是一个很好的印证，明星无论是在娱乐圈还是商圈，都拥有很高的影响力，刚好契合了好看视频进取、活得精彩的品牌理念和价值主张，而且明星本身也有很强的粉丝号召力，这极大地拓展了好看视频的用户边界。好看视频的官方宣传海报如图2-20所示。

图2-20 好看视频官方宣传海报

短视频市场的竞争，说到底是短视频内容的竞争。在众多内容中，一些专业性较强的领域还未分出成熟的格局，好看视频瞄准用户想要获得幸福快乐、获得价值和获得成长的心态，迅速对各个专业性领域视频进行垂直开发，并利用人工智能技术推荐给每一个受众用户。好看视频差异化的定位使得平台迅速在短视频市场站稳脚跟，并持续良好发展。

2.4.3 平台玩法

好看视频从上线到用户突破一亿，只用了9个月的时间。它可以在巨头林立的短视频战场实现快速崛起，平台的玩法起着举足轻重的作用。

1. 拍摄Vlog

Vlog是用来记录创作者个人日常生活的视频，主题非常广泛，可以是记录旅游途中的所见所闻，也可以是生活琐事。如今，Vlog已经成为各个视频平台的新风口，百度在百度联盟大会上发布“Vlog蒲公英计划”，并投入5亿现金补贴和20亿的流量扶持，同时还为创作者提供高额分成计划，吸引了很多Vlog创作者入驻，如图2-21所示。

由于Vlog视频内容剪辑较为复杂，百度宣布在好看视频APP中会提供基于百度AI能力的Vlog拍摄编辑器，例如一键大片、智能字母等，可以减少短视频创作后期工作的环节。

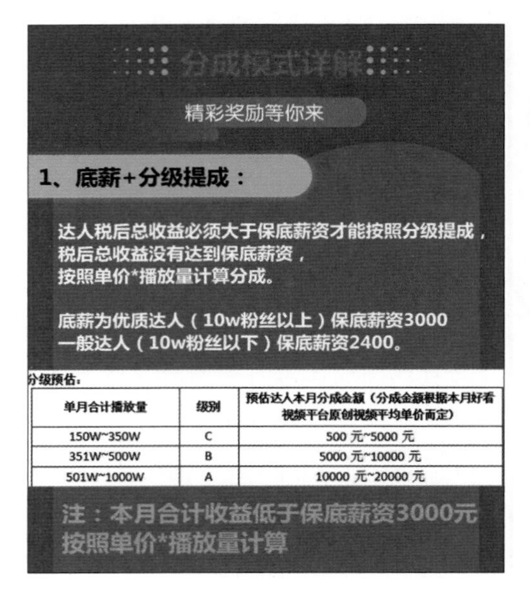

图2-21 Vlog分成讲解（来源于百度官方）

2. 邀请好友，做任务赚金币并提现

邀请好友注册、登录好看视频APP，邀请者能够获得现金奖励，好友观看平台内的短视频或者广告，都会转换成一定的金币奖励给这个邀请者，且这个邀请者获得的金币比好友多，当金币积累到一定数量，就能兑换成现金并且提现。如果好友邀请新的用户，那么最初邀请者也会获得奖励；如果好友长时间没有登录APP，给好友发送邀请登录的信息，待好友重新登录，邀请者也会获得金币奖励。

用户登录好看视频，进入个人中心，即可看到“任务中心”的按钮，点击这个按钮之后，就可以在新的页面看到各种各样的任务，用户按照操作要求点击，即可获得相应的金币。以“看视频赚金币”为例，只需用户按照要求观看视频，就能获得1200个金币，如图2-22所示。

好看视频里面的每个任务，如观看视频、签到、开宝箱、参与分享等任务，都没有操作门槛，每个用户都可以参与，赚取金币，兑换成现金，进而提现。

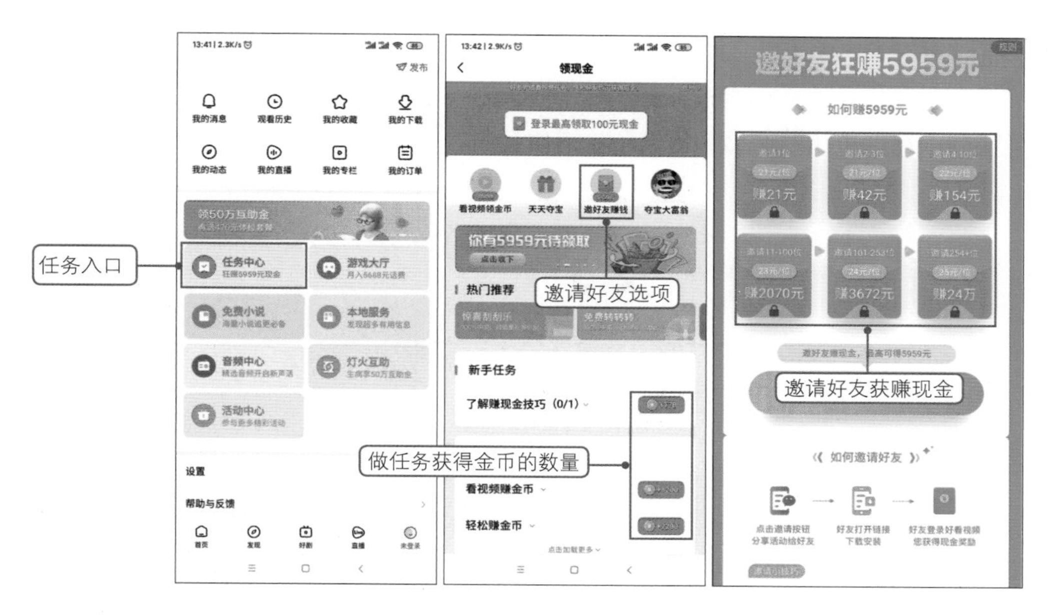

图2-22 邀请好友，做任务赚现金

3．活动奖金

好看视频会经常推出不同的活动，用户可以参与活动来赚取奖金。例如：好看视频推出的“共享世界”视频拍摄大赛，参赛用户上传作品之后，平台根据作品的播放量、点赞量、转发量、评论数等数据来给作品打分，从而评选出优质的作品，让创作者平分奖金。

2.4.4 典型案例

好看短视频平台上的视频类型有很多，典型案例也有很多，以创作者“二丫小妙招”为例，进行案例讲解。

“二丫小妙招”的账号类型属于“生活好物种草”类，也就是分享一些实用的好物给用户，推荐用户购买，称之为“种草”。该账号目前在全网的粉丝超过500万，粉丝以6~30岁的女性为主。下面是“二丫小妙招”好看短视频个人中心，目前发布了773个视频，吸纳了6.9万粉丝，部分视频已经达到72万的播放量，可以看到她的视频是十分受用户欢迎的，如图2-23所示。

二丫小妙招发布的视频属于真人出镜的形式，定位于通过活泼调皮的生活化风格来种草，再加上产品的价格实惠，让广大粉丝可以在轻松舒适的氛围中购物，从而实现电商带货销售。

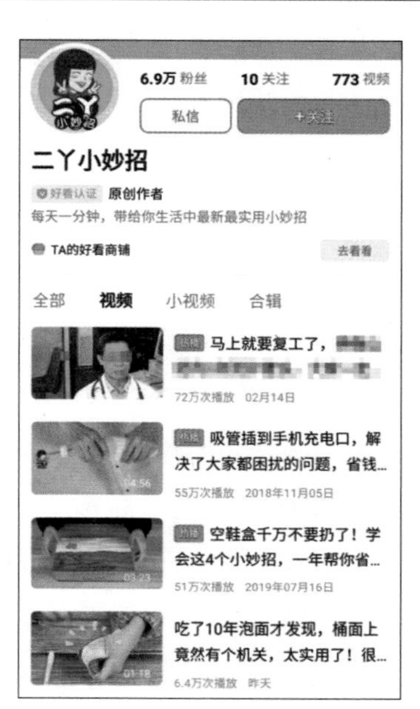

图2-23 二丫小妙招好看视频个人中心

二丫小妙招之所以这样定位，有两个方面的原因，一方面是因为年轻女性对购物剁手感兴趣，且更加倾向于高性价比的新奇商品；另一方面是粉丝通过观看短视频，既满足了自己的购买欲，又买到了高性价比的商品，提高了生活质量。

2.5

美　拍

美拍是一个以网红达人和爱美女性用户为主的短视频社区，以直播和短视频为主要功能。用户可以在美拍上面观看视频和直播、拍摄视频、特效处理、寻找同好等，深受年轻人喜欢。

美拍APP于2014年5月上线，上线后连续24天蝉联免费下载总榜冠军，并成为当月APP全球非游戏类下载量第一。

2.5.1 平台简介

美拍是由厦门美图网络科技有限公司出品的一款可以直播、美图、拍摄、后期制作的短视频社交软件。美拍短视频内容丰富、多元有趣，涵盖了明星、搞笑有趣、女神男神、音乐舞蹈、时尚美妆、美食创意、宝宝萌宠等方面。

此外，美拍推出的“礼物系统”功能，让创作者无论是拍摄短视频还是直播都可以接受粉丝的在线送礼，大大活跃了平台气氛，使得美拍APP用户剧增，迅速成长为最具有代表性的娱乐直播平台，创造了戛纳电影节直播等经典案例。

移动互联网的普及给予美拍惊人的成长速度，美拍用符合市场需要的产品，创下了4项纪录。

- 用户破亿速度最快，上线仅9个月，用户数量突破1亿。
- 美拍以475亿的微博话题阅读量，创下微博话题阅读量最高的纪录。
- “全民社会摇”广场舞活动参与人数达102万人，创下最大规模的线上自创舞蹈视频集的吉尼斯世界纪录。
- 上传“扭羊歌”新春拜年活动视频用户超过百万，创下最大规模的线上自创舞蹈视频集的吉尼斯世界纪录。

美拍主打直播和短视频拍摄，拍摄时单独有“频道”模块，并且加入排行榜功能，通过标签与分类，用户可以自主选择进入不同的领域，大大提高了用户的黏性。

美拍以“美拍+短视频+直播+社区平台”的营销理念，从视频拍摄到分享，从分享到获利，形成了一条完整的生态链，这也是美拍在竞争激烈的短视频平台站稳脚跟的重要因素。美拍APP首页以及创作者个人中心如图2-24所示。

图2-24 美拍APP首页及创作者个人中心

2.5.2 平台定位

据美拍官方数据显示，美拍用户中有76%为女性，其中87%为90后，60%居住在一、二线城市。可以明显地推断出美拍的用户群体具有几个鲜明的特征：女性化、年轻化、城市化。从美拍热门话题中就可以明显看出来，绝大多数的热门话题都是关于年轻女性用户的，如图2-25所示。

相对来说，女性用户对美好、有趣的事物更加敏感，也更愿意通过拍摄视频记录下来；在年龄上，年轻用户对于新鲜事物有着强烈的挖掘意识，且空闲时间多；从用户所在城市的分布来看，一、二线城市用户的生活习惯和兴趣爱好与三、四线城市用户的生活习惯和兴趣有明显的区别，因此美拍上的视频内容会主要倾向于一、二线城市用户。

在此基础上，美拍定位于年轻人的“兴趣社区”，也就是在用户兴趣领域的基础上，进行内容和用户群体垂直化开发运营，使得具有相同兴趣爱好的用户聚集、交流、互动，从而形成一个氛围浓厚、关系密切的短视频社区。

图2-25 关于女性用户的热门话题

此外，美拍APP的内容生产者和内容消费者都以年轻女性为主，且大部分都具有购买力，并且借助其庞大而活跃的用户基础、健康而完善的内容生态，使得美拍内容生态更为健康，也更有市场潜力。

2.5.3 平台玩法

美拍短视频APP为用户提供了新鲜多频道的视频内容、精美滤镜拍摄、多款MV模板制作、直播等功能，是现在年轻人钟爱的短视频平台之一。美拍短视频的玩法主要有以下几类。

1. 边看边买

美拍拥有巨大的用户群体，且这些用户多为有购买能力的年轻女性。美拍上线的边看边买功能，对于创作者的盈利需求提供了非常大的帮助。同时，其垂直化内容运营更加有利于创作者找到目标用户。美拍官方专门为“边看边买”玩法设计了宣传海报，如图2-26所示。

图2-26 边看边买玩法宣传海报

边看边买的玩法很简单，创作者直接将商品链接添加到短视频中，当视频出现该商品时，就会显示出对应的商品链接，用户点击该链接即可进行购买。创作者也可以直接将商品链接添加到短视频下方，用户观看直播或短视频时，点击创作者加入的商品链接，即可购买相应的商品，如图2-27所示。

图2-27 边看边买玩法示例

值得注意的是，平台对于售卖的商品品类是有限制的，例如不合法商品都是禁止销售的，而母婴类、生鲜水产类、食品类商品都需要报备，待审核通过后才可以进行销售。

2. 紧跟热门录制短视频

美拍对每个新开通的账号都会赋予相应的标签，如美食达人、化妆等，创作者跟着这些标签录制视频，一定程度上会获得平台流量倾斜，涨粉非常容易。同时，紧跟话题热点拍摄出优质的作品，对于上热门也非常有帮助。美拍的热点几乎每个月都会更新，创作者可以关注这些热点，并进行有针对性的拍摄，以取得更多的关注。寻找美拍的热门话题只需要点击美拍首页的搜索框，即可进入热门话题界面，这个界面展示了许多的热门话题以及该话题的播放量，如图2-28所示。

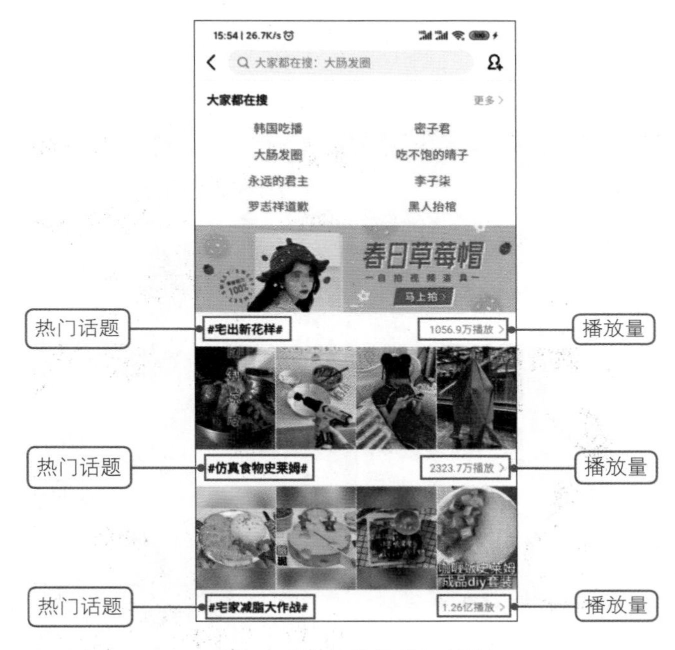

图2-28 美拍常见热门话题

美拍的用户群体多为年轻人，为契合年轻人追求时尚潮流的需要，美拍平台先后推出了多种功能选项，力求使创作者在快乐中制作出最有吸引力、最有特色的短视频，具体有以下几项功能：

- 照片电影：用户只需要登录美拍，进入到拍摄状态，点击工具箱里面的音乐相册，上传几张照片，然后选择喜欢的特效，就可以把照片制作成小电影。
- 10秒视频：30几种令人惊艳的MV特效配合电影剪辑手法，让短视频轻松变得高级有范儿。
- 5分钟视频：可以满足用户拍摄更长的视频。
- 高级滤镜：满足用户高颜值需求，帮助用户把最美的一面展现出来。

- 表情文：用户只需要在照片模式下上传任意照片，自由添加表情、文字、语音等，就可以让照片“说话”。
- 对嘴型：美拍上有海量音乐，用户可以随心挑选，在录制时，只需要嘴对嘴假唱就可以达到完美的效果。

有了美拍APP在功能上的支持，创作者只需要选择一些合适的素材和话题进行拍摄即可。同时，短视频内容要做到持续更新，这对于增加用户的粘度和账号的权重是十分有帮助的。

3．实时高颜值直播

爱美之心，人皆有之，且女性需求大于男性。美拍背靠美图公司，在颜值处理上具有强大的优势，主播利用美颜滤镜直播，即使素颜出镜也能得到高颜值的展现，让直播不再受时间地点的限制，实时与用户在直播间互动。另外，还可以借助装扮道具、礼物系统等，使得直播间的气氛更加活跃，如图2-29所示。

图2-29 美拍高颜值直播

4．美拍达人

美拍的口号是“每个人都能拍MV”，这表达了美拍平台对内容的重视，也突显出了平台对达人形象的扶持，因此美拍达人也是一个特色玩法。美拍推出的“美拍M计划”，搭建了短视频达人与品牌合作的桥梁，让每一个达人生产的短视频，都可以直接传达给目标用户，这对提升达人的曝光率、增加品牌营销效果都十分有帮助。以某美妆测评达人为例，该达人发布的作品、粘丝、点赞数据都是十分高的，且发布的测评视频点赞数量也比较高，如图2-30所示。

图2-30 美妆测评达人个人中心以及发布的短视频

达人提示

在美拍的众多用户群中，绝大多数的人都参与到了创作中来，很大一个原因在于美拍的获益能力。创作者在美拍上的收益主要来源于粉丝打赏和广告收入。但是，无论以上哪种获益方式，都要有足够多的粉丝基础，才能达到理想效果，否则鲜有成效。

2.5.4 典型案例

美拍的经典案例有很多，例如，从一个普通化妆师变成粉丝过百万的美妆达人，从一个“小吃货”变成粉丝近500万的吃播达人等，每一个成功的案例都值得创作者去了解，去学习。这里以“李子柒”为例，给大家进行详细讲解。

据相关数据统计，李子柒全网粉丝将近7000万，且绝大多数粉丝是18~30岁的女性为主。她的账号定位是通过真人出镜的形式，塑造一位温婉飘然、多才多艺的“东方美食生活家”的形象，最终实现美食销售和广告赢利。图2-31所示是“李子柒”美拍短视频的个人中心以及发布的短视频点赞和评论数据。

李子柒之所以能被绝大多数人喜欢，不仅仅是因为美拍流量的扶持，更多的是因为大家对于归隐生活的好奇，对田园生活的向往，以及对农家美食的猎奇，再加上李子柒唯美的视频，关注量自然就多了。

李子柒凭借自身扎实的实力，成功塑造了一个个人IP，再加上后期引入了团队，在大幅度增加工作效率的同时，也让她的视频内容变得更专业、更优质、更突出，吸引了更多人的关注。

图2-31 李子柒美拍个人中心及发布的短视频

值得注意的是，李子柒视频的运营关键点有两个方面，一方面是塑造悠然自得的田园生活方式；另一方面是制作花样繁多的农家美食。有兴趣的读者，也可以尝试往这个方向去运营短视频。

走心秘技1：发动亲朋好友一起帮忙找电话号码：5天吸引粉丝1000个

对于每一个在抖音注册账号的新人来说，增长粉丝和增长视频的播放量无疑是一个非常大的难题，尤其是快速增长上千粉丝，视频播放量达到数十万更是他们不敢想象的。其实，要达到这个效果，准备好手机和实名注册的电话卡，只需要几个步骤就可以完成。抖音新人千粉速成法操作步骤，如表2-4所示。

表2-4 抖音新人千粉速成法操作步骤

步 骤	方 法
第1步	头像设置为亲和力较强的真人女性；昵称设置为“XXXXX”；性别设置为女；学校信息设置为比较有知名度的学校；背景墙设置为漂亮的图片
第2步	将新号实名认证；刷几条视频并看完，对视频进行点赞或者评论，最后关注几个用户，这样一来可以激活账号并增加账号权重，为第一个视频做铺垫
第3步	设法找1000个左右的电话联系人导入手机通讯录，打开抖音通讯录权限，从而提高视频的基础播放流量
第4步	用抖音相机拍摄多个10秒左右的风景视频，并存入草稿箱，这是因为测试过抖音相机的视频流量会更高。在发布拍摄好的视频时，用抖音自带的添加文字功能，添加话题性很强的文案，添加好适合的背景音乐后直接发布。视频发布成功之后的2个小时左右，到任何一个直播间观看抖音直播30分钟。在这个阶段里，这1000人的基础流量就会去观看这个视频，并且为视频带来更多的流量

（续表）

步 骤	方 法
第5步	视频火爆之后，需要回复3条左右的评论，并且在后续发布视频时，每天发布的视频要呈递增规律，例如第一天发2个，第二天发4个，第三天发5个，发布间隔4个小时
第6步	第四天的粉丝基本上就能达到1000左右

走心秘技2：1个方法：获得抖音精准粉丝，让盈利更容易

账号的粉丝是否精准，这无论是对于后期带货还是后期广告植入，还是视频输出的内容都有着决定性的影响。因此，每一个抖音创作者该主动去了解并掌握获取精准粉丝的方法。

创作者在运营视频账号之前，就应该清楚地了解自身账号要卖的产品是什么，哪些人群会买这些产品，自己想将这些产品卖给谁？当这些问题了解清楚之后，创作者再输出相关的内容，就能得到非常不错的反响。

举个简单的例子，创作者准备卖女装，那么购买该产品的基本上就是女性，确定好这一点之后，创作者又可以将女装细分为是适合矮个子或高个子以及胖或瘦的女生穿的，并通过找到与之相符合的模特多角度展示女装，以解决该类型女生觉得衣服不合身、不好看的痛点。

走心秘技3：新人必须知道的快手福利：发现页免费曝光4000次

对于新入驻快手的创作者来说，免费获得流量就是他们目前最主要的诉求。基于这个原因，快手平台为每一个粉丝满50的创作者都提供了一项超级福利，即创作者邀请一个新人用户注册使用快手，就可以获得发现页曝光4000次。如果创作者邀请了100个人，那么就能获得400000次流量曝光，可见，这项流量是非常巨大的。

获得这项福利的步骤非常简单，只需要在个人中心的设置页面中，点击“邀请好友送曝光”，就可以通过微信、QQ、微博邀请好友注册了。当好友成功注册之后，创作者就可以获得快手发现页4000次免费曝光的机会，邀请的人越多，创作者获得的免费流量就越多，视频曝光的机会也就越多，就更容易火爆。

走心秘技4：新人必须知道的快手运营秘技：5个阶段迅速度过冷冻期

近年来，快手带货能力越来越强，越来越多的用户涌入到快手上卖货的队伍中。但是对于新人来说，需要度过一个很长的成长期，才可以到达带货的程度，这是很不利的。其实，只要做好了这几点，快手账号就能够快速成长起来，一跃达到爆发期。让快手账号迅速度过冷冻期，这个快速成长过程分为五个阶段，如表2-5所示。

表2-5 快手账号成长秘技

成长阶段	方法
第1阶段 精准定位	运营者定位和视频定位要准确、统一，有助于被对该领域有兴趣的用户快速找到。例如，视频主要教人制作美食，那么这个运营者就可以定位为美食家、厨师，就很容易被对这方面感兴趣的用户找到
第2阶段 优化短视频脚本	目前，短视频时长并没有一个固定的规范，但为了抓住用户眼球，保证视频完播率，应当注意以下几点。①在视频开始播放的3秒之内吸引住用户的眼球；②在视频播放至10秒时展现出一个爆点；③在视频播放至20秒时展现出一个大爆点或者反转；④在视频结尾时要与用户有一个互动或者来个大反转。 建议新手小白拍摄的短视频时长尽量控制在30秒之内，除非视频内容质量过硬，或者本身为剧情类短视频，剧情内容跌宕起伏，十分能抓住人心
第3阶段 持续发布内容	每天发布至少一个短视频，当创作者拥有的粉丝数量超过100就开通快手直播，固定创作者人设。此外，创作者在开播时要统一开播时间，以增加粉丝黏性
第4阶段 开启付费推广	如果发布的某一个视频数据表现非常好，创作者在可以开启付费推广功能将视频推送给更多的人，让视频持续发热，达到曝光的目的
第5阶段 监测异常	如果视频的播放量数据一直不错，可是有一天发布的视频播放量却非常差，很可能就是该视频内容违规了，例如涉及违规宣传、吸烟。如果创作者实在找不出视频问题所在，可以对该视频使用最低价格付费推广，如果数据依旧很差，那么就可以将这个视频直接删除了

走心秘技5：开通抖音橱窗申请条件

开通抖音橱窗申请条件有3种，分别是账号至少拥有1000粉丝、拍满10个作品和实名认证。

值得注意的是，在账号拥有的粉丝数量这个条件上，抖音平台会随时调整基数，创作者可以根据抖音平台具体的规定去执行。

此外，如果创作者想要快速集齐10个作品，可以寻找其他平台的账号的商品视频，重新剪辑然后发布。如果账号曾被限流、封号，则可以用朋友或家人的身份证认证；如果曾经严重违规导致封号的，那么不仅需要换身份证，还需要换一个手机卡和一部手机。

第 3 章

短视频策划

随着短视频行业的迅猛发展，短视频的商业价值也不断被挖掘出来，不少企业和个人纷纷利用短视频进行营销活动，从而获得赢利。想要在不计其数的短视频中脱颖而出，关键在于做好短视频策划。

要做好短视频策划，首先应该打造一个个性化的账号，具有鲜明的特色，让用户能够快速记住；其次应该做好短视频的定位，以达到准确锁定目标用户的目的；最后参考受欢迎的短视频，收集素材并编写脚本，制作出优质的短视频。

3.1

打造个性化的账号

如果说内容是短视频的核心，那么账号就是短视频存在与发展的灵魂。账号申请注册很简单，但想要账号具有个性，能够脱颖而出，能被用户记住，就需要给账号打造一个令人印象深刻的个性化标签。

打造个性化账号需要设置账号的昵称、头像、个性签名、背景图等，它们直接影响着账号的形象，甚至会影响到短视频的播放量。

3.1.1 注册账号

以抖音平台为例，在抖音平台上注册账号非常简单，只需要输入手机号码，在手机上获取短信验证码，并将验证码输入到注册界面相应的文本框中即可完成注册。

大部分的短视频平台都支持多平台账号注册，如手机号码、QQ号、微信等皆可注册。多平台账号注册登录是一体的，如用户使用微信账号登录成功之后，即可认定为该微信账号成功注册为抖音平台的用户账号，如图3-1所示。

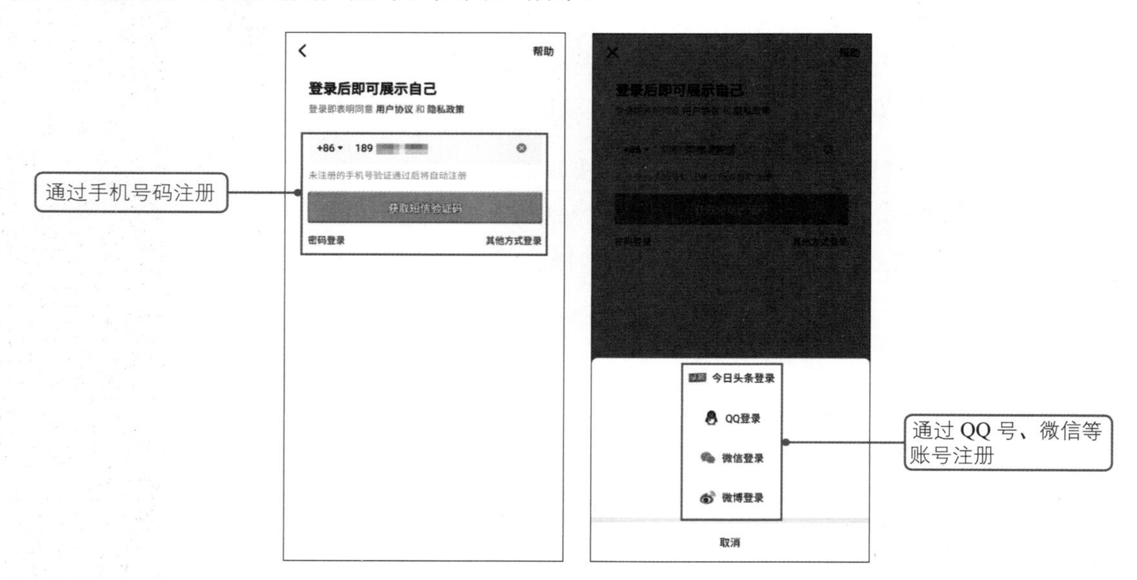

图3-1 抖音账号注册与登录方式

值得注意的是，无论是使用手机号码注册登录，还是用其他方式登录，在登录成功之后都需要完善账号信息，如设置头像、抖音账号昵称、抖音号、个人简介、性别和生日等信息。账号信息完善之后，一个抖音账号才算是真正意义上的注册完成，才更有利于展示自我。

3.1.2 设置吸引你受众的头像

头像是用户识别账号的一个重要因素，比账号里面的文字信息带来的视觉冲击更大。短视频头像的设置要根据账号的风格来确定，且要求图像清晰美观，例如搞笑类账号可以将有趣的图片设置为头像，才艺展示类账号可以将自己的真人照片设置为头像，美食类账号可以用美味可口的食物图片设置为头像。常设置的头像类型有5种。

1. 账号名做头像

用账号名做头像可以增加用户视觉冲击，强化账号IP。以短视频账号“二更”为例，该头像用白色背景黑色字体进行设计，画面简单直接，可以给用户很直观的感受，且能留下深刻印象，如图3-2所示。

2. 真人头像

用真人照片做头像可以直观地展现出创作者的个人形象，从而拉近用户和创作者之间的心理距离，非常有利于打造个人IP。以李子柒为例，她的头像使用了本人照片，很好地传递了“温婉飘然、多才多艺的东方美食生活家”的人物形象，如图3-3所示。

图3-2 账号名头像

图3-3 真人头像

3. Logo头像

用Logo做头像可以向用户明确地传达出账号运营短视频的内容方向，有助强化品牌形象。以护肤品牌OLAY为例，其账号头像采用白色背景、Logo以及宣传口号进行组合设计，展现形式十分直观，让用户一眼就能看出品牌及其特点，强化了OLAY的品牌形象，如图3-4所示。

4. 视频角色头像

使用短视频中角色做头像，有利于强化角色形象，打造角色IP。以“僵小鱼”为例，该账号发布的视频内容是围绕3D动画角色“僵小鱼”和“爸爸”的生活而展开的一系列有趣故事。这些故事造就了“僵小鱼”这个角色形象，也让用户对“僵小鱼”形成了深刻印象，因此，使用“僵小鱼”做头像能够让用户更加深刻地记住这个角色形象，如图3-5所示。

5. 卡通头像

卡通形象多种多样，且绝大多数都受到人们的喜爱和追捧。选取它们做头像时，要注意选取的头像是否与账号定位符合。以“刘老师说电影”为例，该卡通形象根据“刘老师”真人绘制而成，且符合短视频风趣、幽默的风格，如图3-6所示。

图3-4 Logo头像

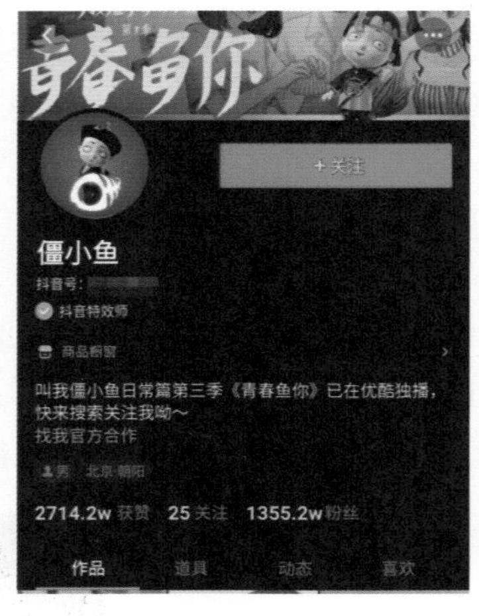

图3-5 视频角色头像

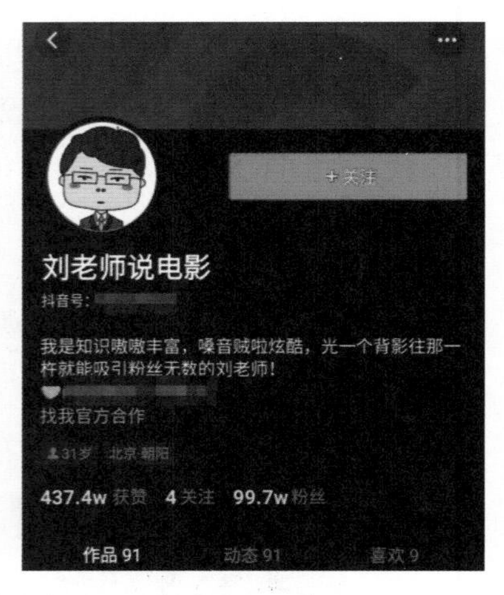

图3-6 卡通头像

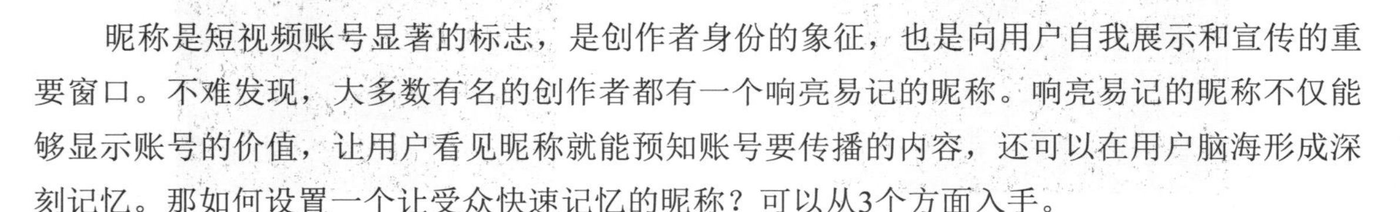

3.1.3 设置让受众快速记忆的昵称

昵称是短视频账号显著的标志，是创作者身份的象征，也是向用户自我展示和宣传的重要窗口。不难发现，大多数有名的创作者都有一个响亮易记的昵称。响亮易记的昵称不仅能够显示账号的价值，让用户看见昵称就能预知账号要传播的内容，还可以在用户脑海形成深刻记忆。那如何设置一个让受众快速记忆的昵称？可以从3个方面入手。

1. 简洁易懂

昵称简洁易懂是基本要求。设置昵称时避免使用生僻词和复杂的词汇，不仅方便用户记忆，也利于后期的广告植入。以“张丹丹的育儿经”为例，该昵称不仅能让用户快速记忆，还能让用户快速了解视频账号输出的视频范围是育儿方面的内容，如图3-7所示。

2. 关键词

在昵称里面加入关键词汇，提示账号运营视频内容方向的同时，还可以加大被用户发现的机率。以“虫哥说电影”为例，作为一个主打电影解说的视频账号，该昵称利用关键词“虫哥”“说”“电影”，直截了当地表明了创作者名字，以及主要的创作内容，如图3-8所示。

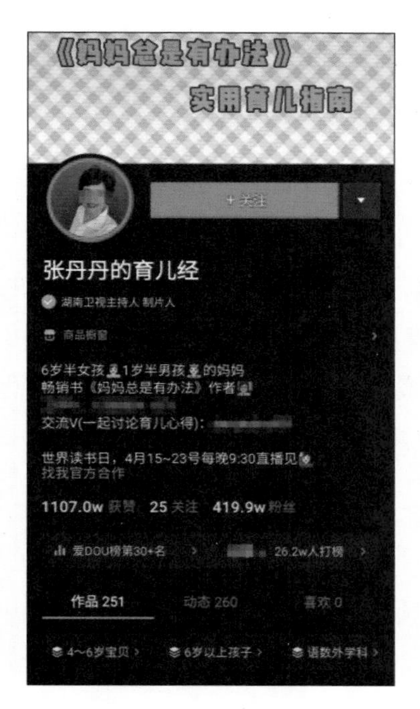

图3-7 简单易懂的昵称

图3-8 以关键词为昵称

3．谐音

一个账号想要脱颖而出，让用户记住，那么起一个有创意的昵称就非常有必要了。最常见的方法是通过谐音的方式取名，如“七舅脑爷”这个昵称就是借助“七舅姥爷”的谐音，给用户留下深刻的印象，如图3-9所示。

图3-9 谐音昵称

达人提示

在海量的短视频创作者中，也有不少的昵称是直接用品牌、姓名命名的，这类账号旨在直接告诉用户“我是谁”，比较适用于有一定影响力、有一定名气的创作者。还有直接以“行业+人名”命名的，这类账号可以让用户快速锁定创作者，对于后期植入广告和定位目标人群非常有利。

3.1.4 设置展示自身特色的签名

签名可以简单理解为创作者向用户自我展示和宣传的文案，它具有字数简洁、主题突出、快速引人注意的特点。常见的签名类型分为以下几种。

1．运营身份类

用个性签名介绍视频账号的身份及其工作。例如“爱与二歪”的个性签名：一个喜欢养猫的帅帅的美妆博主，如图3-10所示。

2．运营领域类

用个性签名表明视频账号运营的视频类型、领域，使用户能够清晰地对账号做出判断。例如“育儿小百科”的个性签名：0~6岁实用养育百科，能对家里有这个年龄段小孩的用户起到很好地识别和引导关注的作用，如图3-11所示。值得注意的是，该账号的昵称设置得也非常巧妙，让用户一眼就能知道账号是做什么的，对有这方面需求的用户寻找到该账号非常有帮助。

3．运营理念类

用个性签名表明视频账号运营的理念、态度，能很好地向用户传达出创作者的内心，建立起共鸣，拉近彼此的心理距离。例如“菜鸟美食”的个性签名为：爱生活，爱美食，做一个正能量的美食传播者，如图3-12所示。

图3-10 表明运营身份类签名

图3-11 表明运营领域类签名

图3-12 表明运营理念类签名

达人提示

无论选择哪一种类型的个性签名，都可以放置创作者的工作联系邮箱、微信等联系方式，在个性签名里放置联系方式有两个好处，一是让创作者对外传递出了接广告的信息；二是方便广告商找到创作者。不过，在放置联系方式时，要注意平台的管理规则，如果触碰管理红线，那么账号容易被降权。因此，一般创作者在放置联系方式时，会用谐音、字母简写来代表，如VX、围脖等。

3.1.5 使用“认证”以增加可信度

随着互联网迅速发展和智能手机的普及，给企业、个人带来了众多的营销宣传平台。其中，短视频凭借传播路径短、速度快、成本低和信息密度高的特点，一跃成为大家争逐的焦点，各路人员纷纷入驻。

面对不计其数的企业账号、个人账号，用户如何甄别呢？很多时候，可以根据账号是否被认证来判断。各大短视频平台的认证一般分为企业认证（蓝V）和个人认证（黄V），且赋予它们各自的权益也大多相同。下面以抖音认证为例进行详细讲解。

1．企业蓝V认证

抖音的企业认证可以为企业提供免费的内容分发和商业营销服务。企业通过认证可以获得官方认证标识，保证企业品牌的唯一性、官方性和权威性。并且通过视频、图片等多种形态为品牌提供固定的营销阵地，发挥品牌原有影响力，并获取新的影响力。

总的来说，企业账号完成企业认证拥有十大优势。

- 官方认证标识：可以获得官方蓝V标识，既能彰显企业身份，又能体现平台背书。
- 昵称搜索置顶和锁定昵称：企业之间昵称不会重名，保证每一个企业认证号的独特性。同时，官方认证企业账号，在用户搜索时，会展现在搜索结果靠前的位置。
- 视频置顶：可设置三个置顶视频，对重点内容进行二次加热，获得更多曝光量。
- 认证同步：认证一次，即可享受抖音短视频、今日头条、抖音火山版小视频三个平台同步认证。
- 官网链接：可设置品牌官网链接跳转按钮。
- 电商购物车功能：可以在视频内添加购物车功能，且支持链接跳转店铺，实现流量快速获利。
- 私信自定义回复：可以自定义回复用户私信内容。
- 商家页面置顶：在商家页面还可以设置在线预订、特色服务、店铺（POI）、店铺活动、优惠券功能，帮助企业用更简便的方式实现流量收益。
- 随意广告，留联系方式：对于没有认证的企业，发广告次数过多、留联系方式等都会受到相应地惩罚。开通认证过后，企业账号可随意发广告。
- 数据分析：可以实时监测账号运营数据，如互动数据等。

小米手机在抖音平台上通过了企业认证，其蓝V标识、商品橱窗跳转按钮，以及商家页面跳转组件的位置如图3-13所示。

进行蓝V认证，几乎是每一家企业入驻抖音后的必然选择。具体的认证操作应根据各大短视频平台的具体要求而定。

图3-13 蓝V认证企业

2. 个人黄V认证

在抖音上，公众人物、领域专家、网络名人都可以申请个人黄V认证，如图3-14所示。

申请个人认证时需要满足3个条件：发布视频数大于等于1条、粉丝量大于等于1万和绑定手机号。认证过后的账号可以彰显创作者身份的标识，增加创作者可信度。总的来说，个人账号认证过后有以下几种优势。

- 增加推荐机会，更容易上热门：抖音系统会自动认定“加V认证”的账号为优质账号，给予流量扶持，作品会优先进入流量池推荐。同时，“加V认证”会增加账号的热门权重，上热门会更容易。
- 曝光率会更高：认证过后的账号搜索排名会靠前，而且由于加V标识，会增加账号辨识度。
- 审核速度快：系统审查加V认证的账号速度会有较大的提升，可以为抢占热度提供先机。例如，出现一个热点事件，各大媒体平台都在抢占先机，谁在时间上有了优势，谁就获得了更多的流量。
- 认可度更高：加V标识有平台背书，更容易得到广告商的认可。同时，一个开通了认证的抖音账号会比普通的抖音账号，吸粉速度更快。

满足条件的用户在抖音短视频APP上即可申请认证，等到平台审核通过，账号就拥有了黄V标识。抖音官方个人认证入口如图3-15所示。

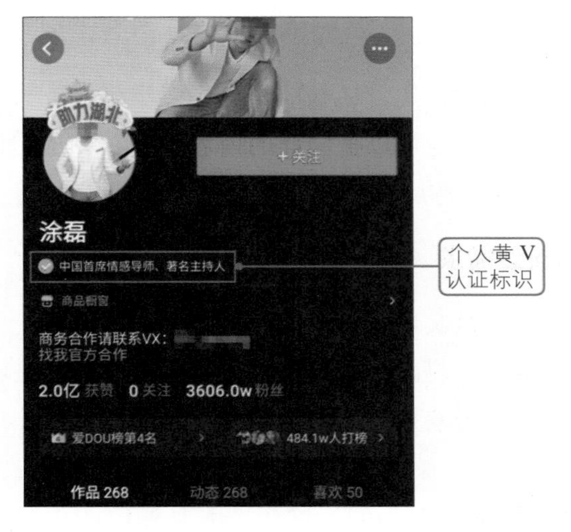

图3-14 个人黄V认证

图3-15 抖音个人官方认证入口

3.1.6 打造营销账号矩阵

打造账号矩阵是短视频运营过程中非常重要的一部分，尤其是垂直细分不明显的账号，可以利用“母账号”快速地为“子账号”增加流量和用户黏性。它的操作方式是：以热门账号为流量池中心，并将流量池中心细分，通过子账号完成流量的垂直转化，实现账号之间的垂直度，并建立多元化的产品。打造一个优质的营销账号矩阵，具体来说有以下4种方式。

1．构建账号个体完整的故事背景

账号矩阵通常是两个及以上的账号，运营时要将每个账号当成一个独立的个体，分别构建各个账号的故事背景，让每个账号都能呈现出完整的内容。

以抖音平台的“祝晓晗”和“老丈人说车”为例，两个账号都属于新动传媒，并且都是围绕父女之间发生的各种搞笑故事为主，但是故事的视角全然不同，“祝晓晗”是以女儿的视角展开故事，“老丈人说车”则是以父亲的视角展开故事，如图3-16所示。

图3-16 营销账号矩阵

2．多平台发布内容

在全网时代，视频内容所面对的用户不计其数，用户所处的平台可能不一样，再加上用户之间可能存在一定的社交性。在账号运营过程中，可以把同样的内容发布在算法相似的多个平台，就很容易与用户建立更多的关系，从而保持用户黏性。

3．矩阵账号风格迥异，以满足不同的粉丝需求

打造账号矩阵的目的不仅仅是涨粉，更多的是实现盈利。账号矩阵的“母账号”往往具有大量粉丝，这些粉丝兴趣各有不同，通过矩阵分裂出不同的账号，完成流量的垂直转化。如不同的账号输出不同风格的内容，突出内容上的差异，以满足不同粉丝的需求，让矩阵账号范围覆盖更广。

以洋葱集团下的“办公室小野”和“七舅脑爷”为例，这两个账号输出的内容各有不同。办公室小野用办公室花样美食系列给大家带来新奇感；七舅脑爷则是从和女友之间的温馨而有趣的生活展开，并通过剧情的反转设计，给大家讲述一个个有趣的故事，如图3-17所示。

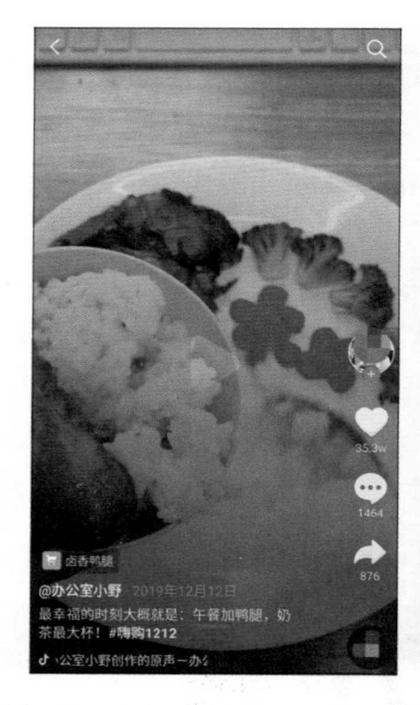

图3-17 营销账号矩阵示例

洋葱集团通过账号矩阵运营，使得两个账号的数据都非常高，粉丝黏性也很强，这样的结果对于后期获利是非常有利的。

在这全民皆可成为短视频创作者的时代，谁获得的流量、粉丝更多，谁就能更大程度地打开市场、适应市场，从而获得更多收益。因此，不少的热门账号都选择打造一系列的账号矩阵，针对不同受众，选择性地拍摄短视频内容，以此来形成内容的规模效应，减少运营成本，提高账号获利能力。

4. 独立账号之间相互客串

账号之间相互客串能够有效带动其他账号的曝光率，如“仙女酵母”“猫舌张”和“yuko和魔镜”，三个账号拥有相似的设定，并通过不定期的相互客串，为大家上演了一出塑料姐妹花情景剧，很好地带动了账号的曝光率，提升了用户对账号的认知度，如图3-18所示。

图3-18 账号矩阵玩法示例

5. 从一个爆款 IP，发展为细分内容

简单可以理解为将一个知名度非常高且非常有影响力的账号衍生出一些与其账号相关的小账号，小账号通过输出与主体账号相关的内容引流达到多方面盈利的目的，而大账号又能因为这些小账号进一步增强自身的影响力。如 “彭十六的小棉袄”和“彭十六的日常”，通过助理视角、日常生活视角，为主体账号“彭十六elf”增强品牌影响力，且都达到了引流获利的目的，如图3-19所示。

图3-19 账号矩阵玩法示例

6. 家庭自成矩阵

简单可以理解为以一个家庭成员之间的账号来打造一个账号矩阵，并通过不同角度来展示一个家庭里发生的日常故事，从而拉近与用户之间的心理距离，引发共鸣，达到吸引用户关注的目的。如“乔丽娅Natalia”和“Alex乔弟弟”，通过从不同视角上演姐弟俩在中国的有趣生活片段，吸纳了大批粉丝，如图3-20所示。

图3-20 账号矩阵玩法示例

值得注意的是，如果创作者之间不属于一个家庭，也可以塑造成家庭的人设，例如父亲、女儿、妈妈、哥哥、姐姐等，并通过不同的人设展现出不同视角的故事，从而打造家庭自成矩阵的效果。例如抖音“祝晓晗”和“老丈人说车”，两者的视频内容都是“父女之间”的生活日常，但两者之间并不是真的父女，只是背后的团队塑造出来的人设。

7．打造画风一致的系列账号

简单可以理解为账号之间输出的内容风格一致，内容并无较大的差异。如“文弘音乐”，矩阵账号之间的作品风格一致，账号昵称也统一标注，通过不同的歌手演奏不同的歌，最后剪辑成一首完整的歌发布，极大地提升了品牌在平台上的影响力，如图3-21所示。

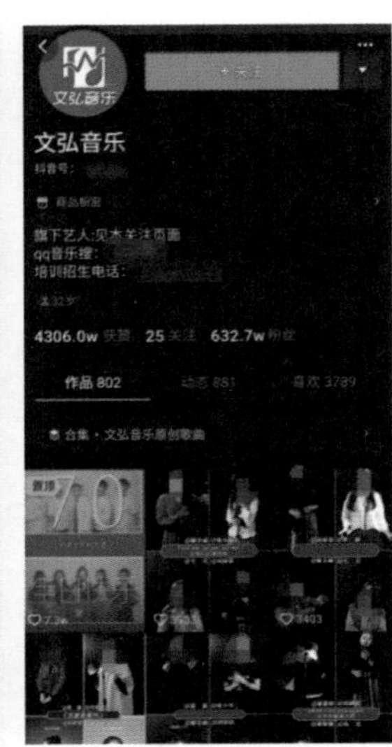

图3-21 账号矩阵玩法示例

达人提示

如果矩阵账号处于同一个IP地址，且账户之间一直存在相互点赞、评论和转发等行为，系统会判定该账号为营销账号，从而导致账号权重被降低或账号被限流。因此，要避免矩阵账号在同一IP地址下频繁互动。

3.2

短视频的精准定位

在这短视频全面爆发的时代，用户面对的短视频不计其数，注意力非常分散，对账号的忠诚度也不如以前那么高。对各大短视频创作者来说，抢占用户的注意力，就是抢到了用户，抢到了流量。在这个过程中，关键是短视频的精准定位。短视频内容定位清晰、准确，让用户心里有一个明确的判断，意识到账号存在的意义，对于短视频后续的发展和推广也能起到事半功倍的作用。

3.2.1 根据自身爱好选择最擅长的行业

不少初入短视频行业的创作者可能会选择跟风，什么题材火就做什么，甚至涉足自己不擅长的领域，这样的结果往往是不能够成功的，甚至会陷入一个像“猴子下山，先后遇到自己喜欢的玉米、桃子、西瓜和兔子，但最后一无所获”那样的结果。更何况短视频要保证内容的连续性输出，如果不擅长，也没有任何素材积累，很容易因为生产不出内容，而被淘汰。根据自身爱好选择最擅长的行业，可以从以下3个方面出发来考虑。

- 自己在哪些领域有特长：特长更有利于展现出自己的优势，使得自己在众多创作者中脱颖而出。例如，自己在舞蹈方面有特长，那么就可以持续输出舞蹈类的短视频，从而吸引喜欢舞蹈的用户关注。
- 自己对哪些事物感兴趣：对于感兴趣的事物往往会积累大量相关的资源。例如，自己喜欢剪辑影视视频，那么就可以选择做视频剪辑类的内容，如盘点金庸武侠剧中10大男主、盘点10大影视剧中最感人的瞬间，等等。
- 自己有哪些引人关注的亮点：亮点往往是被用户关注的焦点，是用户的目光所在。例如，自己能珠心算、快速记忆英语单词，等等，都会吸引相关用户的注意力。

由此可见，做短视频最简单有效的方式是从自己擅长且有资源的方向入手，这样可以保证后期短视频在内容策划上运用自如，在素材上有资源支持，在内容输出上源源不断。

以网络知名美食达人“美食作家王刚”为例，这位达人本身就是一位酒店的掌勺大厨，他热爱美食、懂食材、有烹饪实操经验，并且认识很多同行。对于他来说，选择从美食行业入手就是他的优势所在，也可以将他的优势最大化地发挥出来。

以下是“美食作家王刚”在西瓜短视频平台发布的视频内容截图以及视频的粉丝数据图。可以看到：该达人无论是粉丝量还是短视频播放量都非常高，如图3-22所示。

图3-22 “美食作家王刚”西瓜视频个人中心及视频

“美食作家王刚”选择从自身擅长的领域入手，结合自身平日积累的素材，用适合自身的风格策划出来的视频内容非常符合大众口味，经过时间沉淀，已经收获了一大批忠实的粉丝。

由此可见，制作原创短视频、获取用户青睐并不难。只要创作者先理清自身定位，寻找自身拥有的内容优势，就能迈出短视频制作的第一步。

3.2.2 根据产品属性选择行业方向

短视频创作者如果要开始带货的话，那么就要在了解自身产品情况的基础上，选择正确的行业方向。只有这样，创作出来的短视频内容，才能与这个行业完美契合，从而在运营上取得更好的结果。而且，根据产品属性选择行业方向，打造出来的视频内容，优势也是极其强大的。

- 精准定位有需求的用户群体，获取更多流量。
- 能够自然地切入产品或品牌广告，更容易提升用户的信任度。
- 用户转化率会更高，更容易实现营销目的。

以一个售卖女装的账号为例，产品的行业属于服装行业。因此，该账号创作的视频内容都是与服装相关的，例如，穿搭技巧、街头着装评论，等等，这些都是吸引用户关注和购买的有效手段。

可见，根据产品属性选择行业方向，创作出专业、优质的短视频内容，可以在积累流量的同时，也让用户关注了产品，能够有效实现短视频营销的目的。

3.2.3 通过数据分析了解行业用户详情

所谓通过数据分析了解行业用户详情，即通过一系列真实数据对目标用户做一个定位。这对创作者了解目标用户喜好，挖掘用户需求，实现精准化推送和更快获取流量有非常大的帮助。

创作者在了解用户行业详情时，可以从西瓜指数或卡思数据网站上找到相关的数据，并从5个方向作为切入点进行用户行业详情分析。这5个方向分别是：用户性别占比、用户年龄段、用户所处地域、用户的职业和用户的消费能力。

这里以抖音平台的美食行业为例，介绍美食相关的账号用户详情的数据情况，帮助读者在后期分析行业用户详情的过程中建立一个更加明确的概念。美食相关的账号分别是专注美食测评、吃播的“拾荒开饭”以及专注美食制作的“家常美食教程”，如图3-23所示。

1. 用户性别占比

行业相同，短视频内容存在差异，那么视频账号所面对的用户性别也会存在一定的不同。下面分别是“拾荒开饭”和“家常美食教程”目标用户群体的性别分布，如图3-24所示。

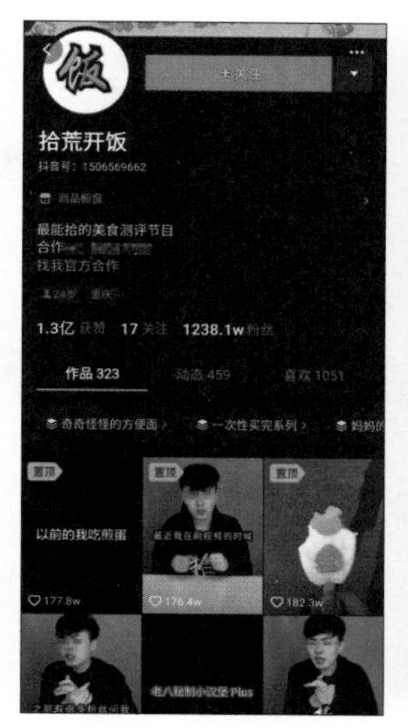

图3-23 分析行业用户详情所选取的账号

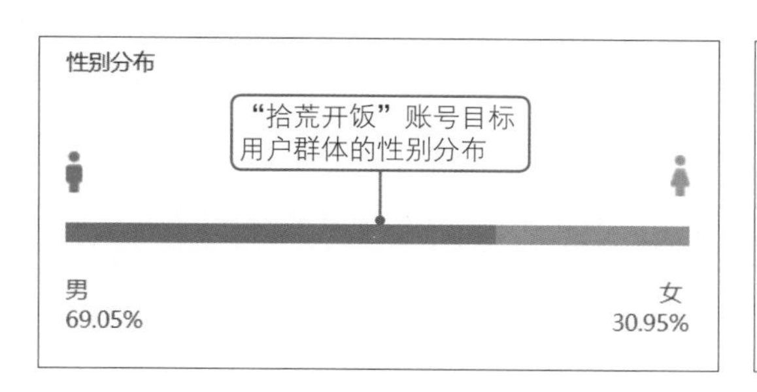

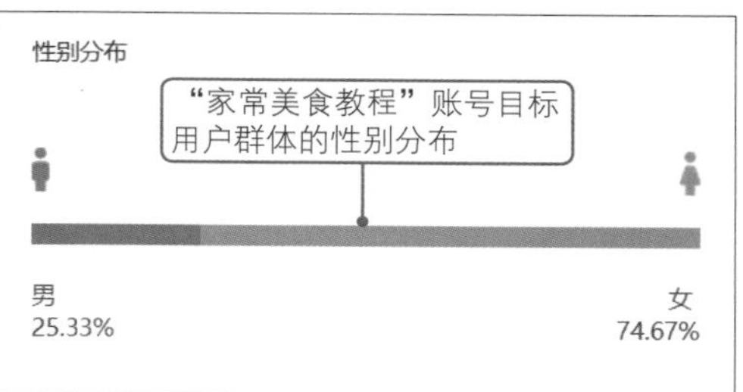

图3-24 两个账号的用户性别分布比例

从图3-24中可以明显看到，关注“家常美食教程”的女性用户远远多于男性用户，这与抖音平台用户性别的属性一样，都是以女性用户为主。而关注“拾荒开饭”的女性用户却远远少于男性用户，这与抖音的性别属性是有一定区别的，很大程度上是因为输入的内容更偏向于男性。

根据这个原因，创作者可以根据抖音平台用户性别分布情况，制定相关的内容运营策略，从而输出更多的目标用户喜欢的内容。

2．用户年龄段

根据用户年龄段可以分辨出不同内容条件下的用户年龄比例，更有利于创作者创作出有针对性的内容，“拾荒开饭”和“家常美食教程”用户年龄段如图3-25所示。

从图3-25中可以明显看到，“家常美食教程”的年龄占比最多的是18~35岁这一年龄段的用户，而“拾荒开饭”的年龄占比最多的是6~24岁这一年龄段的用户。可见，两个账号虽然内容有所差异，但年龄段大多在6~35岁之间，偏向于年轻群体，与抖音平台用户年龄段属性大体是相符合的。

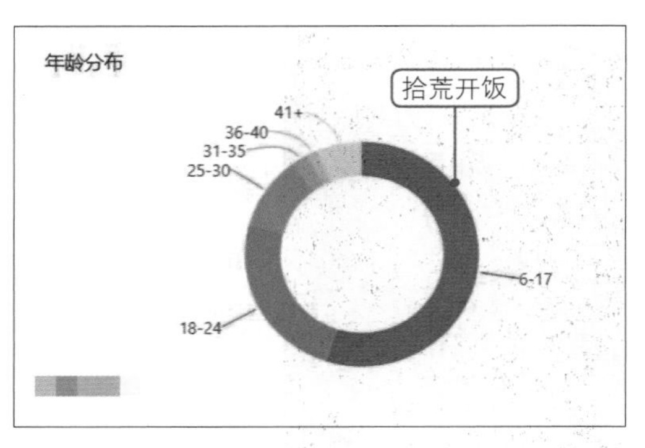

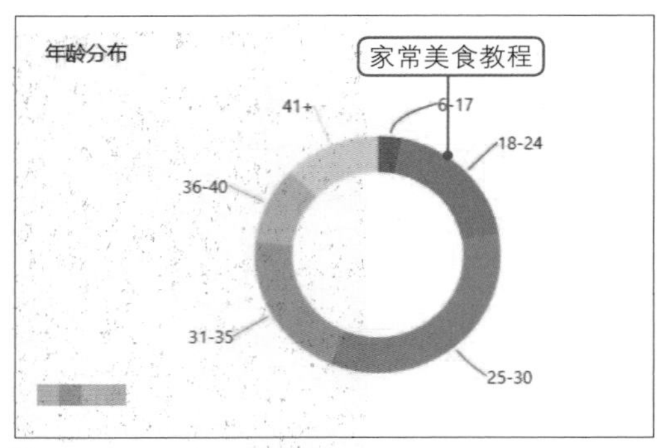

图3-25 两个账号的用户年龄段分布

根据这个分析，创作者可以从自身情况出发，并依据观看同类账号内容的情况，打造出符合用户喜好和满足用户需求的内容。

3．用户所处的地域

根据用户所处的地域，能相应地策划出符合地域特点的视频内容，从而引发相同地域的用户的共鸣，拉近心理距离。“拾荒开饭”用户所处地域，如图3-26所示；“家常美食教程”用户所处地域，如图3-27所示。

地域分布 省份 | 城市

名称	占比
广东	11.52%
江苏	7.16%
山东	6.91%
浙江	6.37%
河南	5.82%
四川	5.46%
福建	4.65%
河北	4.26%
安徽	4.18%
湖南	4.14%

地域分布 省份 | 城市

名称	占比
重庆	5.79%
北京	4.01%
上海	3.25%
广州	2.98%
成都	2.28%
深圳	2.24%
苏州	1.95%
天津	1.91%
温州	1.82%
东莞	1.59%

图3-26 “拾荒开饭”用户所处地域分布

地域分布 省份 | 城市

名称	占比
河南	9.41%
广东	9.37%
江苏	7.97%
山东	7.80%
河北	6.08%
安徽	5.15%
浙江	5.06%
四川	4.55%
湖北	4.06%
陕西	3.73%

地域分布 省份 | 城市

名称	占比
北京	4.43%
重庆	3.37%
广州	2.83%
上海	2.79%
西安	2.68%
郑州	2.64%
成都	2.62%
深圳	2.53%
苏州	2.37%
天津	2.04%

图3-27 “家常美食教程”用户所处地域分布

从图3-25中可以看到，在省份分布图中，“拾荒开饭”的用户大多分布在广东省，远远多于其他省份，而在城市分布图中，重庆用户占比最多，其次是北京、上海和广州。

从图3-26中可以看到，在省份分布图中，“家常美食教程”的用户大多分布在河南、广东，远远多于其他省份，而在城市分布图中，北京用户占比最多，其次是重庆、广州和上海。总的来说，两个账号的用户大多分布在“北上广”和重庆这四座城市，且两个账号为迎合这些用户的偏好也制定了相应的内容。

根据用户所处的地域，创作者可以搜集和整理这些省份、城市用户的工作与生活相关的信息，并进行归纳和总结，创作一些目标用户感兴趣的内容。

4．用户的职业属性

据相关数据统计，抖音用户绝大多数都是白领或自由职业者，且这些人绝大多数是20~28岁的年轻女性，这些人有着鲜明特征，她们有个性、对新鲜事物充满好奇，热爱美食，热爱生活。两个创作者从用户特征和需求出发，输出符合她们需求的优质视频内容，自然会受到欢迎，从而吸纳大批粉丝。两个账号视频内容的点赞情况如图3-28所示。

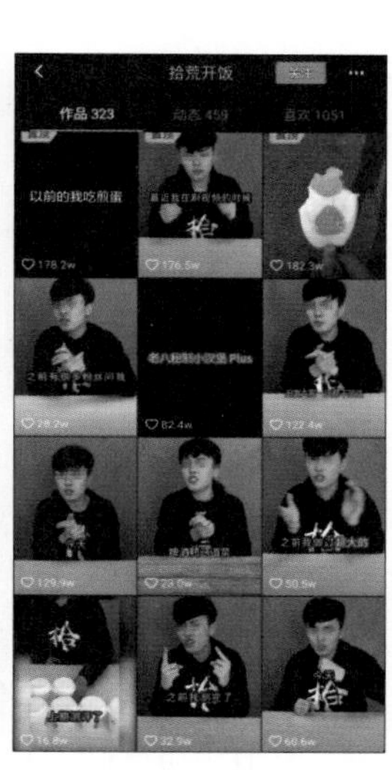

图3-28 两个账号展示内容的点赞数据

从两个创作者部分展示的视频内容来看，每一个短视频的点赞量都非常高，像这样不靠噱头、热点，仅以“干货”为主的短视频，可以说其运营是非常成功的，这也说明了美食类的短视频更容易吸引观众。

5．用户的消费能力

根据相关数据显示，抖音平台上的绝大多数用户属于中等消费者，其次是中高等消费者和中低消费者。但是，无论用户的消费能力高低，都有一定的消费能力，且会因为种种原因，很容易形成冲动性消费。对美食行业的创作者或者其他领域的创作者来说，这是一群很容易达成交易的消费者。

3.2.4 短视频展现形式的常见类型

近年来，短视频日益受到重视，越来越多的人投身短视频领域，随着内容竞争不断加剧，变得越来越激烈，因而短视频平台越来越关注内容的价值。想要创作出用户喜欢的视频，就要先了解短视频，前面提到了短视频的7大类型，那么短视频的展现形式有哪些呢？

1．图文形式

图文形式是几种展现形式中最简单的一种。创作者将图片和文字结合展示，把想要表达的内容放置在图片中，加上配乐即可，基本不用拍摄和后期制作。采用图文形式要求图片高清，文字简单扼要，让用户一眼就能明白其中的意思。另外，创作者也可以选择与视频内容相关的人物、事件截图，或者影视剧的截图，并用文字加以说明，如图3-29所示。

图3-29 图文形式的短视频

图文展现形式一般适用于正能量、情感类、吐槽类，以故事形式出现的视频类，也有不少利用图文型视频进行带货的案例，比如抖音上有不少图书就是通过这种图文型视频来推销的。但是，以图文形式展现的视频没有真人出镜，不利于后期广告植入。

2．情景剧形式

情景剧是把创作者想要表达的内容通过表演的方式展现出来，其创作涉及短视频脚本、拍摄、真人出镜以及后期处理几个方面，是几大展现形式当中最难的一种。情景剧多为创作者原创。同时，情景剧形式与影视剧一样，通过表演所带来的视频真实感觉，能够很好地调动用户的情绪，更容易产生共鸣。因此，这种形式在后期植入广告时非常有优势，如图3-30所示。

图3-30 情景剧形式的短视频

3．模仿形式

模仿形式相对原创简单许多，只需要创作者搜索一些火爆的视频，再用自己的风格或者其他的形式表现出来即可。在抖音平台上可以看到很多相似内容的短视频作品，这就是模仿形式。例如，原创是情景剧形式，模仿之后变成了图文形式，或者模仿知名人物妆容造型等，如图3-31所示。

值得注意的是，在海量短视频创作者当中，如果没有特色，对于后期打造自己的个人品牌非常不利。因此，走模仿路线的创作者要打造出自己的特色，形成自己独特的标签，以加深用户印象。

4．脱口秀形式

脱口秀形式通常是一个人出镜，为观众做出某个事件的点评、解说、吐槽，或者针对某个东西进行讲解、科普。例如，一个美妆达人的账号，可以讲解护肤品的知识；一个懂车达人可以给用户讲解汽车相关的知识。

选择脱口秀形式，人设、账号定位要清晰明确，这样才有利于打造个人IP。同时，脱口秀形式可以为用户提供不同价值的内容，通过这些价值吸引用户，让用户内心有一个强烈的认知，这对于后期盈利十分有利。以知名脱口秀达人“波波脱口秀为例”，如图3-32所示。

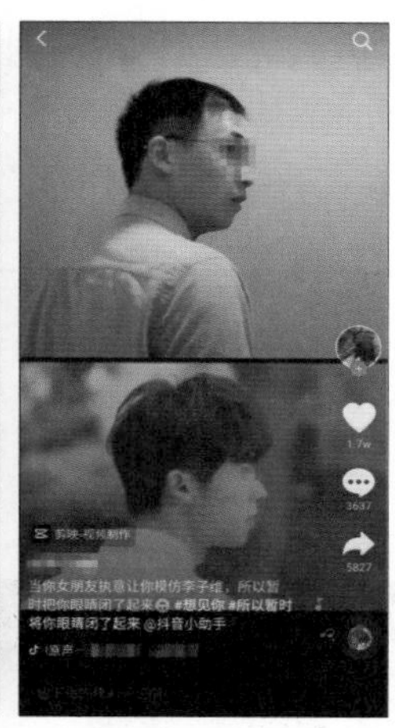

图3-31 模仿形式的短视频

图3-32 脱口秀形式的短视频

在该短视频中，波波以“女人生气应该怎么办”作为问题，引起大家的关注，并用“到底应不应该哄”“不哄会怎么样”“哄了又会怎么样”来对问题作出解答，这样很容易激发遇到过这个情况的用户参与讨论问题的积极性。目前，该视频的点赞量超过70万，评论量近4万，转发量超过12万。

5．日常生活形式

日常生活类短视频，又叫“Vlog”短视频，也是短视频中常见的一种形式，多用于记录创作者的个人生活日常，主题非常广泛。记录的内容可以是旅途路上所见所闻、活动记录，也可以是生活琐事，如图3-33所示。

图3-33 Vlog形式的短视频

3.3

优质短视频内容的策划

随着短视频内容的爆发，面对不计其数的创作者，用户对视频内容质量要求也越来越高。一直以来，优质内容是吸引用户的核心要素，是短视频账号长期良好发展的基础，也是每个创作者所追寻的目标。要策划出优质的短视频内容，创作者可以从了解优质内容的特征、收集与整理内容、研究受欢迎内容的标签等方面入手。

3.3.1 优质短视频内容的特征

什么是优质的短视频内容？理解用户的内心、解决用户的需求，能让用户产生共鸣的内容，即称为优质的短视频内容。具体可以从以下几个方面进行说明。

1. 具有娱乐属性

用户观看短视频多是为了填补自己碎片化时间，为生活添加乐趣。在内容选择上，他们更倾向于观看趣味性的话题。在各短视频平台上，那些比较受欢迎的内容，其本质上是具有娱乐性质的。以抖音人气创作者“王小强”为例，他通过变装和段子的形式呈现内容，快速触动用户心灵，使用户产生共鸣，因此大获成功，如图3-34所示。

从图3-34中可以明显地看到短视频的点赞量、转发量和评论量都是非常高的，甚至视频的一个评论都能达到9.2万的点赞。

图3-34 具有娱乐属性的短视频

2. 具有知识属性

随着生活节奏加快，人们的时间更加碎片化，更倾向于利用碎片化时间来获取切实可用的知识，掌握一门技能。据相关数据显示，从2018年开始，用户对科普、教育、技能等专业度比较高的视频需求明显提升。

以抖音人气账号“PS”为例，通过15秒的短视频讲解一个完整的PS实操案例，既有知识性，又有实操性，简单易学，获得许多想学PS的用户的青睐。以下是“PS”抖音个人中心以及视频展示，如图3-35所示。

3．具有鲜明人设

鲜明人设可以形成自己的标签，能够在海量创作者中脱颖而出，给用户留下深刻印象。同时，具有鲜明人设的创作者，在后期更容易打造个人品牌。

以被称为2016年第一网红的“papi酱”为例，papi酱的视频多以犀利的语言风格和精彩的表演为主，如角色变换、夸张神态、极快语速、搞怪变音等，迅速在用户心中形成了一个“奇女子”的形象。她也因为自己的独特视频风格而收获庞大且稳定的粉丝群，如图3-36所示。

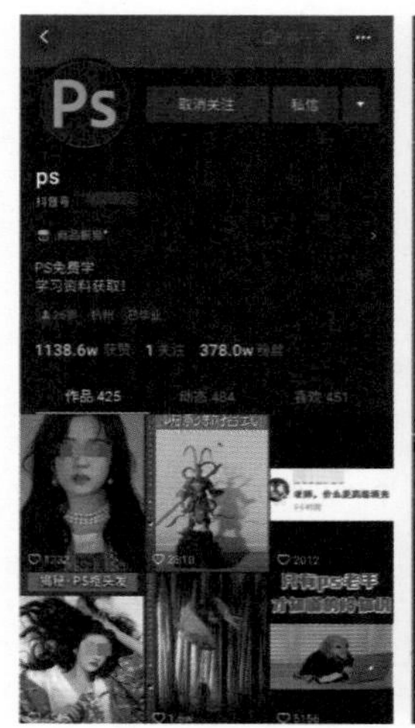

图3-35 具有知识属性的短视频

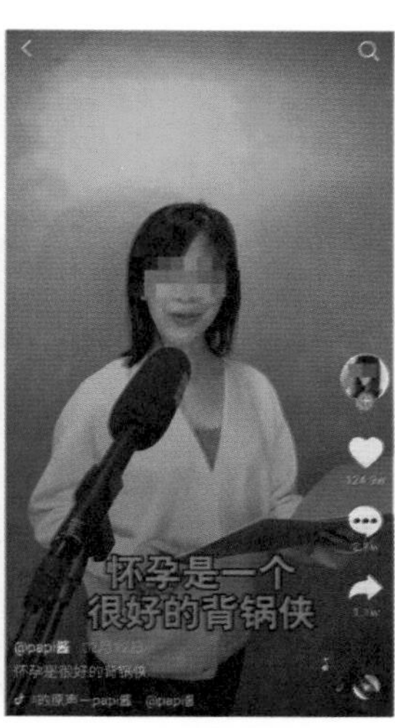

图3-36 具有鲜明人设的短视频

4．具有情感属性

短视频用户行为调研和深度解析报告指出：视频内容是否具有情感是影响用户选择短视频的重要因素。例如，常见的感人瞬间、励志故事、戳中笑点、治愈系等内容，都是用户观看短视频的选择要点。以某短视频为例，视频中突显出父爱的伟大无私，让不少用户感动之余，自发进行点赞、转发和评论，如图3-37所示。

图3-37 具有情感属性的短视频

5．富有创意

大多数的短视频用户都具有猎奇心理，如果视频创意性比较高，则可以快速吸引用户。同时，一些具有创意发明，在人们的日常生活中也可以起着不小的作用。以“喵小呜的盒子”为例，创作者发布的“废物二次利用”“手工制作玩具”等内容，既让用户觉得有趣，又能给用户带来生活上的好处，因此深受用户喜爱，如图3-38所示。

图3-38 具有创意属性的短视频

3.3.2 短视频内容的收集与整理 

收集与整理短视频内容可以积累大量素材，帮助创作者快速建立故事框架，还能获取用户的真实反馈，把握市场动向，因此，收集与整理短视频内容是很多创作者必做的日常功课。下面介绍几种短视频内容收集与整理的实用方法，供读者参考。

1．日常积累

日常积累是最简单也是最实用的方法。通过身边的人、事、物等，将有参考价值的信息收集整理在一起，不断训练发现“爆款”内容的嗅觉。某创作者通过日常搜集和积累短视频内容素材，创作出的短视频大获用户喜爱，并成为他所有短视频作品中获得点赞数量最高的一个。

2．寻找用户偏好并加以整理

创作者是短视频内容的生产者，而用户是短视频内容的消费者。拍摄短视频说到底是为用户服务的，知道用户的需求，便于创作更受用户欢迎的内容。

这项工作可以从两个方面入手，一方面是：借助各网站数据，筛选出有代表性的信息，加以整理；另一方面是：由于评论是用户与创作者互动最直接的方式，会反射出多方面的问题。因此，可以利用短视频的评论，筛选出有价值的信息，并加以整理分析。某创作者通过视频作品的评论找到粉丝的诉求并加以整理，创作出一个符合粉丝兴趣的视频，获得粉丝的一致好评。

3. 研究竞争对手爆款视频的要素

通过收集竞争对手的爆款视频，找出视频的爆点和特色，并加以整理和分析，从而获取不同的灵感和思路。经过一段时间的积淀，也能收获不错的内容资源。某创作者在日常积累和寻找用户偏好上都做得不错，但视频依旧没有达到火爆的程度，后来通过研究竞争对手爆款视频的因素，找到自己视频的问题所在，并进行改正之后，创作出来的短视频也被推向了热门。

3.3.3 受欢迎的几类短视频内容标签

内容标签是概括短视频主要内容的关键词组，也是用户对短视频内容认知和理解之后得到的有价值、有代表意义的信息。

这个标签可以被创作者自身创造出来。例如，一个准备做美妆的创作者，就可以在发布的每一条视频当中，从镜头到文案，全方位、立体地展现出了一个美妆达人的角色。这样一来，平台就会根据内容为账号打上“美妆”的标签，并根据标签将视频推送给目标用户或潜在用户。由此可见，标签对于系统推送的范围有着很大的作用，选择一个受欢迎的标签，对于短视频的曝光或者后期广告植入有着很大的意义。根据整理发现，受欢迎的几类短视频内容标签有以下6种。

1. 搞笑类标签

不难发现，在众多短视频类型中，搞笑类的短视频一直都占据着重要的位置，甚至大多视频都与搞笑标签有着千丝万缕的联系。这是因为当今社会生活压力日益增大，人们多多少少都面对着一定的问题，搞笑类视频能带来欢乐，调节人们的心情。

2. 教程类标签

教程类标签涵盖范围比较广，例如美妆教学、穿搭教学、美食制作、PS修图和PPT制作，等等，都能够贴上教程类的标签。带着教程类标签的短视频创作者用独到的经验、技巧和简单易学的教学过程，让观看短视频的用户在短时间内就能掌握一门技艺。据相关数据统计，教程类标签每年在各个短视频平台的搜索量都在持续上涨。

3. 测评类标签

测评类标签涵盖范围也非常广，例如护肤品测评、零食测评、相机测评，等等。带着测评类标签的短视频通过展示创作者对某一种“物品”功能、服务的体验过程和结果，满足用户获取该“物品”信息的需求。据相关数据统计，绝大多数的用户在购买某一种“物品”之前，会在网上查看相关的测评信息，尤其是测评短视频更能直观地体现出“物品”的特点。由此可见，视频打上测评类标签，也是十分受欢迎的。

4．Vlog类标签

Vlog视频是记录创作者自己日常生活的所见所闻，这类视频能够拉近用户和创作者之间的心理距离，满足用户对视频创作者生活的好奇心。因此，Vlog类标签也一定程度上受到用户的喜爱。

5．盘点类标签

盘点类标签分为产品盘点和影片盘点，一般出现在季末、年初、年末等特定时间集中出现。在产品盘点上，创作者会通过短视频来盘点近一段时间值得推荐的产品，例如，夏季最受欢迎的10种饮品、最适合夏季使用的5款防晒乳等，在盘点时，创作者会针对某一个“主题”来进行对比和点评。

在电影盘点上，创作者会整理出上映的电影来进行盘点，例如，10大喜剧盘点、2019年不得不看的电影，等等，这些都属于电影盘点。

盘点类标签在一定程度上为用户做出了信息筛选和总结，能够让用户快速锁定，并且获取到有价值的信息，因此，盘点类标签也比较受欢迎。

6．游戏类标签

只要与游戏相关的短视频内容都可以打上游戏的标签，例如游戏测评、游戏音乐、游戏装备，等等。近年来，各个游戏的火爆程度大家有目共睹，和游戏相关的视频自然也受到用户的欢迎和喜爱。

3.3.4 短视频脚本的策划与撰写

脚本是短视频制作的基础，同时也是短视频呈现的灵魂支撑。

短视频的脚本与传统影视剧、微电影的脚本相比，有很多局限性。短视频脚本需要以最短的时间，从听觉、视觉和情绪上带给用户冲击感，吸引用户眼球。例如，在拍摄一套护肤品时，需要先控制视频时长，明确短视频的目标用户、拍摄对象以及卖点，如妆感、持久性、防水，等等，最后还要明确每一个工作人员所负责的工作内容，如道具准备、音乐等。

下面介绍几种脚本的类型以及脚本的构成要素。

1．拍摄提纲

拍摄提纲是短视频内容的基本框架，用于对拍摄内容起着各种提示作用，即拍摄内容的拍摄要点。在拍摄新闻纪录片或者采访事件当事人时，某些场景难以预测分镜头时，导演或者摄影师会先抓住拍摄要点制定拍摄提纲，方便在拍摄现场做灵活处理。拍摄提纲包括以下几个部分。

- 阐述作品选题：明确选题、主题立意和创作方向，为创作者明确创作目标。
- 阐述作品视角：明确选题角度和切入点。
- 阐述作品体裁：体裁不同，创作要求、创作手法、表现技巧和选材标准也不一样。
- 阐述作品风格：明确作品风格、画面呈现和节奏。
- 阐述作品内容：拍摄内容能体现作品主题、视角和场景的衔接转换，让创作人员能清晰地明白作品拍摄要点。

拍摄提纲只有一个简单的要点，撰写起来十分简单，对于初入短视频市场的创作者来说，用拍摄提纲来提示拍摄，非常方便。

2. 文学脚本

文学脚本主要是列出所有可控的拍摄思路。例如，小说、故事，通过文学脚本，可以方便使用镜头语言来展示内容。很多短视频的创作者都会通过文学脚本来展示短视频的调性，同时用分镜头来把控节奏。

3. 分镜头脚本

分镜头脚本是创作者在拍摄视频之前非常有必要准备的内容，是摄影师拍摄、后期制作的依据，也是所有创作人员领会导演意图、理解剧本内容进行再创作的蓝图，适用于故事性比较强的短视频。

由于分镜头脚本对视频拍摄过程、视频后期拍摄有着指导性的作用。因此，撰写分镜头脚本的要求十分细致，不仅需要充分体现出短视频内容所表达主题、真实意图，清楚地表明对话和音效，镜头的长短，还要简单易懂。

分镜头脚本虽然是几种剧本类型最为复杂、耗时耗力的一种，但是，借助它可以尽量高效地展现出画面效果。因此，也受到了不少短视频创作者的重视。

值得注意的是：短视频由于时间限制，想要在短时间内呈现出情节的完整以及创作者的拍摄主题，还需要在每一个细节上精雕细琢，避免浪费镜头。

4. 脚本构成要素

短视频脚本的构成要素主要有8个，分别是：主题定位、角色设置、搭建框架、故事线索、场景设置、音效运用、影调运用以及镜头运用，如图3-39所示。

达人提示

短视频脚本的作用有三点：①提高团队拍摄效率；②保证短视频主题明确，抓住目标用户群体视线；③脚本是团队进行合作的依据，通过脚本可以降低团队沟通成本，方便团队合作。

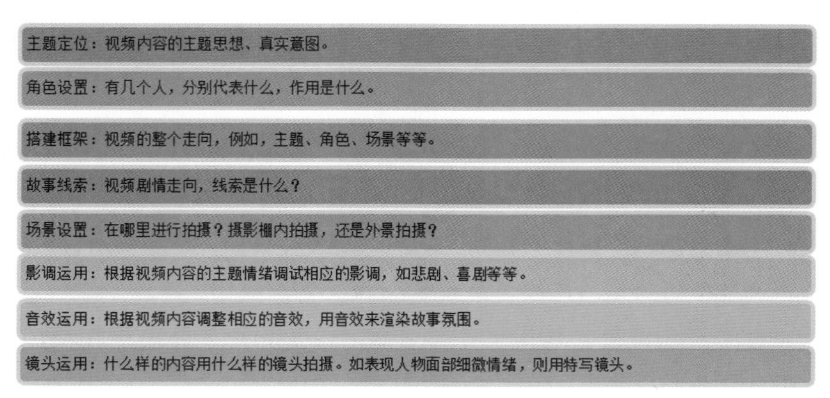

图3-39 剧本构成要素的相关简介

走心秘技1：竟然有无需创意一拍就火的爆款产品？

到底有没有不需要创意，一拍就火的爆款短视频？答案很明显，肯定是有的。

据相关数据分析表明，爆款短视频是有迹可循、有关键词、有核心元素的。生产出爆款短视频的核心是让用户了解、喜欢和传播。

1．稀缺性

众所周知，物以稀为贵，爆款短视频多是一些在各大短视频平台上很少见到的作品。而且，很多早期进入某个领域的视频创作者，他们的作品非常容易上热门，这正是因为其作品具有很强的稀缺感，用户觉得有新意，自然就会关注和分享。

以抖音平台萌宠达人账号“大G”为例，虽然抖音平台上的萌宠类视频非常多，但“大G”的视频却另辟蹊径，让萌宠哈士奇做主角，并通过哈士奇的心理活动与铲屎官斗智斗勇，演绎出哈士奇与铲屎官之间的有趣故事。相对其他萌宠视频创作者给宠物配音、着装的视频风格，“大G”让宠物当成主角，自然会受到很多用户的喜爱，如图3-40所示。

图3-40 大G发布的短视频

2．冲突感

冲突感即视频内容有冲突、反转，可以令人感到意外。冲突感和相声小品里面抖包袱类似，总在人们的料想之中给人一种出人意料的感觉，让人们觉得有意思、不一样。

以抖音创作者“阿灿叔”为例，他创作的视频，通过发起“撞电线杆”的噱头，吊足了用户的胃口。同时，他又用出其不意的反转，带来了十足的冲突感，吸引了很多观众。“阿灿叔”发布的短视频如图3-41所示。

图3-41 “阿灿叔”发布的短视频

3．生活感

所谓生活感，就是用户通过短视频能够联想到自己，增加用户的代入感，从而产生共鸣，让用户有很强烈的参与欲望。同时，具有生活感的视频，能让用户感到真实，从而拉近用户和创作者之间的距离，增加用户黏性。

例如，创作相亲短视频的“吃不胖娘”，每个视频都以相亲为切入点，生活感非常强。看到这样的视频，用户自然会觉得很有意思，“吃不胖娘”发布的短视频如图3-42所示。

图3-42 “吃不胖娘”发布的短视频

总的来说，爆款视频背后存在着众多的成功因素，但是视频内容稀缺性、具有生活感、具有冲突感一定不能缺少，否则用户看着只会觉得乏味。

那么，现在回到讨论的问题，有没有不需要创意一拍就火的爆款产品？答案肯定是有的，关键在于创作者怎么去发现，怎么去创造这样的内容。

走心秘技2：1个独家养号方法，账号权重想不高都难

养号可以增加抖音账号的权重，增强创作者和抖音之间的亲密关系，还能给账号自身贴标签，让抖音知道创作者是一个什么样的人。这里介绍一种独家养号方法，几乎适用于所有的抖音账号，甚至是其他平台的短视频账号。一般来说，按着这个步骤来进行抖音养号，账号的权重会变得十分高。

❶ 用今日头条登录，用一个账号贯穿今日头条、抖音、西瓜视频、抖音火山版，更有助于让系统知道该账号是一个喜欢使用该公司旗下产品的人。

❷ 注册抖音号成功之后，就开始模拟正常用户的行为。早晚各15分钟观看与自身账号定位类似的短视频，将视频观看完整，并适当地对视频进行点赞、评论、转发；进入抖音同城区域，搜索同城领域的视频，观看同城短视频；观看直播，并与主播进行互动。

❸ 在一机一卡一号的状态下，同时多养几个号，一方面是备用，另一方面是为后期打造账号矩阵做准备。

❹ 将注册的账号进行实名认证，为后期开通抖音橱窗和直播做准备，也可以增加账号的真实度。

❺ 账号养号期间不要发布视频作品。

❻ 养号3、5、7天，基本上就可以发布作品了，发布作品之后不用特定地去养号，但是为了后期发展，也需要花时间去研究竞品的作品。

❼ 打开手机通讯录，发动亲朋好友为自己发布的作品点赞。

❽ 发布5个作品监测数据。一般来说，没有违规的账号发布的作品播放量都在200左右。

走心秘技3：2个步骤，快速打造一个赚钱的个人IP

为什么要打造个人IP？IP是让人记忆深刻的产品，被人记住了，就在一定程度上拥有了优先权和话语权。此外，IP具有不断持续的价值，具有无限的可能性。因此，打造个人IP也成了众多短视频创作者的重要选择。打造一个赚钱的个人IP的运作方式非常简单，具体如表3-1所示。

表3-1 快速打造一个赚钱的个人IP运作方式

个 人 IP	运作方式
让用户记住自己	能够被用户记住，最重要的原因可能不是创作者的长相，重要的是性格、口头禅、服装、道具和背景，这些都是创作者能被用户记住的重要原因
赋予产品标签	将产品赋予标签属性，使得产品更加有辨识度。赋予产品标签也可以理解为在产品身上加入创作者的个人元素

（续表）

个 人 IP	运作方式
丰富视频内容	视频内容不局限于产品、人，可以将两者结合起来，让视频内容变得丰富、有趣，这样，用户更愿意关注视频
将产品嵌入视频当中	将产品代入视频内容当中，让用户在观看视频的过程中，潜移默化地接受产品的信息，并且能够认同视频中的观点，愿意购买产品

走心秘技4：这样做，发布的第一个真人出镜视频也能成为爆款

在短视频平台上，绝大多数的短视频都是通过真人出镜的形式展现的，它们往往具有播放量高、点赞量高、转发量高、评论量高的特点。因此，很多创作者都会借助真人出镜的短视频，打造出一个爆款视频。

想要发布的第一个短视频就成为爆款？按照以下这个模板来运作，基本上可以成功，如表3-2所示。

表3-2 第一个真人爆款视频打造模板

拍摄前提	使用爆款内容题材+热门拍摄手法
告诉大家自己是谁	告诉大家自己是谁，可以为后期打造IP、建立人设做准备
用痛点引导用户视线	抛出一个绝大多数用户都具有的痛点，抛出一个大多用户都会遇到且不容易解决的问题，例如减肥、掉头发等
告诉大家自己有多厉害	可以借助背景、道具，也可以通过其他一些具有权威性的东西，强调自己的专业性。例如，一个“解决掉头发的短视频”，就可以在视频中告诉大家自己是某三甲医院的专家，如此一来，自己说的话就会比较有信服力
引导大家关注自己	可以用比较有感染力的声音或者是肢体动作来抒发情感，加强感染力

走心秘技5：精准定位短视频领域，首先要做好领域垂直细分

对短视频的领域做精准定位，首先要做的就是要对这个领域做一个垂直细分。常见的短视频领域有男装、女装、美妆、生活技巧、美食、好物推荐等。

什么是领域垂直细分？举个简单的例子，美食是一个大领域，但是在美食这个领域之下，还有许多小分类，包括热菜、冷菜、面试、甜点、水果，甚至是餐饮加盟也属于美食类；女装是一个大分类，其领域下还包括了大码女装、妈妈装、女童装、学生装、职业装、韩版、欧版等。

那么怎么来做领域垂直细分呢？很简单。

创作者要先确定一个大的领域，例如男装，随后就可以根据创作者自身的条件来选择男童装、职业装、潮流等垂直细分的领域。确定好运营领域之后，后期输出的内容就可以围绕这个领域来展开。

走心秘技6：为什么要做短视频垂直细分领域

各个短视频创作者之所以要做短视频垂直细分领域的原因非常简单，因为做了短视频垂直细分领域可以获得系统标签化的推送，能够获得较为精准的流量。此外，也可以根据垂直细分领域来预判视频流量的来源。

举个简单的例子，某个创作者是做大码女装的，那么，视频的流量来源主要是一些身形较丰满的女性，如果是比较便宜的大码女装，这些流量来源则可以预判为收入比较少、身形比较丰满的女学生及低收入人群。

第 4 章 短视频拍摄

要制作一个爆款短视频，那么短视频的策划、拍摄和后期制作都是非常重要的。在策划好短视频内容之后，接下来就进入短视频的拍摄阶段了。

在短视频的拍摄中，拍摄器材、道具、拍摄方式尤其重要，它们对短视频策划是否能达到目的起着至关重要的作用。同时，短视频拍摄可以将枯燥的文本语言转化成在镜头下流传的镜头语言，能够将创作者的所感、所想通过镜头展现出来。

4.1

选择拍摄器材和道具

正所谓“工欲善其事，必先利其器”，没有硬件设备的支持，很难拍出一个优质的短视频。因此，在短视频拍摄之前，要先了解拍摄器材和拍摄道具，以便能合理地进行购置，让拍摄过程变得更加顺利、高效。

4.1.1 选择拍摄器材

拍摄器材的选择涉及专业度和预算，不同的团队规模和预算有不同的选择。下面介绍常见的拍摄器材，供读者参考。

1. 手机

对于初入短视频行业的创作者来说，手机拍摄是不错的选择。在价格上，手机价格较低；在外形上，手机小巧轻便，易于携带；在功能上，手机自带视频拍摄功能，可以直接分享到各个短视频平台，实时显示视频的播放、点赞等数据。近年来，各种品牌的手机配置越来越高，尤其是在摄像功能上更加突出，如华为P30 Pro手机就是其中的佼佼者。

华为P30 Pro手机共有4个摄像头，前置1个3200万像素摄像头，后置3个摄像头，分别是4000万像素超感光广角摄像头、2000万像素超广角摄像头和800万像素超级变焦摄像头。华为P30 Pro手机凭借着智能芯片，即使是在逆光下拍摄，也能捕捉到拍摄物体的色彩细节，拍摄视频不受光线明暗束缚；它还配置了超感光录像、变焦录像和双景录像的强大视频拍摄功能，可以帮助创作者拍摄出更好的短视频，如图4-1所示。

图4-1 华为P30 Pro手机

2. 相机

相机是绝大多数创作者拍摄短视频的选择。目前市面上的相机分为微单相机和单反相机，它们的区别如表4-1所示。

表4-1 微单相机和单反相机对比表

对比项 \ 相机	微单相机	单反相机
价格	价格较便宜，市面上4000元左右的微单相机拍摄出来的画面效果都非常好	价格较高，目前市面上的单反相机价格普遍在5000元以上
性能	相对单反相机功能来说较少，画质略为逊色	相对微单相机来说功能更多，画质更好
便携性	体形小巧，方便携带	相对微单相机来说机型较大，携带略有不便
适用人群	适用于想要改进视频画质但预算有限的人群	适用于对视频画质和后期的要求较高，或者视频作品需要面对更广阔的用户以及接商业广告的人群

值得注意的是，相机虽然有视频录制功能，但绝大多数都会用于拍摄静态的素材照片，用到短视频里。因此，购买照相机，主要还是考虑其照相性能。下面介绍几款比较有代表性的微单相机和单反相机，仅供参考。

（1）微单相机：索尼A6100

索尼A6100是索尼集团研发出的一款专业摄影设备。其成像效果无论是从分辨率还是从画质上来看都非常不错，对于拍摄短视频非常适用。此外，索尼A6100具有慢动作拍摄与触屏锁定焦距的功能，特别适合拍摄各类运动物体，在制作旅行、体育方面的短视频时可以派上较大的用场，如图4-2所示。

图4-2 索尼A6100机型

（2）单反相机：佳能（Canon）EOS 80D

佳能EOS 80D单反相机是佳能集团开发的一款摄影摄像产品，它拍摄出来的画面精细度非常高，色彩与肉眼见到的无所差别。在拍摄人物时，佳能EOS 80D配备的具有色彩识别功能的+红外测光感应器，可以跟踪人物的脸部等肤色部分来提高自动对焦的准确度，让画面不跑焦，对于拍摄静态的照片与动态的短视频来说都非常适合。佳能EOS 80D还可以利用内置的WiFi功能将拍摄好的短视频导出并上传至社交网络，让共享变得很方便，如图4-3所示。

图4-3 佳能（Canon）EOS 80D机型

3. 摄像机

当视频创作团队壮大，需要越来越高的画质时，就可以使用摄像机拍摄短视频。市面上的摄像机可以分为两种，一种是适合大团队拍摄的专业摄像机；另一种是适合单人、小团队拍摄视频的DV机，它们的区别如表4-2所示。

表4-2 DV机和摄像机对比表

相机 对比项	DV机	摄像机
价格	根据性能和品牌的差异，两者之间的价格有较大的不同，但DV机的价格略低	根据性能和品牌的差异，两者之间的价格有较大的不同，但摄像机普遍较贵
成像效果	性能高的DV机的成像效果也能媲美专业社摄像机	专业摄像机的成像效果要高于DV机
便携性	体型小巧，便于携带	机体型较大，较为笨重，不易携带

DV机和摄像机各有特色，读者根据自己的需要选择即可，这里分别介绍几种具有代表性的机型，供读者参考。

(1) DV机

市面上的相机品牌旗下基本上都有几个典型的DV机产品，例如松下集团推出的松下VX980型号DV机，就是一款比较有代表性的DV机，如图4-4所示。

图4-4 松下VX980型号DV机

松下VX980型号DV机在对焦技术、对焦速度、捕捉性能以及成像效果上都在旧版的基础上得到了很大的提升。拍摄情景短剧或者球赛时，松下VX980型号DV机能够连接3个拍摄设备，只要从中选用2个拍摄设备作为副摄像头拍摄，就能从其他角度捕捉画面，让精彩的球赛没有死角。拍摄日常Vlog时，松下VX980型号DV机能够轻松获得摇移、变焦、追踪等不同类型的拍摄效果，让日常生活也能成为大片。

(2) 专业摄像机

在电视上见到的大型活动现场、赛事现场和节目活动等，基本上都是利用专业摄像机拍摄的。索尼集团作为世界上便携式数码产品的先导者，其研发的专业摄像机产品也是极具代表性的，其中索尼HXR-NX5R型号的专业摄像机录像机就是一款被大众熟知的产品，如图4-5所示。

索尼HXR-NX5R是一款专业的摄影摄像设备，作为索尼集团研发出来的产品，它的性能非常高，变焦功能非常强大，在拍摄高清视频方面也非常优秀，此外它还带有WiFi无线功能，能把拍摄好的视频作品导入手机里用手机后期制作软件编辑短视频，或者直接上传至社交平台。

图4-5 索尼HXR-NX5R型号摄像机

不仅如此，索尼HXR-NX5R还具备了多种功能，例如可调节亮度的LED摄影灯、具有全高清输出能力的3G-SDI端口以及供电和信号传输能力的MI①热靴，这些功能大大减少了用户购置附件的成本。

4．电脑摄像头

电脑摄像头主要用于网络视频通话、高清拍摄。它刚生产出来的时候，由于技术不够成熟，像素较低且外观粗糙，如今经过技术升级，电脑摄像头也无论是从外观上看还是性能上看，都有了极大的改善。近年来，电脑摄像头也开始应用于短视频拍摄上，也有不少的公司开始研发电脑摄像头，其中，谷客团队在研究电脑摄像头上面就颇有造诣。谷客推出的HD98型号电脑摄像头如图4-6所示。

图4-6 谷客HD98型号电脑摄像头

谷客HD98型号电脑摄像头比较适用于需要长期固定位置进行拍摄的短视频，例如开箱和吃播类的短视频。该款电脑摄像头不仅采用了1080P摄像头，而且还能自动对焦，极大地满足了播主对视频画质的要求。此外，摄像头自带数字麦克风，能够有效吸音降噪，又保证了视频拍摄过程中的音质效果。

4.1.2 选择拍摄道具

在拍摄短视频的过程中，除了需要拍摄器材以外，也会用到一些辅助性的拍摄道具。利用好这些拍摄道具可以让拍摄的短视频效果更为显著。下面介绍6种短视频拍摄常用的道具，供读者参考。

① MI热靴是索尼集团研发的一种连接和固定外置闪光灯、GPS定位器和麦克风等的一个固定的接口槽。

1．三脚架

三脚架是用得最多的一种辅助性拍摄工具，它最大的特点在于“稳”。虽然现在大多数拍摄设备都具有防抖功能，但人的双手长时间保持静止不动，几乎不可能，这时候就需要借助三脚架稳定拍摄设备，从而拍摄出更为平稳的效果。以下是生活中常见到的三脚架，如图4-7所示。

值得注意的是，与三脚架作用相似的还有一种拍摄道具，叫作手持云台，它可以避免因为手抖动造成的视频画面晃动等问题，如图4-8所示。

图4-7 三脚架

图4-8 手持云台

2．自拍杆

自拍杆是短视频拍摄过程中一款非常常见的拍摄道具，能够帮助创作者通过遥控器完成多角度拍摄动作。以下是生活中常见到的自拍杆，如图4-9所示。

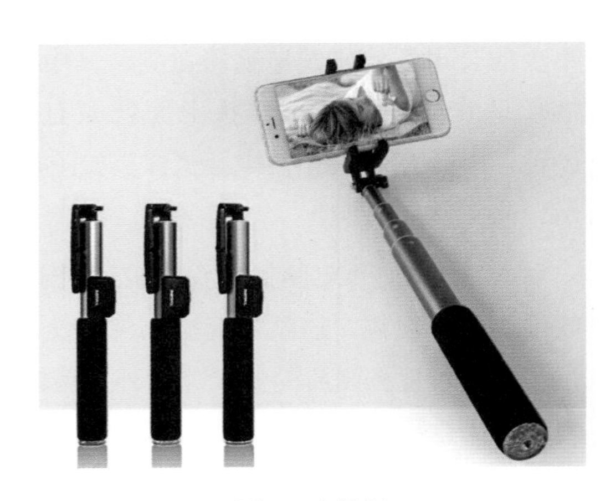

图4-9 自拍杆

3．声音设备

如果想要得到比较优质的效果，不仅要在视频画面效果上花心思，还要在音频质量上下功夫。用手机或相机拍摄短视频时，由于距离的不同，可能会导致视频声音忽大忽小，尤其是在噪音较大的室外拍摄，就需要借助麦克风提升短视频音频质量。

市面上的麦克风价格不一，但大多数的麦克风都具备音质好、适配性强、轻巧易携带的特点，如图4-10所示。

图4-10中是一款市面上常见的麦克风产品，它有着强大的性能，不仅能够智能降噪，保证优质的音质效果，还能适用于各种设备、各种场景，无论是拍摄短视频片场中收音还是直播，都能保证良好的音质，是一款较好的录音产品。

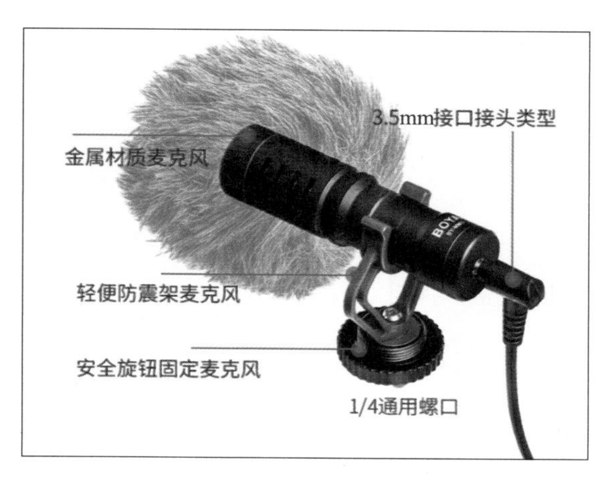

图4-10 麦克风

4. 小型摇臂

小型摇臂主要适用于单反和小型摄像机辅助拍摄。在拍摄的时候能够全方位地拍摄到场景，不会让镜头错过任何一个角落。使用摇臂拍摄，极大地丰富了短视频的视频语言，增加了镜头画面的动感和多元化，给观众身临其境的真实感。图4-11所示是一台小型摇臂。

5. 滑轨

拍摄无动态的人或物时，借助滑轨移动拍摄可以实现动态的视频效果。同时，在拍摄外景时，借助轨道车拍摄，也可以使得拍摄画面平稳流畅。图4-12所示是一台滑轨。

图4-11 小型摇臂

图4-12 滑轨

6. 灯光照明设备

在拍摄短视频时，如果遇到光线不足的情况，为了保证视频拍摄效果，就需要准备灯光设备。常见的灯光设备有LED灯、冷光灯、闪光灯等。图4-13所示是一台闪光灯。

在使用灯光照明设备时，往往还需要一些辅助性照明器材，如柔光箱、反光板等。

图4-13 闪光灯

4.2

短视频拍摄基础

对于短视频创作者而言，短视频的质量是一切的基础。而短视频的质量又与拍摄息息相关。短视频拍摄的流程、视频构图原创和构图方法是每一个短视频创作者都应该主动去了解的知识。如果是电商短视频创作者，还应该了解淘宝短视频拍摄的注意事项，只有这样，才能使短视频呈现的效果更好。

4.2.1 短视频拍摄流程

相对于图文内容，短视频的制作更为复杂。要制作出一个优质的短视频作品，需要熟知短视频的7个拍摄步骤。

1. 组建团队

一支优秀的团队是短视频创作最有力的保障。常见的短视频团队人员主要有：编导、摄像、剪辑和运营。

（1）编导

在视频团队中，编导负责统筹指导整个团队的工作，如按照短视频账号定位确定内容风格、策划脚本、确定拍摄计划、督促拍摄等工作。一个优质短视频团队编导需要拥有丰富的视频作品经验，这样才能在拍摄过程中出现各种情况时做到心中有数、应付自如；同时还应该具备创意，使得创作的短视频内容能够吸引大量的用户。

（2）摄像

摄像主要负责拍摄短视频，通过镜头语言来呈现编导策划出的文字语言。优质的摄像不仅能完美地呈现出脚本原貌，节约大量制作成本，还能给剪辑师留下优质的原始素材，让视频有机会更完美地展现。此外，摄像师还要完成摄像相关的工作，如按照脚本准备道具等。

（3）剪辑

剪辑主要负责将拍摄完成的视频素材做筛选组合，并利用一些后期编辑软件对短视频作品进行配乐、配音以及特效等方面的工作。剪辑的目的在于重组拍摄素材的精华部分，将短视频的主题思想突显出来，打造更好的视频效果。

（4）运营

运营主要负责短视频完成后的推广和宣传工作。在这个多媒介、多平台传播的时代，无论短视频内容有多么精彩，如果没有运营推广宣传，很可能会淹没在海量的短视频库中。短视频能得到用户追捧，火遍网络，很大程度上是运营的努力。

2．策划脚本

在短视频拍摄之前，要先明确短视频的拍摄内容以及拍摄的主题，这可以说是后期所有环节的基础。在策划脚本时，内容上要满足用户需求、直击用户心灵、引起用户共鸣；同时，在角色和台词设定上要符合角色性格，台词要有爆发力和一定的内涵。

3．选择出镜演员

脚本策划好之后，就要选择适合出镜的演员。对于一个优质的短视频作品而言，演员和角色定位要一致，如果一味地追求俊男美女，反倒是拉低了视频的评价。如果是创作者自导自演，或者图文视频的短视频，则可以忽略该步骤。

4．选择和购买拍摄器材和道具

在拍摄短视频之前，一定要准备好适合的拍摄器材。选择摄影器材和道具的标准在于是否和所拍摄的短视频契合，匹配的摄影器材可以让拍摄过程更加顺利、得心应手。选择拍摄器材和拍摄道具可以参考4.1节的内容。

5．根据拍摄内容搭建摄影棚

对于需要在棚内拍摄的短视频团队来说，搭建摄影棚非常重要。摄影棚的装修设计需要依照脚本内容的主题来进行，道具的安排必须紧凑，避免不必要的空间浪费。

如果视频主要是实体取景，则不需要搭建摄影棚。但是在拍摄之前，要先对拍摄地点进行勘察，寻找出更适合拍摄视频的地方。

6．拍摄短视频

拍摄视频是整个流程中的执行阶段，脚本内容的呈现效果关键在于这个阶段，因此非常重要。拍摄短视频需要注意的事项有以下几点：

- 工作人员熟悉拍摄内容，做好拍摄准备。
- 静音拍摄，确保录音质量。如果不是静音拍摄，可借助麦克风，提升音频质量。
- 拍摄环境光线要充足，使得拍摄对象清晰可见，避免画面灰暗。
- 根据拍摄时间计划拍摄，避免浪费不必要的时间。
- 如果是拍摄脱口秀类或需要说台词类的视频，演员需要先练好台词。
- 出镜演员预先演练剧本内容，再进行拍摄，力求拍摄过程流畅。
- 摄像师要熟悉拍摄器材的功能，确定器材能够正常使用。

在拍摄短视频时，如果做到了上面几点。那么拍摄出来的视频基本上是可以达到甚至超过预想效果的。

7．剪辑短视频

当视频拍摄完成之后，就要进行视频素材剪辑，这一步的重点是将拍摄好的素材进行“包装”，是整个流程不可缺少的部分。在剪辑短视频阶段，主要完成这四个方面的工作：

- 整理拍摄好的视频素材，剪辑出需要的视频内容。
- 给剪辑完成的短视频添加背景音乐，渲染视频氛围。
- 给剪辑完成的短视频添加字幕，提升视觉体验，也可以让用户更好地理解视频内容。
- 给剪辑完成的短视频添加特效，提升视频格调，吸引用户目光。

值得注意的是：剪辑师在剪辑视频时，心思要细致，力求素材之间结构严谨，并且能够从不同的角度剪辑视频，将更完美的视频呈现在观众面前。

以某短视频创作者发布的“水煮鸡片”视频为例，录制好食材的准备、炒香料、熬制高汤、放入鸡片，到最后水煮鸡片出锅、装盘的整个过程后，创作者通过删减大部分不重要的片段，将“水煮鸡片”的每一个步骤画面的中心片段剪辑出来，组合成一个连贯的视频，并通过镜头快速切换，几分钟内就完美呈现出了“水煮鸡片”的制作过程。

创作者通过后期剪辑，不仅让用户在短时间内就学会了“水煮鸡片”的制作方法，其连贯而清晰的制作步骤，也让用户得到了视觉上的享受，这样的剪辑效果，自然会受到用户的欣赏与喜爱。

4.2.2 短视频构图的基本原则

短视频构图是对视频画面中的各个元素进行组合、调配，从而整理出一个可观性比较强

的视频画面。这个画面可以展现出作品的主题与美感，将视频的兴趣中心点引到主体上，给人以最大程度的视觉吸引力。

构图有着无可比拟的表现力，不仅能给用户传达出认知信息，还能赋予用户审美情趣。大家在进行短视频构图时，也要遵循五大基本原则。

1. 主体明确，陪体衬托

突出主体是对画面构图的主要目的，而视频主体往往是表现视频主题和中心思想的主要对象。因此，在拍摄短视频时，主体要放在醒目的位置。依据人们的视觉习惯，将主体置于视觉中心位置，更容易突出主体。

以“李子柒”为例，李子柒拍摄的视频多为田园乡间里的美食生活，但无论拍摄的是什么内容，其主体都在视觉中心的位置，如某视频展示了她采竹笋的过程，此时拍摄的主体是竹笋，因此，竹笋被放在了画面最醒目的位置，如图4-14所示。

图4-14 主体明确的视频画面

此外，如果画面中只有主体没有陪衬，那么画面就会给人以呆板的感觉。因此，很多有经验的摄影师就会选择用陪衬物体来衬托主体的存在。不过，陪体是作为衬托主体的存在，不能喧宾夺主，抢了主体的视线。在图4-14中，摄影师在构图时，将主体“竹笋”放在画面中间的位置，同时让主角在旁边出镜，衬托出了竹笋的壮大，也给画面营造出一幅闲适悠然的感觉。

2. 环境烘托

环境对主体、情节的烘托作用，在许多艺术作品上都可以看得到。在拍摄短视频时，将拍摄对象置于合适的场景中，不仅能突出主体，还能给视频画面增加浓重的真实感，给用户以身临其境的感觉。在夏天拍摄荷塘风光的短视频时，给荷花特写镜头，并用荷叶作为环境烘托，这样不仅能突出荷花这一主体，还能给人仿如置身荷花荷叶中的真实感，如图4-15所示。

图4-15 环境烘托的视频画面

3．前景与背景的处理

前景与背景是画面中环境的组成部分。处在主体之前的景物为前景，处在主体之后的景物为背景。前景能弥补画面的空白感，背景则是影像的重要组成部分。在构图时，前景与背景处理得恰到好处，不仅能渲染主体，还能使画面富有层次感和立体感。

以某短视频为例，创作者通过虚化背景，并采用墙边的绿叶黄花作为前景，将人物（主体）很好地融入到环境当中，使得整个视频画面都十分和谐，如图4-16所示。

4．画面简洁

拍摄短视频时，选用简单、干净的背景，不仅能增加画面舒适度，还可以避免观众分散对主体的注意力。如果遇到杂乱的背景，可以采取放大光圈的方法，让后面的背景虚化，以突出主体，如图4-17所示。

图4-16 背景处理得当的视频画面

图4-17 画面简洁的视频画面

5. 追求美感

在拍摄短视频时，构图应发挥摄影自有的艺术表现力，充分利用画面中的元素，运用对比、均衡与对称、韵律等方式，来增强视频画面的美感，如图4-18所示。

不难发现，这一个镜头画面，无论是竹栅栏、背篓，还是花朵和绿叶，都具有十足的美感，画面看上去就能给人一种舒适愉悦的感觉。

图4-18 具有美感的视频画面

4.2.3 短视频构图的常用方法

短视频的构图方法与拍摄照片的方法相似，在构图时都需要对拍摄对象进行恰当的位置摆放，使画面更具美感和冲击力。绝大多数火爆的短视频作品都借助成功的构图方法，让作品主体突出、富有美感、有条有理，令人赏心悦目。那么，短视频拍摄过程中常用到的构图方法有哪些呢？

1. 中心构图法

中心构图法是视频拍摄中较常用的一种，它能够突出画面重点，让人明确视频主体，将目光锁定在主体上，从而获取视频传达出的信息。中心构图法将拍摄对象放置在相机或手机画面的中心进行拍摄。

在短视频拍摄中，中心构图法多用于美食制作、吃播、达人秀等类型的视频中。图4-19所示是一个吃播短视频画面，从图中可以明显看到主播和食物都处在画面中间。这让用户很快锁定了视频主体，同时获取到了视频要传达出来的信息。

2. 前景构图法

前景构图可以增加视频画面的层次感，使视频画面内容更加丰富，同时又能很好地展现视频的拍摄对象。前景构图法是摄影师在拍摄时利用拍摄对象与镜头之间的景物，从而进行构图。常见的构图前景有叶子、花草、绿植、玻璃等，如图4-20所示。

图4-19 中心构图法

图4-20 前景构图法

从图4-20中可以清晰地看到，摄影师利用竹叶作为前景，令人在视觉上有一种由外向里的透视感和身临其境的真实感。

3．景深构图法

什么叫作景深？在构图时，当聚焦某一物体，该物体从前到后的某一段距离内的景物是清晰的，而其他地方则是模糊的，那这段清晰的距离就叫作景深。景深构图法可以增强画面效果对比，突出主体元素，如图4-21所示。

图4-21 景深构图法

景深构图法一般通过改变手机或相机的光圈来实现。光圈是一个用来控制光线透过镜头进入相机内感光面的光量的装置，作用在于控制进光量的大小，用F值来表示，F值越大，光圈越大，反之越小。当感光度和快门速度不变时，光圈越大，进光量越多，画面就越亮，反之画面就会偏暗。同时，光圈的大小也会影响画面的景深，光圈越大，景深越浅，会出现背景模糊的情况，营造一种意境美。反之，景深就越深，背景也会更加清晰。

4．仰拍构图法

仰拍构图法利用不同的仰拍角度进行构图，仰拍的角度一般可以分为30°、45°、60°、90°等。仰拍角度不同，拍摄出来的视频效果也会有差异。30°仰拍是摄像头相对于平视而言向上抬起30°左右的角，然后进行拍摄，这样拍摄出来的视频，能让画面中的主体散发着庄严的感觉。45°仰拍比30°仰拍平面角大一些，可以凸显画面中的主体非常高大。60°仰拍与水平视线的仰角更大一些，拍摄出来的画面主体效果看上去更加高大与庄严。图4-22所示是60°仰拍视频画面。

图4-22 60°仰拍画面

90°仰拍的摄像头直接与水平面垂直，拍摄时，镜头处于被拍摄的主体方向的中心点正下方。许多的摄影爱好者，通过90°仰拍来拍摄树木营造出一种梦幻迷离的感觉，如图4-23所示。

图4-23 90°仰拍画面

达人提示

在采用仰拍构图法时，不一定非要精确到30°、45°、60°、90°再拍摄，读者可以先试拍，找出仰拍效果最好的角度，并根据视频需要的画面效果进行拍摄即可。

5．光线构图法

视频拍摄离不开光线，光线对视频效果起着十分重要的作用。合理运用光线，可以让视频画面呈现出一种不一样的光影效果。常用的光线有4种，分别是：顺光、逆光、顶光和侧光。

- 顺光：是拍摄中常用的光线，光线来自拍摄对象的正面，能够让拍摄对象很清晰地呈现出自身的细节和色彩，从而进行一个全面的展现，如图4-24所示的视频采用顺光构图拍摄，将手撕牛肉的色和型完美地体现出来，并通过光线对牛肉造型，隔着屏幕几乎都能闻到扑鼻的香味，迅速打动观众的味蕾。

图4-24 顺光构图

- 逆光：来自拍摄对象的背面，这是一种极具艺术魅力和表现力的光线，可以完美地勾勒出主体的线条，但是这种光线容易使拍摄主题出现曝光不足的情况，如图4-25所示。

图4-25 逆光构图

- 顶光：来自拍摄对象的正上面，最常见的就是正午时分的阳光，光线垂直照射在物体上，在物体下方投下阴影。
- 侧光：来自拍摄对象的侧面，因此会出现一面明亮一面阴暗的情况。采用侧光构图拍摄短视频，可以很好地体现出立体感和空间感，如图4-26所示。

图4-26 侧光构图

6. 黄金分割构图法

“黄金分割”是古希腊人发明的几何学公式，遵循这一规则的构图方式被认为是“和谐”“完美”的。对许多专业人士来说，“黄金分割法”是他们在现实创作中的指导原则。

在短视频拍摄中，黄金分割可以是视频画面中对角线与某条垂直线的交点，也可以是以画面中每个正方形的边长为半径，从而延伸出来的一条具有黄金比例的螺旋线，如图4-27所示。

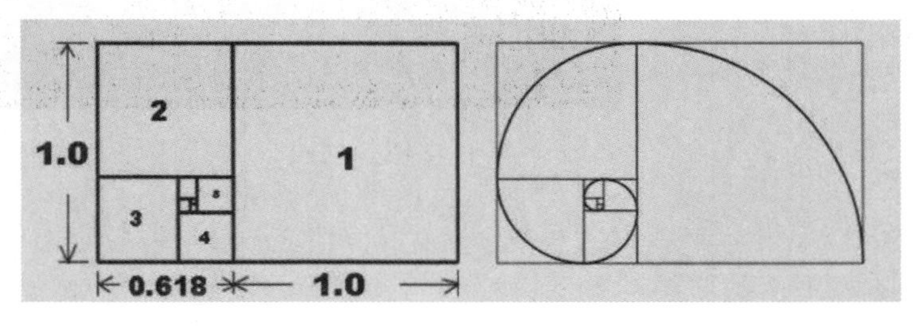

图4-27 黄金分割法结构

运用黄金分割构图法进行短视频构图，一方面可以突出拍摄对象；另一方面在视觉上给人以舒适感，从而令观众产生美的享受。同时，运用黄金分割法构图，照片也能达到相同的效果，可以说是众多构图方法里面最为人熟知、最常用的一种了，如图4-28所示。

图4-28 黄金分割法构图

达人提示

与黄金分割法构图原理相似的还有一种三分构图法，三分构图法是在拍摄短视频时，将视频画面纵向或横向分为三个部分，并将拍摄对象放在三分线的某一个位置上进行构图。三分构图法让拍摄对象偏离画面中心的位置，因此能够让视频画面变得紧凑，左右平衡协调，还能够很好地突出拍摄对象，让画面更加美观。

7．透视构图法

拍摄短视频时，采用透视构图法，可以增强视频画面的立体感。透视构图具有远小近大的规律，且这些物体组成的线条，能够在视觉上引导观众沿着线条往指向的方向观看。图4-29所示是使用单边透视构图拍摄的视频画面。

图4-29 单边透视构图

值得注意的是：透视构图法分为单边透视和双边透视。单边透视是指画面中只有一边带有延伸感的线条。双边透视指的是画面中两边都带有延伸感的线条。双边透视构图能够汇聚人们的视线，使视频画面具有动感和想象空间，如图4-30所示。

图4-30 双边透视构图

4.2.4 淘宝短视频拍摄的注意事项

淘宝短视频是淘宝商家展现自家店铺产品的窗口，目的在于让顾客更直观立体地了解产品，从而促成产品交易。近年来，淘宝短视频对于产品转化率的影响越来越大，越来越多的商家开始为店铺的产品拍摄短视频介绍。

那么，怎么样才能拍摄出一个吸引顾客眼球、激发顾客购买欲的产品短视频呢？

1. 注重产品真实感

真实感可以拉近商家和顾客的距离。短视频相对于文字描述，更加直观、立体、真实，顾客往往能在观看短视频的过程中，就作出是否需要购买该产品的判断。以某淘宝店拍摄的碎花裙视频为例，通过模特试穿，短短一分钟就将碎花裙的款式效果、细节等全面地展示出来，正是因为如此，该款商品的销售量也是非常高的，如图4-31所示。

2. 注重产品亮点

产品亮点往往是决定顾客是否购买的关键因素之一。因此，在拍摄产品短视频时，可以通过不同方面把产品最值得推荐的亮点展现出来，直达顾客的内心。以某网店售卖的纯棉四件套为例，如图4-32所示。

图4-31 注重产品真实感的视频

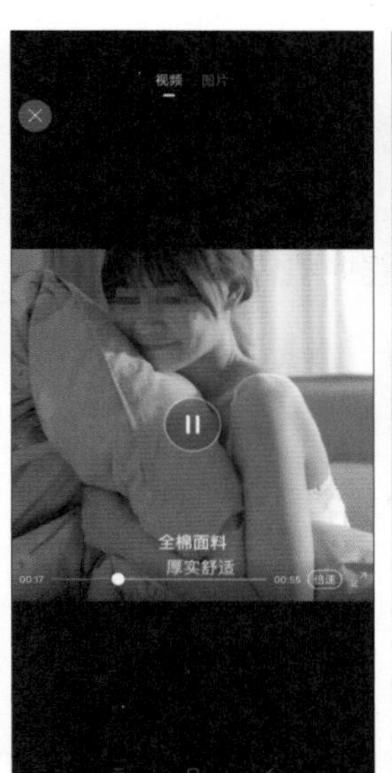

图4-32 注重产品亮点的视频

不难发现，纯棉材质的东西，有着亲肤舒适的感觉，因此纯棉的衣物和床上制品在市场上是十分受用户欢迎的，尤其是很多顾客在选择床单、被套和枕套时，往往会重点考虑材质是不是纯棉的。商家通过短视频将四件套纯棉的亮点展现在顾客面前，顾客自然就愿意购买了。事实也证明如此，该四件套的月销售量非常好，已经达到了3.5万套。

3. 注重产品的生活使用场景

这是因为淘宝上售卖的绝大多数东西都是日常生活使用的，无论是吃的，还是穿的，都要在人们的生活中体现出来，在拍摄淘宝短视频时，将产品的使用场景展现出来，更能让顾客产生产品使用的代入感，从而刺激顾客购买该产品。

以某网店售卖的零食短视频“面筋”为例，该短视频不仅展现出了面筋的制作过程，还展示出了生活食用场景，如聚会吃、餐桌上吃、烤着吃、下午茶时间吃和观影时吃等生活化的场景，极大地激发了顾客的购买欲望，如今月销售量已经超过了4万件，如图4-33所示。

图4-33 注重产品的生活使用场景

4. 控制产品视频时间

常见的产品短视频时间大多在一分钟以内。这是因为短视频作为商家展示产品的窗口，在较短的时间内，展示出的产品细节和亮点，能够吸引顾客关注、购买，商家就达到了目的。如果产品短视频时间冗长，顾客反而失去了观看的耐心。

5. 避免在拍摄过程中机内剪辑

什么叫作机内剪辑？就是在拍摄短视频的过程中对产品边拍摄边剪辑。有的商家为了节省时间，会借助相机里面的剪辑功能进行剪辑。但这样往往会导致产品出现不流畅的情况，反而会让顾客质疑视频的真实性。

值得注意的是：淘宝网上大多数的产品短视频，都是先拍摄素材，然后再进行剪辑。从而合成一个流畅的视频，将产品清晰流畅地展示出来。

4.3

短视频拍摄技巧

很多经验丰富的创作者在拍摄短视频的过程中陆续总结出了一些技巧，如利用分镜头使拍摄内容更加流畅、用定场镜头来引导观众、妙用空镜头，等等，这些经验对于短视频拍摄非常有帮助。

4.3.1 利用分镜头使拍摄内容更加流畅

什么叫作分镜头？可以简单地理解为短视频的一小段镜头。大家看到的电影、视频，那些流畅清晰的画面，其实就是通过一个个的分镜头剪辑而成的。例如，摄影师在拍摄时，会拍摄一段展示环境、建筑或者地标全貌的画面，用来告诉观众“这是哪里”，这些画面就是分镜头。

利用分镜头让拍摄内容更加流畅，这就要求在拍摄之前先完成分镜头脚本。以《关爱环卫工人公益活动》短视频为例，其分镜头脚本如表4-3所示。

表4-3 《关爱环卫工人公益活动》分镜头脚本

镜号序号	拍摄时长	景 别	拍摄手法	拍摄角度	画 面	音 效	备 注
1	2S	中景	切入、淡出	正对面拍摄	演员正在往车上装防雾霾口罩	你是最美的人伴奏	
2	2S	全景	切入、切出	右前方拍摄	路上人来人往，树上落叶飘落在路上		后期加入蝉鸣的效果
3	2S	中景	切入、切出	左侧面	韩阿姨弓着腰吃力地扫地	加入“你是最美的人”童音部分音效	
4	3S	特写	特写	右侧面	韩阿姨抬手擦汗，脸上布满了汗水		
5	7S	近景	切入、切出	正前方	演员拿着物品送给韩阿姨，紧紧握住韩阿姨的手，说：“韩阿姨，您辛苦了！”		
6	3S	特写	特写	正前方	韩阿姨粗糙的手部，演员的手部		

分镜头脚本是将文字内容转化成立体视听形象的中间媒介，摄影师在拍摄时，会根据分镜头脚本的描述来设计相应的画面、配置音乐音响等。对于拍摄来说，分镜头不仅奠定了整个视频节奏和风格的基础，也是短视频画面是否流畅的重要保证。

4.3.2 巧用分镜头，拍出电影感

前面提到，所谓的分镜头就是短视频中的一小段镜头。分镜头可以拍出经典的影视画面，令人记忆深刻，但也可能拍摄出一个毫无特点的普通画面，只有恰到好处的分镜头才可以更好地表现出内容与脚本。以“大话西游”中紫霞仙子一个“眨眼”的动作为例，如图4-34所示。

图4-34 经典影视镜头

紫霞仙子眨眼睛的这个瞬间，让绝大多数的人将她深深地印在脑海里。从1995年上映到如今，即使过了二十几年，人们谈起大话西游，紫霞仙子眨眼的瞬间就会立即浮现在脑海里。反之，大家提起紫霞仙子，也会联想到大话西游这一部作品。

电影之所以有电影感，不仅仅是在摄影上匠心独运，还需要在美术、道具、镜头语言、表演与走位、预先视觉化和声音设计等方面相互配合，才能达到理想的效果。

拍摄短视频时，如果只是为了完成一个短视频的拍摄任务，那么是达不到如同电影般的效果要求的。要拍摄出一个具有电影感的短视频，需要一个一个精心设计的镜头作为辅助，来推动情节的发展，每一个镜头都有它独立存在的意义。常说的分镜头分为8种。

1. 大远景

大远景视野广阔、深远。一般用来表现大海、群山、草原、星空等大环境的镜头。相较于远景镜头视距更远，适于展现更加辽阔深远的背景和浩渺苍茫的自然景色。大远景镜头下往往没有人物，或者人物只占有很小的位置，画面注重整体的环境描绘，给人以浑然一体的感觉，如图4-35所示。

图4-35 大远景分镜头

2．远景

远景视距比大远景较近，以表现气氛性或自然景色镜头画面为主，一般用来表现开阔的场景或远处的人物。

电影中的远景，多用于展现空间和渲染气势宏伟的场面上。在远景中，人物在整个画幅中的大小通常不超过画面高度的一半，在视觉上能给人以辽阔深远的画面感，同时给人以舒缓的感觉，如图4-36所示。

图4-36 远景分镜头

3．全景

全景主要用来表现人物全身或者场景的全貌，是一种表现力非常强的景别，在画面分镜头脚本中应用比较广泛。电影里面的全景能看到人物的一举一动，但在人物表情细节的展现方面略显不足。以滇西小哥拍摄的“捉田螺”视频为例，在视频中，有一段是她在田里捉田螺的镜头，采用的就是全景，清晰地展现出她捉田螺的动作，如图4-37所示。

图4-37 全景分镜头

4. 中景

中景主要用来表现人物膝盖以上的身体画面。中景中，大家可以清晰地看到人物的穿着打扮、相貌神态和上半身的形体动作。中景取景范围较宽，可以在同一个画面中展现几个人物及其活动，非常有利于交代人与人或人与物之间的关系与互动。

电影中的中景大多用于需识别背景或交代出动作路线的场合。运用中景，可以加深画面的纵深感，表现出一定的环境气氛。同时，通过分镜头之间的衔接，还能把冲突的经过叙述得有条有理。

某个视频讲述了一位员工在办公室里烤冷面并售卖给老板，最终被处罚的喜剧故事，其中有一段员工正在向老板推荐烤冷面套餐的镜头，采用的就是中景。该段镜头不仅体现了员工和老板的关系，更让观众心里产生了一种对结果的期待感，如图4-38所示。

图4-38 中景分镜头

5. 近景

近景表现的是景物局部面貌或人物胸部以上的画面。在表现人物的时候，画面中的人物会占一半以上的画幅，因此，可以细致地表现出人物的面部特征和表情神态，尤其是人物的眼睛。近景的运用，非常有利于拉近用户和画面中人物的心理距离，使得用户产生强烈的亲切感。同时，近景也是将人物或拍摄对象推向用户眼前的一种景别，如图4-39所示。

图4-39 近景分镜头表现人物

而在表现景物的时候，除了拍摄对象之外，很多时候都会将环境空间背景虚化，从而突出拍摄对象，如图4-40所示。可以明显看到，通过近景拍摄，桃花粉色的色彩、翠绿色的嫩芽和桃花花谢之后的状态，都一一呈现在观众的眼前。

图4-40 近景分镜头表现景物

6. 特写

特写是拍摄人物面部、物体局部的镜头。特写取景范围小，画面内容单一，可以让表现的对象从周围环境中凸显出来，使观众形成清晰的视觉形象。

在表现人物时，运用特写镜头能表现出人物细微的情绪变化，揭示出人物的心理活动，使观众在视觉和心理上受到强烈的感染。

在表现物体时，运用特写镜头能清晰地表现出物体的细节，增强物体的立体感和真实感。以拍摄草莓为例，通过特写镜头，不仅能够清晰地看到草莓表面的籽，还能将草莓的色泽表现出来，顿时给人一种美味香甜的感觉，如图4-41所示。

图4-41 特写分镜头

4.3.3 用定场镜头来引导观众

什么叫作定场镜头？定场镜头主要指的是在视频开始时用来交代视频拍摄背景、时间、地点、人物的镜头，同时为全片定下基调。定场镜头通常采用视野开阔的远景镜头，以此来增强短视频的画面感和镜头感。定场镜头具有承启转折的作用，不仅可以出现在视频开始和结尾，还可以在视频中作为新场景的转场镜头。

以“滇西小哥”制作“荷花宴”的短视频为例，在视频开始就用定场镜头交代了人物（滇西小哥）、地点（荷塘），以及事件（摘荷花），且画面给观众一种令人心旷神怡的舒适感，如图4-42所示。

图4-42 定场镜头

不难知道，定场镜头下的画面效果，直接关系该短视频是否可以在一瞬间吸引观众的注意。那么，怎样利用定场镜头来引导观众的视线呢？

1. 展示情节

展示情节就是将视频情节融入到定场镜头当中，引起观众注意。例如，镜头中出现了一个在路边哭泣的少女，大家不知道是什么原因导致她哭泣，从而就会产生好奇心，进而将注意力集中到视频中去。

2. 建立空间概念

建立空间概念就是通过定场镜头让观众知道这是什么地方，物体和人物的关系，等等。例如，镜头中出现了一位骑着白马在草原奔跑的少年，大家很容易就能认知到这个地方是在草原上。

3. 建立时间概念

建立时间概念就是通过定场镜头让观众知道现在是什么时间。

此外，创作者还可以在同一个地方拍摄不同时间点的镜头，例如早晨、中午、晚上，甚至是不同季节，通过这些镜头可以向观众巧妙地展现出时间的变化。

4.3.4 空镜头的妙用 

什么叫作空镜头？指画面中没有人，又叫“景物镜头”。常用来介绍环境背景、交代空间、抒发人物情绪、推进故事进展，有着说明与象征等作用。空镜头分为两种，如表4-4所示。

表4-4 空镜头分类及其特点

以景为主的空镜头	以景为主，物为陪衬	多为表现环境	例如高山、田野、草原等	既可以表现不同的风景地貌，又能表现时间和季节的变化
以物为主的空镜头	以物为主，景为陪衬	多为表现物体	例如在草原上奔跑的羊群、街道上的汽车，或者室内陈设、建筑等	既可以表现出画面的氛围，又能引导观众的视觉

在短视频中，合理地运用空镜头，能够产生渲染意境、烘托气氛的艺术效果，有时也用于调节视频的节奏。近年来，空镜头的运用已经成了视频创作者将抒情和叙事手法相结合，增加画面艺术张力的重要手段。

以某短视频为例，视频通过空镜头，展现出了红色玫瑰花和绿叶在微风中摇曳的姿态，营造出一幅岁月静好的意境，如图4-43所示。

图4-43 空镜头

4.3.5 镜头移动，让拍摄更精彩 

镜头移动拍摄，可以简单理解为“动态画面镜头静止拍摄，静态画面镜头移动拍摄”，也就是动态静态结合拍摄。

在拍摄静态画面时，如景物、建筑物等，如果镜头静止不动，拍摄出来的效果就会有些单调。因此在拍摄静态画面时，镜头可以适当地移动，如从上到下、从左到右等。

但是，在拍摄时注意要让拍摄主体处在画面中心，并让镜头平稳地、平行地移动，这样，画面才会相对稳定，且不会丢失拍摄主体。例如，某个美食创作者，在拍摄准备好的食材时，采取镜头移动拍摄的方式，引导观众关注鲜美的食材，以达到让观众置身于视频中的感觉，如图4-44所示。

图4-44 静态画面动着拍

在拍摄动态画面时，镜头保持静止拍摄，会有更好的效果。这是因为拍摄主体在移动，而镜头也在移动，会让整个画面显得混乱，导致观众找不到拍摄的主体。当然，镜头静止拍摄动态物体时，可以先拍摄完一个画面，再换一个角度拍摄，从而达到不一样的效果。

常见的动态画面有路上的行人、冒着热气的饭菜、人的动作、随风摇曳的花朵，等等。下面是某创作者拍摄的在微风中飘摇的花朵，通过动态画面静止拍摄，给人一种好像置身油菜花地中清风拂面的感觉，如图4-45所示。

图4-45 动态画面静止拍摄

4.3.6 延时拍摄技巧

延时拍摄也就是常说的定时摄影，属于一种特殊的摄影方法。它是以一种较低的帧率拍下图像或者视频，然后用正常或者较快的速度播放视频画面的摄影技术。通过延时摄影可以呈现出平时用肉眼无法察觉的奇异、精彩的景象，例如，常见的风起云涌、日出日落、花朵绽放、星轨的视频画面，都是通过延时拍摄来完成的，如图4-46所示。

图4-46 日出过程

这里以相机为例，讲解延时拍摄的6个技巧，帮助读者在延时拍摄物体时，能得到更好的效果。

1．准备拍摄器材

由于延时摄影的拍摄时间跨度长，需要准备一个稳定相机的三脚架，不让相机因为各种外部因素产生轻微的颤动与位移，否则拍出来的画面合成后可能会有抖动感。还可以准备一根快门线，快门线是快门的遥控线，常用于远距离控制拍照、曝光以及调整快门的速度，使用快门线可以防止接触相机表面所导致的晃动，使得拍摄过程更加稳定，画面效果更加突出。

2．启用手动模式

因为延时拍摄拍的是同一个场景在较长一段时间内的变化，因此整个拍摄过程的参数、风格应该保持一致。而在全自动模式下，每个影像的 ISO、光圈、快门速度、对焦等，可能会因为相机的自动调节而出现差别，后期合成视频后，会出现风格变化，导致视觉效果较差。因此，关闭相机的自动拍摄功能，启用全手动模式非常有必要。

延时拍摄大场景，需要远近都清晰的效果，在设置光圈时，不能设置过大，选择小光圈值。延时拍摄时间跨度长，为了让拍摄画面的色彩尽可能地保持一致，需要固定白平衡。

3．借助ND镜

ND镜也叫作中灰密度镜，作用在于过滤光线，且对原物体的颜色不会产生任何影响。如果延时摄影是在白天拍摄或者在光线比较强烈的环境下进行的，借助ND镜能够有效减少进光量，从而让相机的快门速度更慢。

4．正确选择延时拍摄对象

不难发现，并不是所有的物体都适合延时拍摄，在选择延时拍摄对象时，要选择合适的拍摄物体，例如流水、星轨、云朵或者奔驰的汽车等运动对象，此外，还需要静止的物体作为参照，让静止的物体衬托拍摄对象的变化。

5．选择合适的构图方法

延时摄影的构图方法也很重要。创作者在构图时，对视频画面中运动的物体做一个预判，预测该物体的轨迹，并用合适的构图方法，安排物体在画面中出现的位置和大小。

达人提示

在拍摄人潮涌动的商业街头或者城市夜晚灯光璀璨的风光时，如果想要清晰地呈现某个场景，可以利用长曝光来虚化移动的人群、闪烁的灯光，从而得到干净的画面。

走心秘技1：短视频成本分析及量产秘诀

创作短视频，就像是经营一门生意。想要经营好一门生意，赢得更多利润，首先要考虑的是成本和产出比。同理，如何控制短视频成本和量产短视频的秘诀，也是每一个短视频创作者、团队迫切想要知道的、一直在追寻的秘密。

那么，创作短视频会产生哪些成本呢？

1．固定成本

固体成本指除去人员工资、宣发费用之外的成本投入，如购入或租赁摄影设备产生的成本、租赁办公场地产生的成本、租赁或自建摄影棚产生的成本。

2．人力成本

所谓人力成本就是视频团队的人员工资成本，如编导、运营、剪辑、摄影等，成本计算方式为所有人员工资之和。不同的团队由于人数和工资福利待遇的差异，成本也有所不同。

3．宣发成本

宣发成本指的是短视频宣传推广的成本费用。对于有的视频团队或者创作者来说，为了让短视频有更好的传播效果，会付费请专业的营销团队负责宣传推广。

4．时间成本

时间成本虽然属于虚拟成本，但是对于创作短视频来说，也是需要纳入成本范畴中的，是需要被重视的。时间成本不仅仅指时间本身的流失，也是在等待时间内造成的市场机会的丢失。例如，没有选择创作短视频的收入可以达到多少？通过机会成本计算可以将时间成本量化，衡量出相应的成本。

某个视频团队为了拍摄一个短视频作品，租赁了一间摄影棚，但是因为拍摄时间超过了预期，租赁费用也会跟着增加，这也是时间成本的一种。

目前，这4种成本基本上是每个短视频团队都会产生的成本。但是每个团队的实际情况不一样，具体产生的成本也有所差异。很多团队为了得到更多的利润，会选择优化流程来控制成本，减少支出；有的视频团队则会通过高频率、大面积量产短视频来增加曝光率，赢得更多获利机会。

那么，短视频量产的秘诀是什么呢？

不难发现，绝大多数的短视频账号都希望保持日更，以增加用户黏性。但据绝大多数的新手创作者反映，一条一分钟左右的优质短视频创作周期较长，很难保持日更。而有的小团队表示，即使团队工作效率不低，也做不到短视频日更。

其实，要做到日更，量产短视频，最简单的方式是把拍摄流程拆开，分工同步执行。例如，负责脚本的人员搜集网络热点、流行段子，并结合视频账号构思，创作出一个新的视频脚本，加快进行审核，集中拍摄，最后将拍摄好的素材拿回来到后期集中剪辑。经过编排，就能产出许多不同的短视频。

走心秘技2：利用二次剪辑做“再原创”视频

二次剪辑就是将一个或者多个影片、视频的片段，通过一定的剪辑手法重新组合拼接，以呈现出一个新的视频内容，表达一个新的主题。

为什么要给大家介绍利用二次剪辑做“再原创”短视频？原因很简单，因为视频的素材都是现成的，创作者只需要策划剧情，剪辑相应的视频片段，加以配音，一个新的视频内容就完成了。这样不仅节省了拍摄费用，也大大节省了拍摄时间，从而提高了视频的产出效率。

值得注意的是，利用二次剪辑制作的视频要注意视频的创意性。一般来说，原创视频内容只有具有创意性，用户才会愿意去关注，对于二次剪辑的再原创视频也是一样的道理，如果内容干瘪平淡，用户是不愿意观看的。

以某视频创作团队为例，通过二次剪辑视频，并加以新的配音，一个极具创意的视频就完成了。且因为其新颖有趣的特点，一经播出，就受到众多用户的喜爱。下面是该视频创作团队出品的短视频案例，原视频采用著名影视剧《甄嬛传》，而经过二次剪辑过后，视频主题则变成了对盲目追星的人的吐槽，如图4-47所示。

图4-47　二次剪辑视频案例

在利用二次剪辑做 “再原创”视频时，需要注意一些小细节，为“再原创”的短视频加分。

- 再原创的短视频画面不能出现原始视频中的水印、标识等，否则会影响用户观看体验。
- 再原创的短视频要有创作者个人独到的见解，且有一定的深度，能挖掘到一些用户不知道的内容。
- 再原创的短视频画面要有字幕，众所周知，有字幕的视频，更容易理解，用户的观感度会更高。
- 在再原创的短视频里可以加入创作者个人的水印或者Logo，避免视频作品被盗转。
- 建议在片头或片尾真人出镜，这样能够增加创作者个人的辨识度。

此外，在利用二次剪辑做“再原创”视频之前，还应该做到4点，分别是：整理好素材、选取的内容要有逻辑性、视听语言要正确、主题要有明确的意义。这样一来，再原创的短视频就会更加优秀。

走心秘技3：这么拍，小白也能成为摄影大师

从小白一跃成为摄影大师，很多人觉得这是根本不可能的事。其实不然，只要花5分钟时间，学会这7个实用的摄影技巧，摄影小白也能立马变成摄影大师。

（1）利用手机中的九宫格线条

利用手机拍摄系统中自带的九宫格线条，用横轴和纵轴调整好要拍摄的物体的位置，把画面的重心落在中央分割的4个分割点上，也就是常说的三分法的四个交汇点上。这是符合人的正常审美，且能够给人以舒适感。

（2）正确的拍照角度

大家在摄影时习惯于用视线平行的角度去拍摄，这样的拍摄效果可能并不是最好的。如果将手机放低，使用不同的角度拍摄，就能拍摄出不一样的效果。

采用将手机放低拍摄物体的方法很简单，只需要在拍摄时，找好要拍摄的景物，将手机对着拍摄景物，进入方形取景框的拍摄模式，并点击画面右下角“3个彩色圆形”的图标，根据拍摄的场景需要，选择滤镜进行修改，最后点击快门进行拍摄，这样拍摄出来的效果就会十分特别。

（3）拍摄夜间光斑

想要拍摄出在视频上经常出现虚幻浪漫的光斑画面吗？其操作方式非常简单。

首先找到一处光源明显的地方，这里以拍摄夜晚的马路为例，将手机对准远方的光线，把一只手掌放到镜头前方10厘米处，再将拍摄焦距锁定在手掌上，并长按镜头画面。当出现AE/AF/lock（自动曝光/自动对焦锁定）字样提示之后，拿开手掌就可以看到马路上的霓虹灯、车灯，都带上色彩斑斓的光斑了。创作者也可以通过在屏幕上上划和下划，调整屏幕光亮，调整到合适的画面效果，最后点击快门，完成拍摄。

如果想要在光斑前拍摄小物体或者近处物体，其拍摄方式也非常简单。在拍摄时，将手机尽量与小物体保持近距离，并将焦点对焦在小物体上，那么背景自然变成一颗颗的光斑。值得注意的是，如果想要拍摄以光斑为背景的画面，选择比较小的物体更能凸显梦幻迷离的效果。

（4）善用广角镜头，人人都能成为大长腿

现在绝大多数的后继镜头都是广角镜头，这样有利于拍摄到更广的画面。但是，利用广角镜头拍摄，画面边缘会存在“畸变”，举个简单的例子，用广角镜头拍摄人物特写时，人物的鼻子与眼睛、嘴唇会显得更大，从而形成一种“透视畸变”的画面特征。

因此，为了缩小“畸变”的劣势，放大其优势，在拍摄时可以让模特在画面中央摆好姿势，将腿伸直到手机屏幕（画面）边缘，并且拉低手机拍摄的角度，最后点击快门。这样拍摄出来的效果，无论模特高矮胖瘦，一律都有大长腿的效果。

（5）微调曝光，拍出女神效果

想要拍出皮肤粉嫩、光芒四射的女神效果，只需要调整曝光值来为皮肤增色就可以了。在拍摄时，先将焦点锁定在女神身上，再用手指在对焦框中调整曝光值达到想要的曝光效果，最后点击快门拍摄。

（6）尝试方形构图与滤镜

尝试方形构图和借助滤镜拍摄，有时候可以给人眼前一亮的效果。当确定好拍摄的景物之后，将拍摄模式选择为“方形取景框”，并点击画面右下角“3个彩色圆形”的图标，根据拍摄场景的需要，选择滤镜进行修改，最后点击快门进行拍摄。

举个简单的例子，拍摄一栋高楼大厦时，利用方形取景框和灰色的滤镜，能够给人一种与平常不一样、别具一格的感觉。

（7）简单干净的画面

如果在拍摄人物和风景时，为了突出“人物”这个主体，又要出现风景这个陪体，那么在拍摄时就需要将镜头与人物的距离拉得近一些，从而显示出“人物”才是画面的主体；如果“人物”服饰的颜色、款式较为复杂，那么最好避免选择有许多细节的背景，选择单一或者浅色的背景，拍摄出来的画面效果会更好。

总而言之，在拍摄物体时，为了避免画面里面的东西太多太杂而干扰观众的视线，就需要把多余的东西拿开，只有突出了主体，所展现出来的画面才更加好看。

走心秘技4：1分钟，学会用手机拍出悬浮的画面效果

飞翔，是绝大多数人的梦想。近年来，网络上出现了许多悬浮在空中的照片，看起来十分神奇，其实拍摄起来非常简单。具体的拍摄方式可以参照以下5个步骤。

❶ 先用手机取好景，摄影师用蹲或半蹲的姿势仰角拍摄，并与拍摄的人物保持一定的距离，这样有助于拍摄整体的画面，以及营造人物漂浮的感觉。

❷ 让被拍摄的人物原地起跳，练习飞翔的姿势，在练习过程中保持表情自然，以保证后期拍摄时表情自然。

❸ 摄影师记住人物起跳的最高点，提前设计拍摄画面的构图。

❹ 当被拍摄的人物能够做到“飞翔”的姿势且表情自然，摄影师就可以长按拍摄按钮进行连续拍摄。

❺ 拍摄完成之后，打开相册，对照片进行甄选。

走心秘技5：1分钟，学会用手机拍出空间翻转的画面效果

镜头画面与人眼视觉效果一样，距离近的东西显大，距离远的东西显小。视频上经常见到的 “许多个小人儿被人捏在手里把玩” 的画面，这是利用了错位拍摄，不用后期制作也能达到这个效果。拍摄的方法非常简单，先找一个比较宽阔的背景，如公园里的大草坪，让前面的人与镜头保持一段距离，后面的人跑向远方，并做好姿势后，前面的人根据后面的人的位置，再调整手掌的姿势，使得前面的人与后面的人呈现出在一个平面上的效果，最后点击快门，完成拍摄。

另外一种是空间翻转的画面效果。在拍摄时，先找到一个背景颜色较深，旁边又有墙的地方，同时还要确认画面中没有沙井盖或垃圾桶等容易穿帮的物体，随后将手机紧贴在墙和地面的交界处，拍摄一张照片查看画面效果。当效果能达到预期，就可以让模特躺在地上，

身体紧贴着墙面，双手也抓住墙壁边缘，这个时候，摄影师就可以从不同角度拍摄出各种空间翻转的画面，最后点击快门拍摄，就可以营造出一种“模特被悬挂在大楼边上”的画面效果。

走心秘技6：1分钟，学会用手机拍出多手怪人的画面效果

多手怪人的画面在视频和照片中并不少见，其实其拍摄也非常简单。具体的拍摄方式可以参照以下5个步骤。

❶ 让模特在背景墙面前站好，同时预想自己要展示的3个手部动作，并固定在第1个动作上。

❷ 摄影师在拍摄时，手机开启全景模式，从模特的腿部开始拍摄，并让镜头匀速向上移动，直到肩部以下的部分完全出现在镜头里面。

❸ 摄影师提示模特继续做第2个动作，这个时候模特的双手要平行，不能翘起肩膀，否则会影响拍摄的效果。

❹ 摄影师继续移动镜头，直到镜头越过肩膀的位置，提示模特做第3个动作。

❺ 摄影师继续移动镜头，将剩下的画面拍摄完成，最后按下快门按钮，一个多手怪人的画面就完成了。

值得注意的是，在拍摄时，全景模式的中心箭头最好保持在中心的位置，以避免拍摄失败。

走心秘技7：1分钟，学会用手机拍摄出画中画的视频效果

不用后期视频制作，1分钟就可以用手机拍摄出画中画的视频效果。具体的拍摄方式可以参照以下5个步骤。

❶ 准备两部智能手机，分别是A和B。

❷ 摄影师先用A手机录制自己的动作，当录制到某一个动作时，按下暂停按钮，并且保持动作姿势不变。

❸ 调出A手机里面的相机功能，对自己拍摄一张照片，拍摄完毕之后，将照片传输到B手机中。

❹ 手持B手机，并打开录制视频的功能，对着A手机的镜头按住拍摄按钮。

❺ 将A手机匀速拉远，最后按停止按钮。如此一来，就可以产生画中画的视频效果。

第 5 章

短视频后期制作

对于有经验的短视频创作者来说，一条短视频拍摄完成后，往往不会立即上传到平台，而是先对其进行后期制作，确定视频能展现出完美的效果后才会上传到各大视频平台去宣传和推广。也只有这样，视频创作者制作的短视频才更有机会在众多短视频中脱颖而出，成为万众瞩目的存在。

因此，对短视频进行后期制作是一个非常必要的过程，也是每个短视频创作者需要掌握的技能。

5.1

移动端短视频的后期制作

短视频后期制作既可以通过个人电脑（PC端）来完成，也可以通过各类后期制作APP来完成。这些APP功能虽然说不上非常强大，但胜在模板较多，操作简单，通过几步操作就可以轻松做出效果不错的短视频，其便捷性受到了广大创作者的喜爱。

5.1.1 使用视频剪辑大师APP编辑视频

视频剪辑大师是广州飞磨科技有限公司研发的一款视频剪辑软件，分为电脑版和手机版。剪辑大师拥有海量的短视频特效素材、海量高音质背景音乐素材、搞笑表情，且经常更新新的内容，保证用户使用的特效不过时。

剪辑大师功能强大，操作方式很简单，即使是一个新手也能在短时间内掌握它的用法，从而将普普通通的短视频变成独具一格的作品。使用视频剪辑大师APP编辑视频的步骤非常简单，只需要打开剪辑大师APP，就能在快捷功能中找到想要的制作选项。例如，选择“一键大片”选项，就会跳转到相应的编辑界面，对于新手创作者而言，可以说是十分方便了。这里以一个夜景视频加入花瓣飘落的特效为例进行讲解，其前后效果对比如图5-1所示。

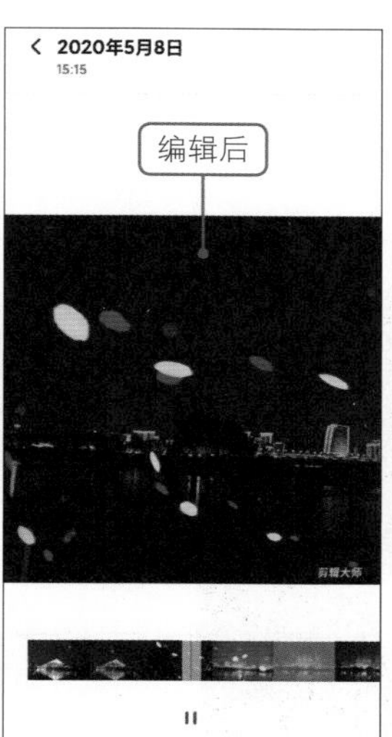

图5-1 视频编辑前后的效果对比图

视频剪辑大师APP作为一款受创作者青睐的专业视频编辑器，无论是剪辑视频还是给视频加特效，都非常简单。加入“花瓣飘落”特效的视频制作方法可以从视频编辑和视频上传短视频平台两个方面来进行说明，具体的操作步骤如下。

1. 编辑短视频

利用视频剪辑大师APP创作 “花瓣飘落”特效的视频很简单，只需要几个步骤就可以完成。

01 进入视频剪辑大师APP首页，点击“一键大片”选项，如图5-2所示。

02 进入视频素材中心选择页面，选中需要编辑的视频，如图5-3所示。

图5-2 剪辑大师APP首页

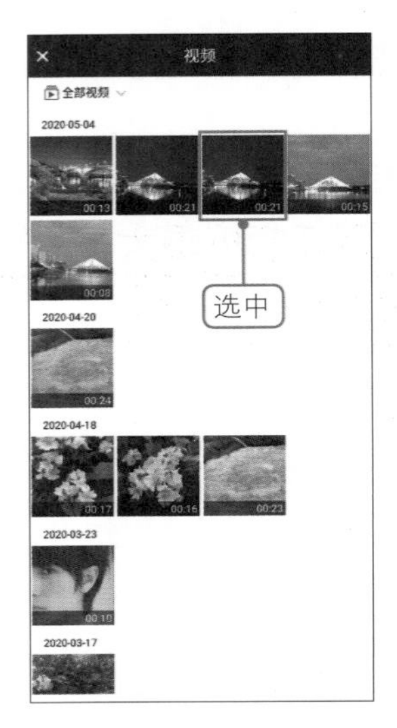

图5-3 选择视频素材

03 进入视频素材初步编辑页面，点击“✓”图标，将视频导入剪辑大师编辑程序中，如图5-4所示。

04 进入视频剪辑大师视频编辑页面，❶点击“主题”选项；❷选择“花季”主题；❸点击“播放”图标，即可预览特效视频，如图5-5所示。

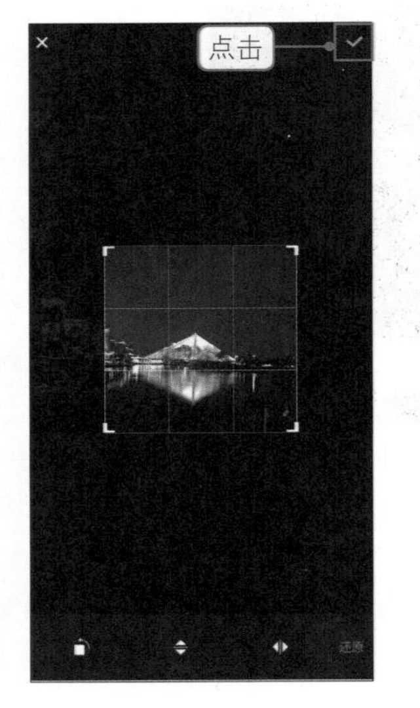

图5-4 视频素材初步编辑页面

图5-5 选择视频主题

05 主题设置成功之后，❶点击“导出”选项；❷选择导出视频的像素，这里选择的是高清720P像素，选中之后，剪辑大师制作的“一键大片”短视频即可保存下来，如图5-6所示。

06 主题设置成功之后，导出视频，在手机文件夹中即可查看制作好的短视频，如图5-7所示。

图5-6 导出“一键大片”视频

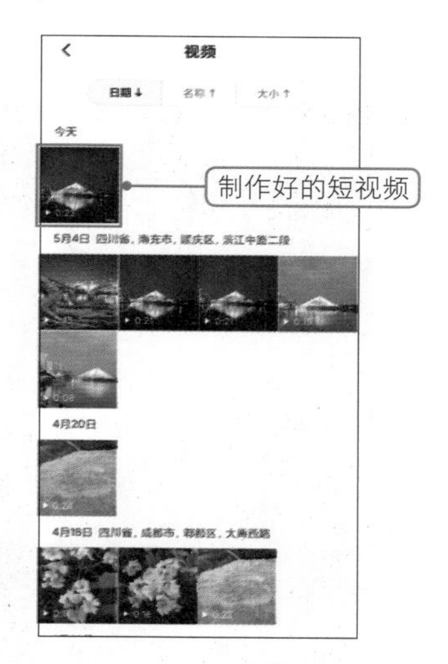

图5-7 查看制作好的短视频

2. 上传短视频至抖音

编辑好的短视频需要发布到短视频平台，才能被大众所欣赏。这里以在抖音平台上传短视频为例进行讲解，具体的操作步骤如下。

01 打开抖音APP，❶点击首页中下方的“+”图标；❷进入视频拍摄页面，点击“上传”按钮，如图5-8所示。

02 进入视频选择页面，❶选中要编辑的短视频；❷点击“下一步”按钮，如图5-9所示。

图5-8 抖音

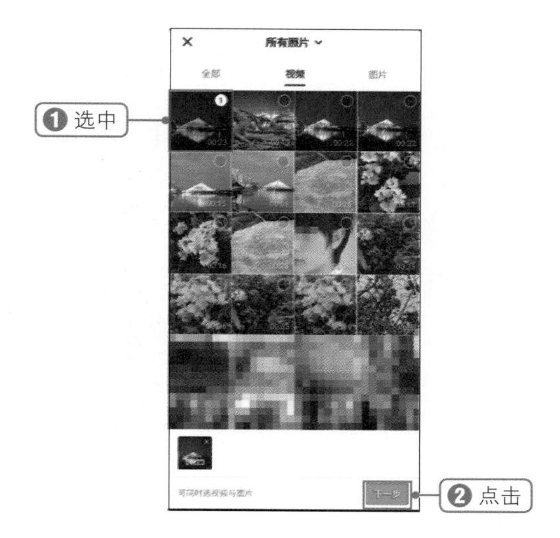

图5-9 短视频选择页面

03 将视频导入抖音视频编辑程序之后，❶在视频初步编辑页面中，点击“下一步”选项；❷转入抖音平台自主编辑程序中，点击“下一步”选项，如图5-10所示。

04 进入视频发布界面，❶输入视频的文案，这里输入的是“一起来嘉陵江看夜景吧”；❷点击“发布”按钮，即可将短视频发布成功，如图5-11所示。

图5-10 上传编辑好的短视频　　图5-11 发布短视频

5.1.2 使用“小影”APP一键生成主题视频 

小影APP是杭州趣维科技有限公司研发的一款集手机视频和视频编辑功能于一身的视频软件。小影APP满足了用户视频拍摄更长、视频编辑更长和视频更炫酷的需求，且因为其拍摄风格多样、内容新潮创意、视频特效众多，迅速获得一大批用户的追捧，其中以90和00后的用户居多。

与其他视频后期制作软件相比，小影APP有着即拍即停的特色，配上各种美轮美奂的实时滤镜，让画面更具有美感。在小影APP上，创作者可以拍摄、剪辑、编辑视频，让短视频呈现出不一样的视觉效果。小影APP操作方式也非常简单，下载安装登录后，打开APP就能看到相应的功能，帮助用户创作、编辑视频一步到位。小影APP的首页展示及其工作界面，如图5-12所示。

图5-12 小影APP首页以及工作界面

小影APP独特的滤镜、转场、字幕、配乐以及一键应用的主题特效包，可以帮助用户轻松打造个性十足的生活微电影，这些功能也是让小影APP在众多后期制作软件中脱颖而出的重要条件。在众多功能中，快捷生成主题视频是比较受用户喜欢的一种，小影APP提供的主题有很多种类，有日常主题、旅行主题、浪漫主题等，不同的主题，展现出来的视频效果也有所不同。下面详细介绍制作一个视频案例的过程，以月季花视频来生成一个“慵懒时光”的主题，生成的视频尺寸为480P，最后制作完成的主题视频如图5-13所示。

图5-13 慵懒时光主题视频

利用小影APP制作一键生成主题视频的操作过程非常简单，这里选择与视频格调匹配的“慵懒时光”主题来进行制作，具体的操作步骤如下：

01 进入小影APP首页，点击素材中心，如图5-14所示。

02 进入素材中心页面，可以看到多种多样的热门主题，点击“主题”按钮，进入主题选择素材库，如图5-15所示。

03 在主题素材库中，用户选择想要制作的主题即可，这里选择的是“日常”主题，如图5-16所示。

图5-14 小影APP首页

图5-15 小影APP素材中心

图5-16 小影APP主题选择页面

04 选择好主题之后，系统会推荐分类更为细致的栏目，用户选择喜欢的分类即可。这里选择的是“慵懒时光”主题，如图5-17所示。

05 进入“慵懒时光主题”预览模式，如果确定使用该主题，点击“去使用”按钮，即可上传照片或视频进行制作，如图5-18所示。

06 选择照片或视频完成之后，进入制作界面，点击“播放”图标，即可预览“慵懒时光”主题的短视频，如图5-19所示。

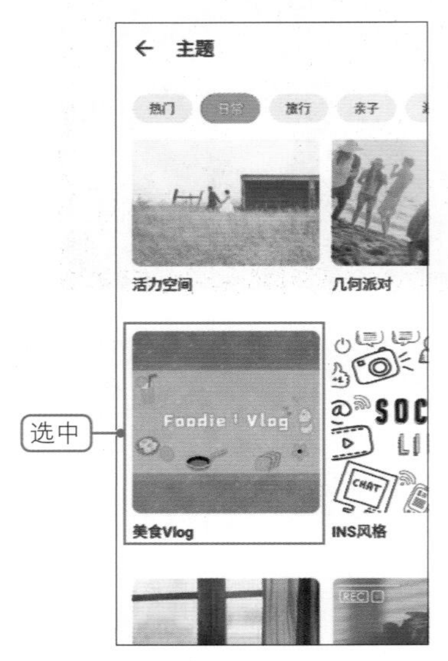

图5-17 选择主题细分类　　图5-18 细分类主题预览　　图5-19 主题视频制作

07 主题视频制作完成，❶点击“保存”按钮；❷选择相应的格式，将主题视频存储下来，这里选择的尺寸是“普通480P”，如图5-20所示。

08 视频保存成功之后，在弹出的新页面中，用户可以将视频进行发布、分享，或者直接跳转回首页，如图5-21所示。由于其操作步骤与视频剪辑大师类似，这里就不重复介绍了。

图5-20 保存制作好的主题视频　　图5-21 主题视频制作完成

达人提示

如果创作者对视频画质有较高的要求，可以进入小影APP的个人中心，付费开通VIP会员权限。当创作者成为会员之后，即可拥有导出高清画质视频的权限。

5.1.3 使用“乐秀”APP制作照片音乐卡点视频

乐秀APP是上海影桌信息科技有限公司研发的一款手机短视频编辑软件，它有着操作简单、页面简洁、功能强大的特点。用户只需通过简单快捷的操作，就可以用照片或视频制作成非常炫酷的视频。乐秀APP的首页展示及其工作界面，如图5-22所示。

图5-22 乐秀APP首页及其工作界面

乐秀APP能在众多短视频后期制作软件中占据一席之地，得益于它功能的全面，它不仅能将图片制作成视频，还能将图片和视频合成视频，并对处理好的视频进行编辑，几乎涵盖了所有短视频后期制作软件的功能。用户只要登录软件，打开首页就能看到全面的功能展示。下面简单介绍乐秀APP的功能，供读者参考。

- 视频编辑功能：对手机中的短视频进行后期处理。例如：使用精美滤镜功能，对视频任意切换滤镜；动态贴纸功能，可以将有趣的贴纸直接粘贴在视频中，让视频更有创造性和趣味性。同时，在编辑短视频时，还可以给视频添加主题、配乐、设置画幅比例，等等。
- 超级相机：利用超级相机，可以轻松拍摄视频，打造独具特色的视频风格。
- 音乐相册：将图片制作成动态的音乐相册，打破以往枯燥无味的“图片幻灯片”，让图片更有吸引力。
- 编辑工具：提供剪辑视频、压缩视频、视频转音频、GIF制作等操作工具。
- 视频特效：提供多种特效素材，供用户使用。
- 视频平台分享：可以将制作完成的视频同步分享到微信、微博等各大社交平台。

值得注意的是，乐秀APP需要用手机号注册登录才能使用。里面的一些专业性的功能和特效仅限于VIP用户使用，如果对视频要求不高，使用素材库里面的免费素材也是足够的。如果要求较高，可以开通会员，成为VIP。

如今，在各大短视频平台，“卡点”短视频俨然成为大众喜爱的功能之一。所谓“卡点”是指在短视频播放过程中，在音乐的音节发生变化的同时，让视频画面同步变化的这样一种视听效果，这种效果能使观众产生强烈的心理冲击，因而广受大众喜爱。“卡点”短视频时间大约为10~20秒，通过2秒的视频结合多张0.5秒的照片高频闪现，最后配上动感十足的背景音乐而完成。通过“卡点”短视频，普通图片在10秒时间内就能组合出时尚感的大片效果。

那么，如何使用乐秀APP制作照片音乐卡点视频呢？具体操作步骤如下：

01 进入乐秀APP首页，点击“视频编辑”按钮，如图5-23所示。

02 导入手机里面的图片素材。为了配合音乐、完美卡点，让视频效果更好，一般建议选择一段视频和16张图片的组合。选定照片或视频之后，点击“开始制作”按钮，如图5-24所示。

03 进入新页面，❶点击“编辑”选项；❷点击“片段编辑”选项，如图5-25所示。

图5-23 选择视频编辑

图5-24 点击开始制作按钮

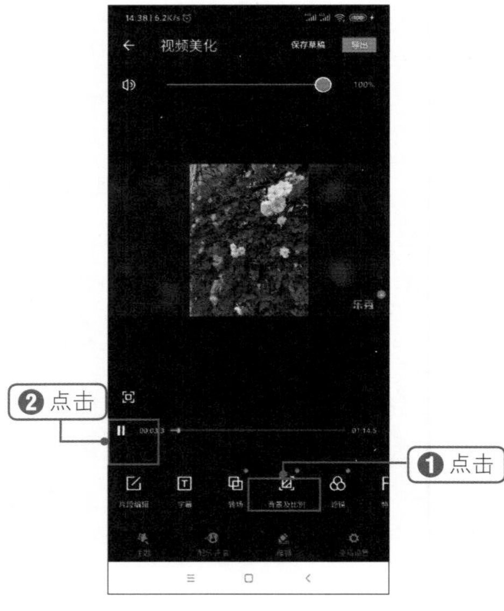

图5-25 视频编辑页面

04 ❶选中一张照片；❷点击“时长”选项，如图5-26所示。

05 将图片时长设置为0.5秒，并打开“应用到所有图片”的选项，最后点击“确认”按钮，如图5-27所示。

06 时长设置完成之后，点击“√”按钮，保存设置，如图5-28所示。

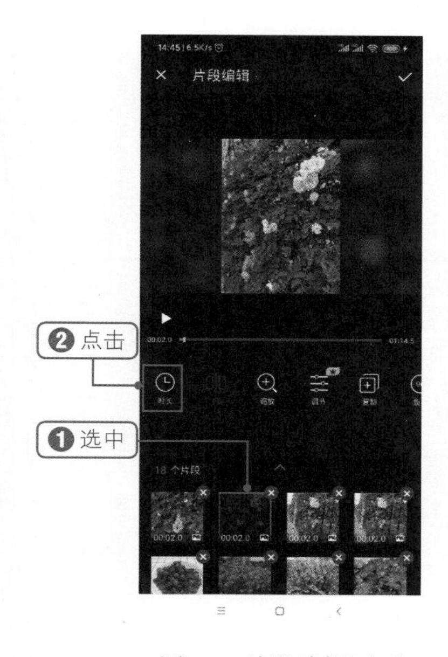

图5-26 片段编辑页面

图5-27 点击片段编辑

图5-28 保存设置时长

07 ❶点击“配乐·声音”按钮，会上浮出多个音效选项供用户选择，如配乐、多段配乐、音效、声音、视频原音等。❷创作者选择自己想要的效果即可，这里选择的是“配乐”选项，如图5-29所示。

08 进入音乐库，在“我的下载”“我的音乐”与“历史”栏目下选择音乐。选中之后，点击“添加音乐”按钮，即可将音乐应用到作品当中，如图5-30所示。

09 音乐应用完成，点击“导出”按钮，即可将制作好的“照片音乐卡点”视频保存下来，如图5-31所示。

图5-29 选择音乐

图5-30 选择音乐

图5-31 导出作品

值得注意的是，点击“导出”按钮之后，在弹出的新页面中，创作者还可以将音乐卡点视频分享到抖音、快手、微博、微信等社交平台。当然，音乐卡点视频也可以直接在手机文件夹中查看或者上传到社交平台进行发布，其操作步骤这里就不再重复介绍了。

5.1.4 使用“巧影”APP给视频配音、加字幕

随着短视频内容越来越丰富，绝大多数的视频用户不再满足于“普通、平凡”，而是希望自己创作的视频更加高级、完美，受到更多的人关注，因此，不少人都会通过给短视频配音和添加字幕达到目的。利用巧影APP可以很方便地实现这两个功能。

巧影APP是北京奈斯瑞明科技有限公司研发的一款为专业或个人制作高质量手机短视频的后期处理软件。该软件主要用于视频编辑、视频文本处理和视频图像处理，支持多图层、色键、速度控制以及倒放等功能，同时具备海量的音乐、特效等素材，用户使用起来非常方便。巧影APP的工作界面如图5-32所示。

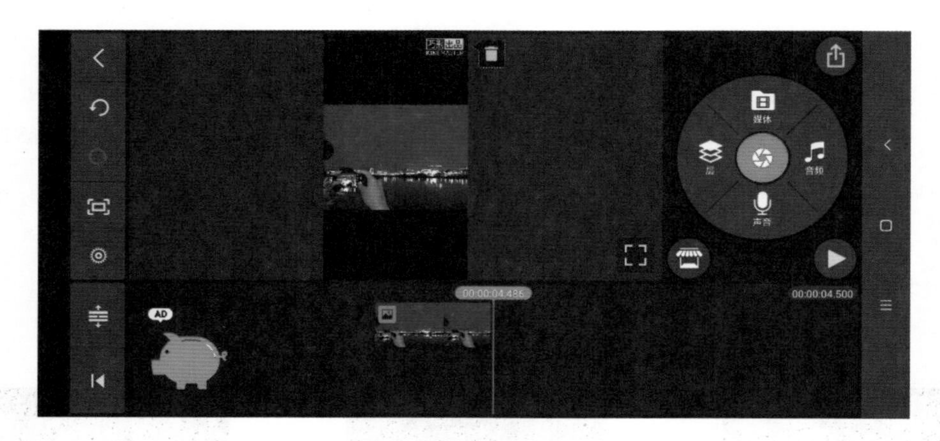

图5-32 巧影APP的工作界面

那么，怎么利用巧影APP给视频配音、加字幕呢？操作方式很简单，只需要几个步骤，就能完成配音和加字幕。视频添加字幕前后对比效果图，如图5-33所示。

下面以给一条油菜花短视频添加配音及字幕“宠辱不惊，闲看庭前花开花落；去留无意，漫随天外云卷云舒”为例来讲解具体的操作步骤。

01 下载并打开巧影APP，❶点击“+”按钮；❷选择视频比例，并点击选中的视频比例。这里选择的是9:16，如图5-34所示。

图5-33 视频添加字幕后的效果

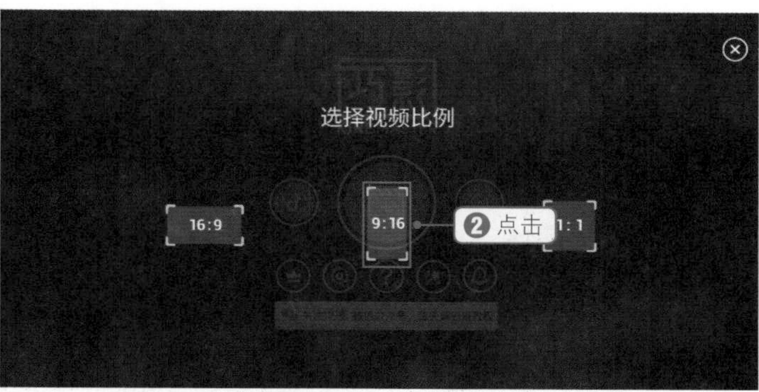

图5-34 选择视频比例

02 视频比例选择完成之后，进入新页面，点击“媒体”图标，即可上传需要配音的视频，如图5-35所示。

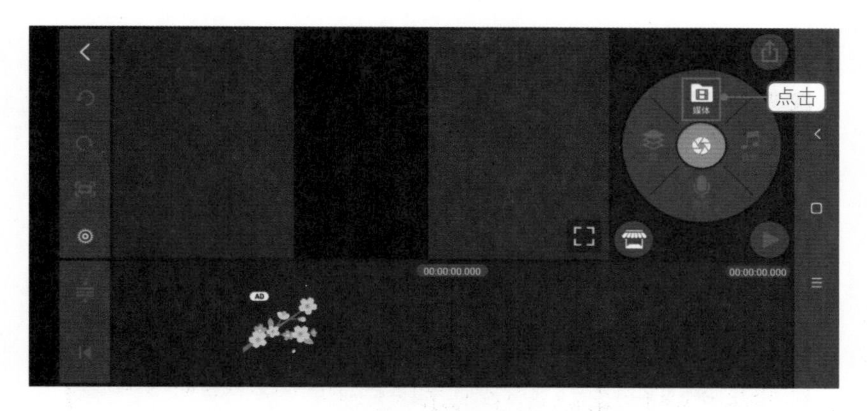

图5-35 准备上传视频

03 视频上传完毕之后，点击“声音”图标，如图5-36所示。

图5-36 准备配音

04 进入配音状态，点击“开始”按钮，即可为视频配音，如图5-37所示。

图5-37 视频配音界面

05 当视频配音完成时，系统会自动弹出关于音频的选项页面，如预听、裁剪拆分、重录、音量、EQ均衡器、音量曲线等。创作者可根据自己的需要，进行选择，如果不需要，点击屏幕右上方的“✓”图标，即可保存配音完成的视频，如图5-38所示。

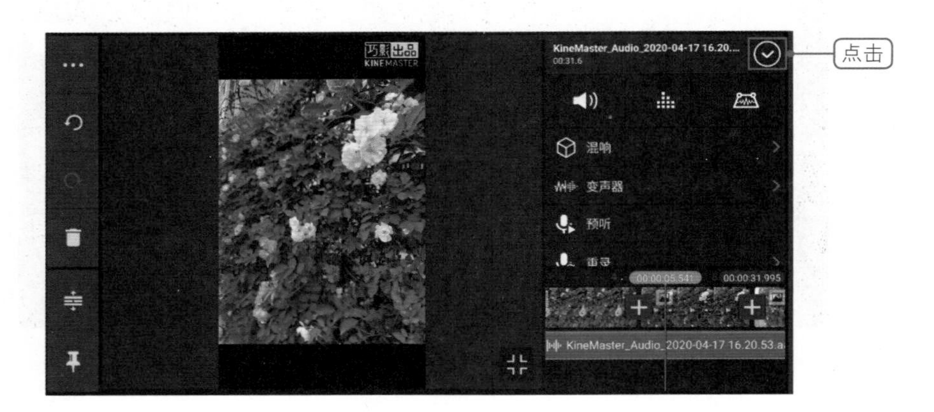

图5-38 保存配音

06 配音保存成功后，系统会自动跳转回首页，如果需要导出配音完成的视频，点击页面右上角的“分享”按钮，即可将配音完成的视频保存至手机里，如图5-39所示。

图5-39 配音并完成保存

07 该视频添加字幕，❶点为击“层”按钮；❷点击“T”选项，即可为视频添加字幕，如图5-40所示。

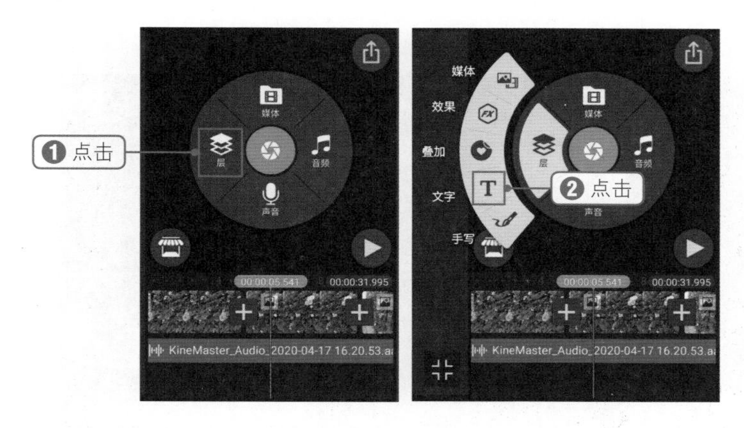

图5-40 为配音完成的视频添加字幕

08 在跳转出来的页面中，输入要添加的字幕“宠辱不惊，闲看庭前花开花落；去留无意，漫随天外云卷云舒”，输入完毕之后，点击“确认”按钮，如图5-41所示。

图5-41 录入字幕

09 在跳转出来页面中，可以设置字幕效果以及预览字幕效果，读者可以根据自己的需要设置，设置完毕之后，点击右上角的“✓”图标，即可保存视频，如图5-42所示。

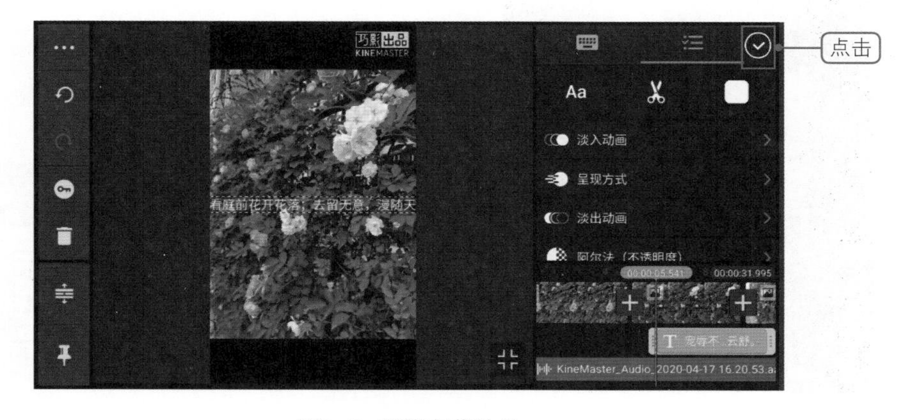

图5-42 预览字幕效果

10 在跳转出来的页面中，点击页面右上角的“分享”按钮，就可以将添加好字幕的视频导出来并保存至手机中，如图5-43所示。

图5-43 导出视频并保存

创作者可以将配音以及添加字幕的短视频上传到快手、抖音、美拍等社交平台，其操作步骤非常简单，这里就不重复介绍了。

5.1.5 使用“快剪辑”APP制作双屏、三屏短视频

双屏和三屏的短视频是指短视频在同一个视频页面中将视频画面分为两个或三个部分，由于视频展现方式新颖，受到了很多用户的喜爱，很多创作者都开始利用手机制作双屏、三屏的短视频，三屏效果如图5-44所示。

由于利用快剪辑APP制作双屏和三屏的短视频的方法相似，这里就以制作油菜花朵的三屏短视频为例讲解具体的操作步骤：

01 打开快剪辑APP，点击“分屏”按钮，如图5-45所示。

图5-44 三屏视频效果

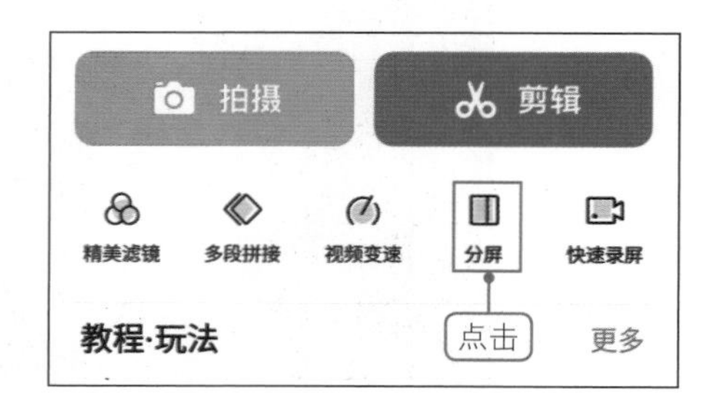

图5-45 快剪辑首页

02 进入新页面，可以看到双屏、三屏的排版类型，点击“选择画框”按钮，选择三屏画框，这里选择两小一大的画框，选定过后，还可以预览其效果，如图5-46所示。

03 点击“画幅比例”，这里画幅比例的选择为“9:16”，如图5-47所示。

04 画框和画幅确定之后，点击画框预览界面的“添加视频”，如图5-48所示。

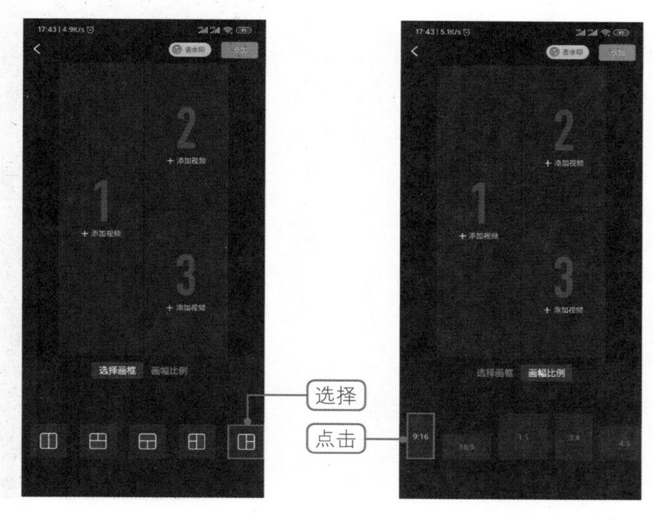

图5-46 选择画框　　图5-47 选择画幅比例　　图5-48 添加视频素材

05 进入视频文件选择界面，❶选中视频素材；❷点击“导入”按钮，如图5-49所示。

06 当油菜花三屏短视频制作完成之后，点击“生成”按钮，如图5-50所示。

07 在弹出的“请选择清晰度”弹窗中，点击“普通480P”，即可将制作好的三屏油菜花短视频保存至手机文件夹中，如图5-51所示。

图5-49 导入视频素材　　图5-50 生成三屏短视频　　图5-51 导出视频

创作者可以将制作好的多屏短视频上传到快手、抖音、美拍等社交平台，其操作步骤非常简单，这里就不重复介绍了。

5.1.6 使用“快影”APP制作文字视频与自动识别字幕

快影APP是北京快手科技有限公司研发的一款集视频拍摄、后期制作为一身的视频软件。该软件拥有强大的视频制作和特效功能，还有海量音乐库、音效供用户选择，让用户在手机上也能轻松完成创意视频的制作。其中，制作文字视频与智能识别字幕最具特色。

1. 制作文字视频

文字视频是当下较为大众喜欢的一种视频展现形式。文字视频页面简洁，多是几段文字组合一些背景图组成，其中的文字可以具备各种调性，只要制作精良，就能引起用户关注与共鸣。这里以制作一段“宠辱不惊，闲看庭前花开花落；去留无意，漫随天外云卷云舒”的文字视频为例进行讲解，其效果如图5-52所示。

图5-52 文字视频

使用快影APP制作文字视频，其具体操作步骤如下：

01 打开快影APP首页，点击“文字视频”按钮，如图5-53所示。

02 选择文字视频的音频来源，有视频提取声音和实时录音两种，这里选择的是“视频提取声音”选项，如图5-54所示。

图5-53 快影APP首页

图5-54 音频来源选择

03 选择视频声音来源素材，如图5-55所示。

04 选中声音来源的视频之后，点击“确认”按钮，进入提取视频声音阶段，如图5-56所示。

05 进入视频音频识别阶段，当视频字幕识别成功会自动跳转到新页面，如图5-57所示。

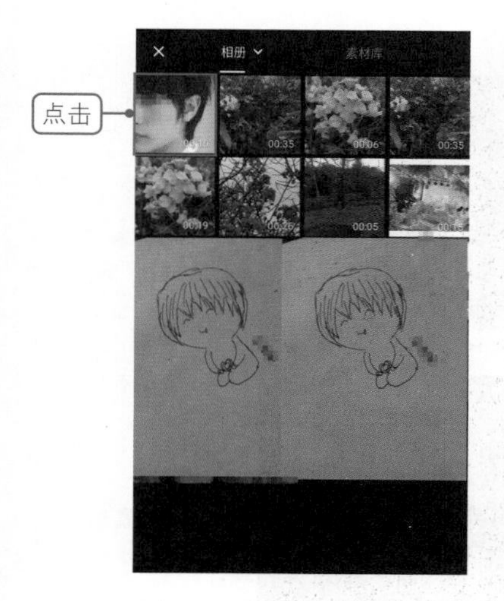

图5-55 选择声音来源视频

图5-56 提取声音的视频素材

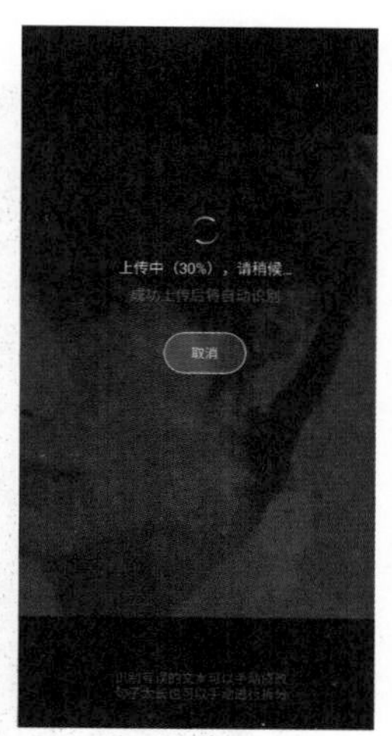

图5-57 识别视频声音页面

06 在视频音频新页面中，对于提取文字容易出现错误的较长视频，双击文字即可修改错别字，如图5-58所示。

07 在视频音频新页面中，点击“样式”选项，对文字视频的样式进行设定。这里字体选择星球体，文本颜色选择第3种，背景颜色选择黑色，如图5-59所示。

08 在视频音频新页面中，点击“声音”选项，对文字视频的声音进行设定，这里选择“小黄人”的声音，如图5-60所示。

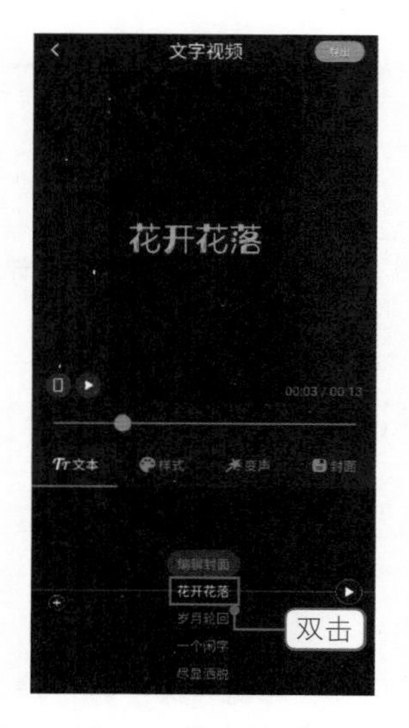

图5-58 修改错别字

图5-59 编辑文字视频文字样式

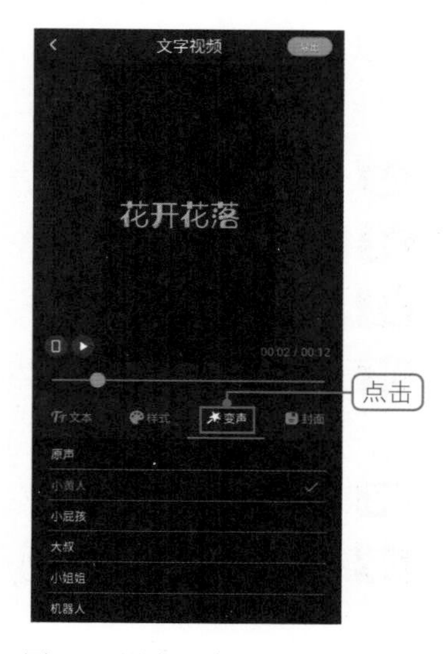

图5-60 设定文字视频声音

09 在视频音频新页面中，点击“封面”选项，设置文字视频的封面，这里选择的是对文字视频的样式进行设定，封面设置的是“云卷云舒”，输入完毕之后，点击“保存”按钮，如图5-61所示。

10 在视频音频新页面中，❶点击“▢”图标，调整屏幕比例，这里选择9:16；❷点击“播放”按钮，预览文字视频；❸点击“导出”按钮，即可将文字视频保存至手机文件夹中，如图5-62所示。

图5-61 设置文字视频封面

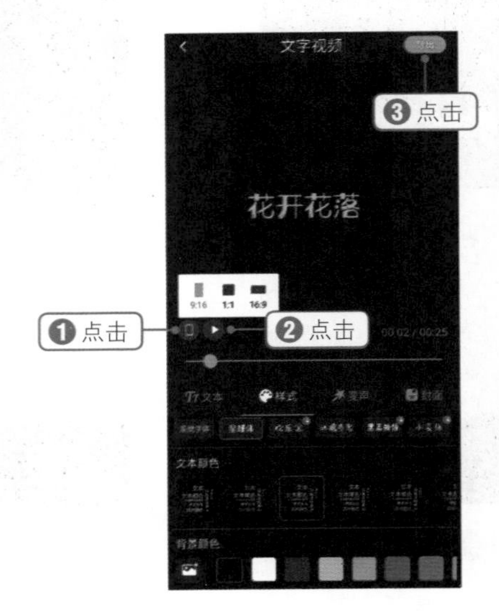

图5-62 设置文字视频比例

导出的文字视频可以直接分享到QQ、微信、快手等社交平台，也可以直接在快影APP个人中心查看，这里就不重复介绍了。

2. 自动识别字幕

为视频添加字幕是一件非常麻烦的事，操作起来也比较浪费时间。但是，使用快影APP可以自动识别视频或音频中的字幕，为用户节省了不少时间。使用快影APP自动识别字幕的操作过程非常简单，具体的操作步骤如下：

01 进入快影APP首页，点击“字幕识别”按钮，如图5-63所示。

02 进入视频素材选择页面，❶选中要自动识别字幕的视频；❷点击“完成”按钮，如图5-64所示。

03 转到视频声音提取页面，点击“语音转字幕”按钮，如图5-65所示。

04 在弹出的“选择字幕识别来源”页面中，❶选中“视频原声”选项；❷点击“开始识别”按钮，如图5-66所示。

05 转到视频声音提取页面，如图5-67所示。

06 当视频声音提取成功时，视频进度条框下面会自动出现识别出来的字幕。在这个页面，创作者可以预览提取出来的字幕，也可以将视频保存下来，❶点击“播放”图标，预览视频字幕；❷点击“导出”按钮，即可将字幕识别成功的视频保存至手机文件夹中，如图5-68所示。

图5-63 快影APP首页

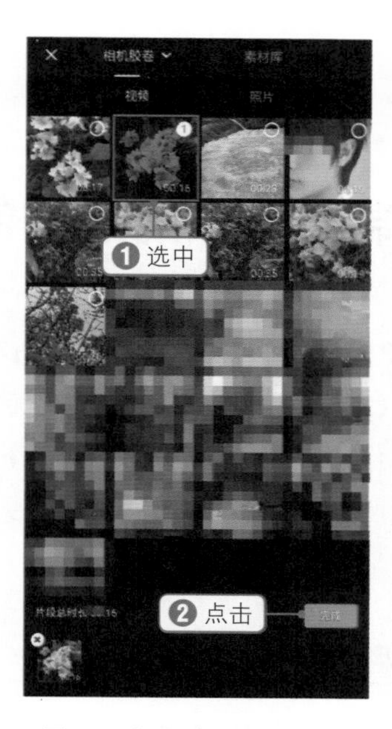

图5-64 视频素材选择页面

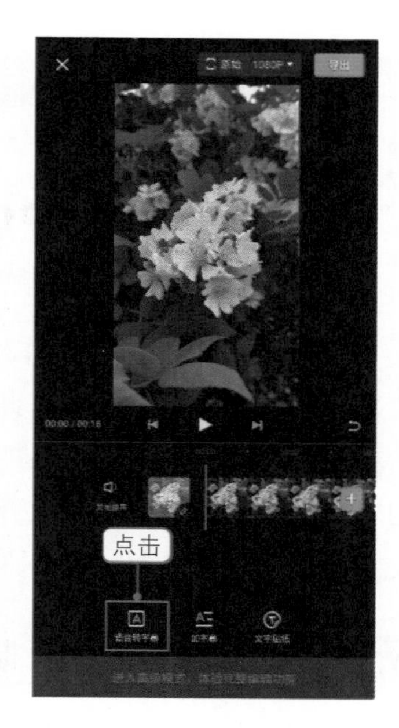

图5-65 点击语音转字幕

图5-66 视频语音识别

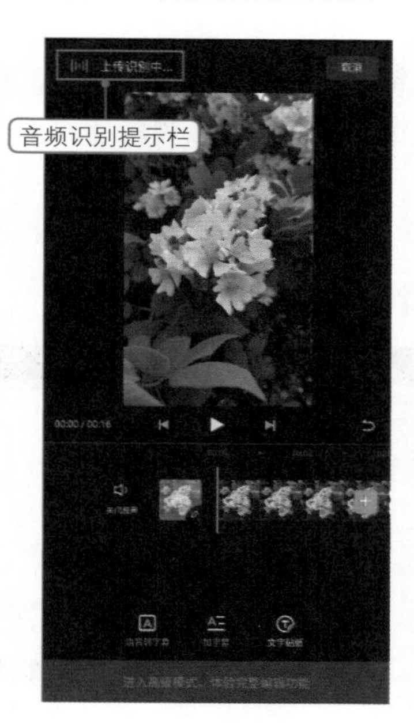

图5-67 视频字幕调节中

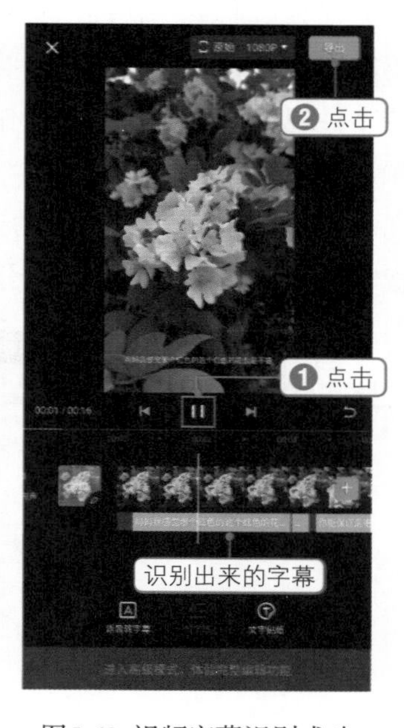

图5-68 视频字幕识别成功

创作者可以将字幕识别成功的视频上传至自己的社交平台，其步骤非常简单，这里就不重复讲解了。

5.2

PC端短视频的后期制作

虽然手机上的后期制作APP操作步骤简单，但对于短视频质量要求比较高的创作者来说，还不能满足其要求，因此 PC端短视频后期制作软件就成为他们的佳选了。PC端短视频后期制作软件相较于手机后期制作软件功能更多样、更系统、更专业，但是其操作方法也会相对难一些。这里将给大家介绍两款简单、易于上手、广受欢迎的短视频后期制作软件，供大家参考。

5.2.1 使用“爱剪辑”制作淘宝商品视频

爱剪辑是由爱剪辑团队研发出的一款根据中国人使用习惯、功能需求与审美特点进行设计的视频后期制作软件，具有颠覆性和首创性的特点。它的功能十分强大，提供超强的好莱坞文字特效、各种视频风格的滤镜、转场特效、缤纷相框、叠加贴图功能、去水印功能，支持多种视频音频格式；且操作简单，易于上手，视频处理速度快、稳定性高，非常适合短视频后期制作。

爱剪辑的工作界面非常简洁，在首页即可看到菜单栏、信息面板、添加面板和预览面板，一目了然，使用起来十分方便，如图5-69所示。

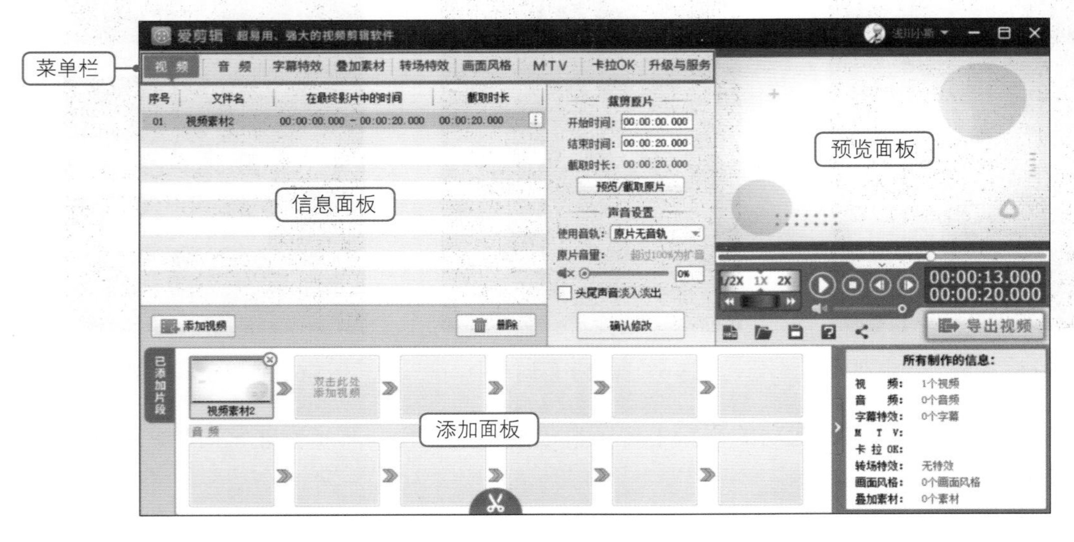

图5-69 爱剪辑首页

不难发现，顾客打开淘宝购买产品时，在产品主图展示窗口有一个产品的介绍视频。这是因为通过制作短视频的方式来展示产品，能引起顾客更多的兴趣和购买欲。因此，现在很多商家都会为店铺的产品制作一个精美的短视频来吸引顾客。那么，怎么用爱剪辑制作淘宝商品视频呢？下面以5段视频素材制作一个分辨率为800×800像素的淘宝商品主页视频为例来详解，完成的最终效果如图5-70所示。

图5-70 爱剪辑首页

1. 导入视频素材

01 打开爱剪辑软件，在弹出的“新建”对话框中，❶在“视频大小”下拉列表中，选择“自定义分辨率”选项，并输入800×800；❷选择短视频临时存储文件夹；❸点击“确定”按钮，如图5-71所示。

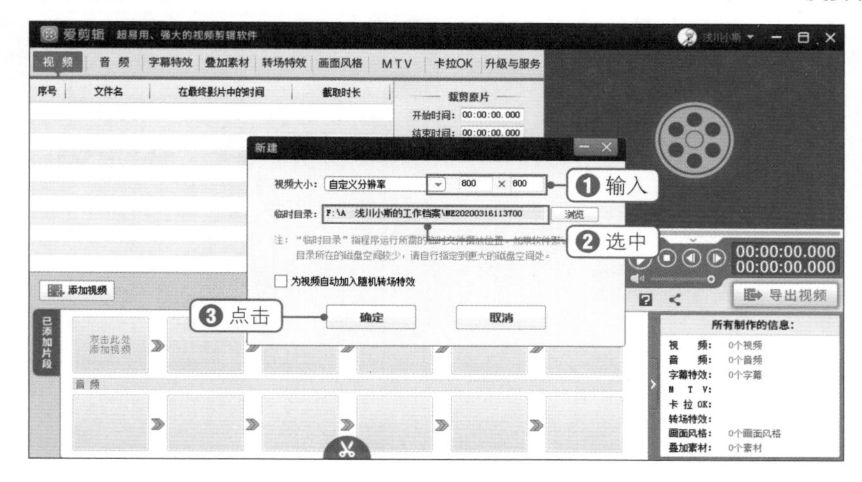

图5-71 新建视频文件

02 在爱剪辑软件首页里，点击“添加视频”按钮，如图5-72所示。

图5-72 添加视频

03 ❶在打开的窗口中选中所有拍摄完成的视频素材；❷点击“打开”按钮，如图5-73所示。

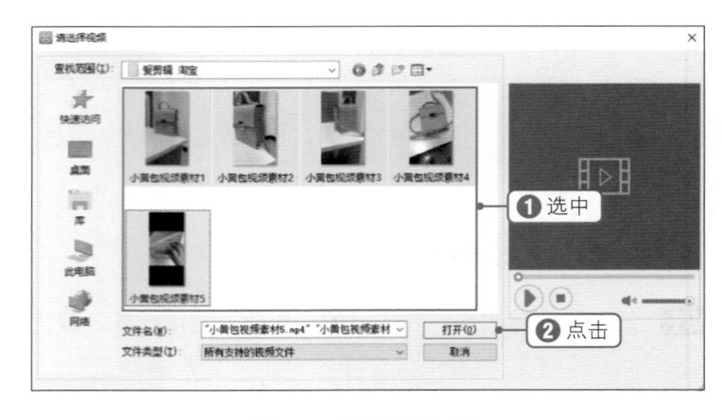

图5-73 选择视频素材

04 进入爱剪辑工作界面，在视频预览区域的下方点击“保存所有设置”图标，如图5-74所示。

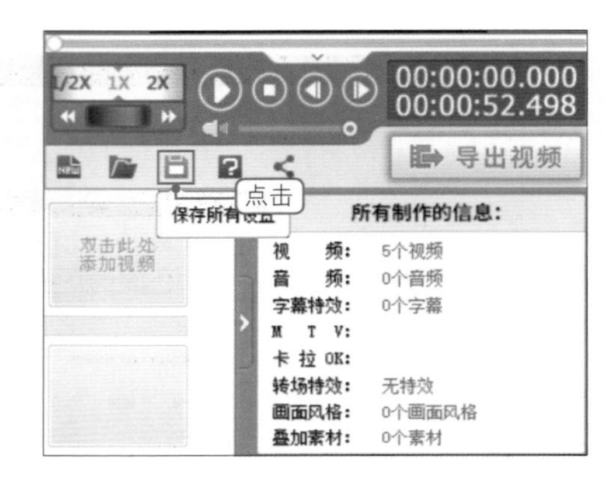

图5-74 爱剪辑视频预览区域

05 在新弹出的窗口中，选择文件的保存位置，并输入文件名，点击“保存”按钮，如图5-75所示。

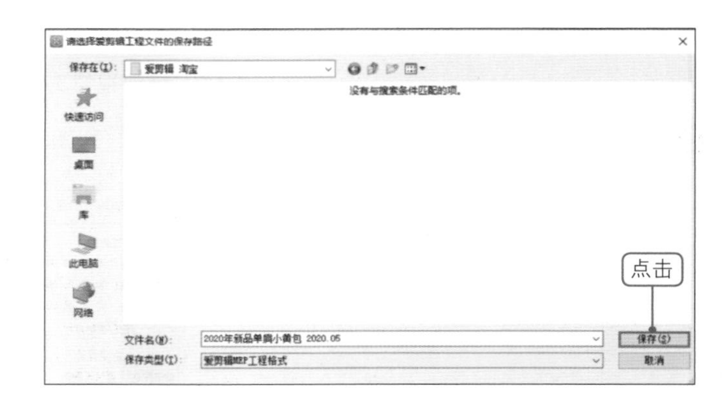

图5-75 设置保存路径

06 在弹出的“提示”对话框中，点击“确定”按钮，如图5-76所示。

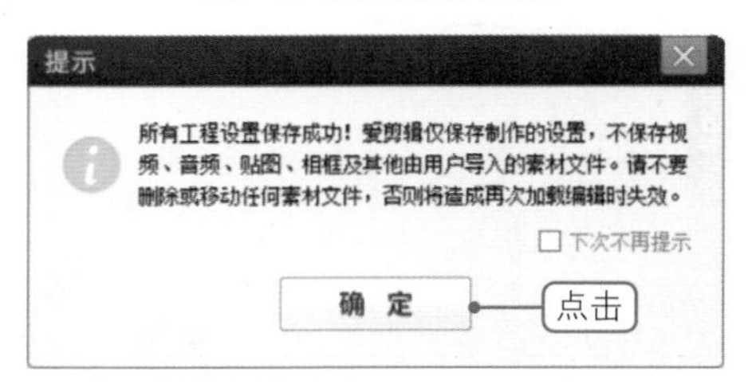

图5-76 成功保存设置提示框

2. 复制视频素材

由于淘宝商品视频需要在短时间内展现出商品的特点、卖点，以此吸引顾客的目光，因此，拍摄好的视频素材往往需要删除不重要的片段，再进行重组，从而成为一个在短时间内就能吸引顾客注意力的商品短视频。在进行删除工作之前，需要先把视频素材复制下来，以免在后期删除时，导致素材丢失。

在复制视频素材之前，需要对声音的视频素材做“消除原片声音”处理，以方便后期添加背景音乐。如果视频素材没有声音或视频素材的声音需要保留，则不需要做“消除原片声音”处理。这里选取的视频素材有原音，且在后期用不上，因此进行了“消除原片声音”处理。最后再将这5个视频素材都分别复制一个，具体操作步骤如下：

01 在爱剪辑工作界面的视频列表中，❶选中第一个视频；❷在“使用音轨”下拉选项中，选中“消除原片声音”选项；❸点击“确认修改”按钮。将第2~5个视频素材的声音也同样设置为“消除原片声音”，并点击“确认修改”按钮，如图5-77所示。

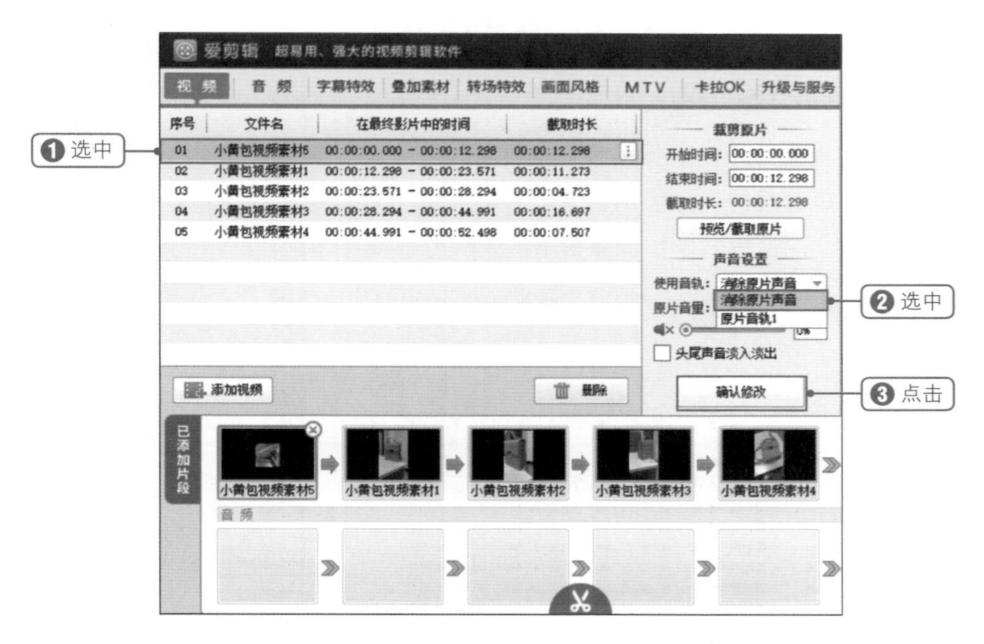

图5-77 消除原片声音

02 进入爱剪辑工作界面，在添加面板区域，选中需要复制的视频素材，点击鼠标右键，在弹出的快捷菜单栏中选择“复制多一份”选项，这里将每一个视频素材都复制了一份，如图5-78所示。

达人提示

在制作淘宝商品视频时，如果视频片段较多，且每一个视频素材都需要做“消除原片声音”处理，面对这种情况下，一个一个地为视频素材清除原片声音比较浪费时间，那么就可以采取“第一个视频素材上传成功之后就将视频设置为静音”的方法。

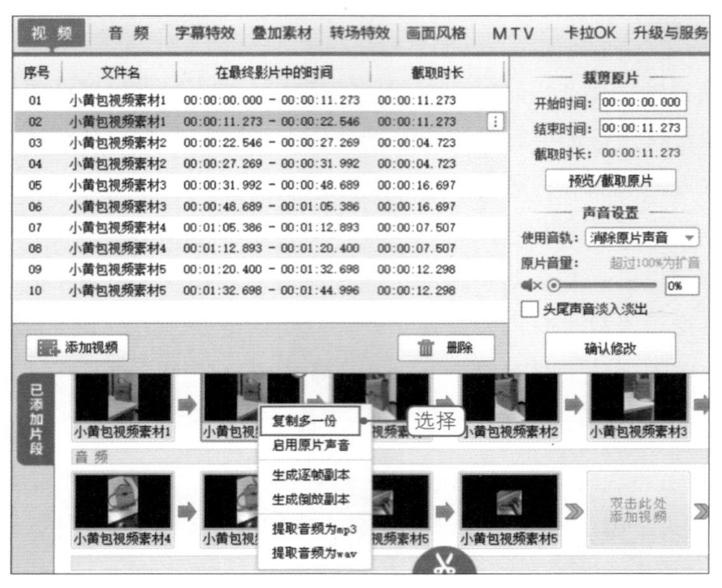

图5-78 复制视频素材

3．删除不需要的视频片段

删除不需要的视频片段是制作淘宝商品视频过程中比较重要的一个环节，片段的衔接、商品特点是否能在短时间内完全展示出来，很大程度上取决于如何剪辑。删除不需要的视频片段操作步骤很简单，具体的操作步骤如下：

01 在爱剪辑工作界面的信息列表区域中，❶选中第1个视频素材；❷点击“预览/截取原片”按钮，如图5-79所示。

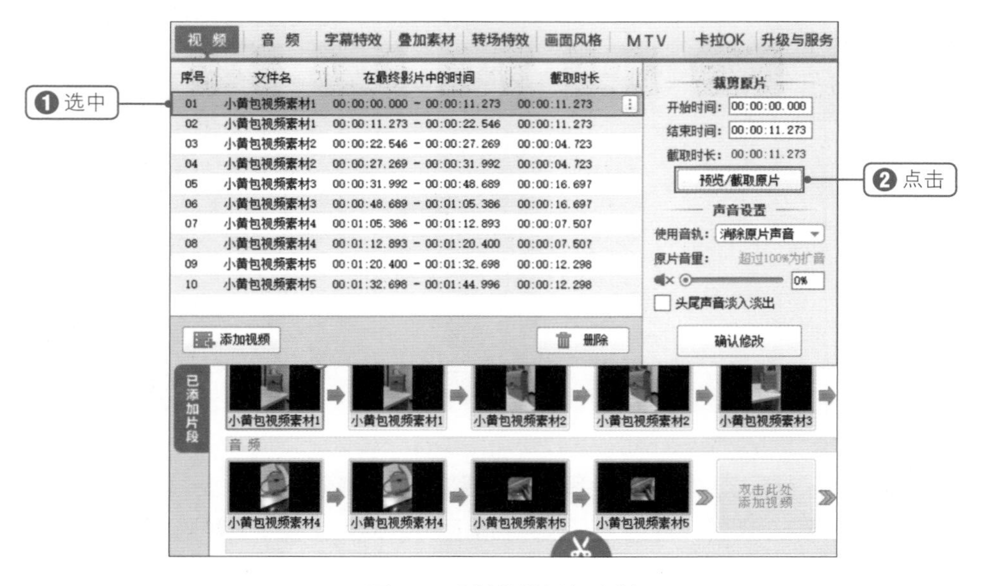

图5-79 选择剪辑视频素材

02 在弹出的“预览/截取”对话框中，❶点击“播放”按钮播放短视频；❷当播放时间定位到要截取的位置时，点击“拾取”，可以选定视频开始和结束的时间。创作者也可以手动设置视频开始和结束的时间；❸点击“确定”按钮，如图5-80所示。

值得注意的是，点击视频下方的“﹀”图标，可以显示更细致的时间条，点击“上一帧”或“下一帧”，可以对视频素材时间点进行微调，这里不做重复介绍了。

03 重新回到爱剪辑工作页面，可以对其他视频采取第2步的操作，对视频素材进行截取。同时，也可以在“预览/截取”对话框中，选择“魔术功能”选项卡，对视频素材添加快进或慢动作的效果，最后点击“确定”按钮，如图5-81所示。

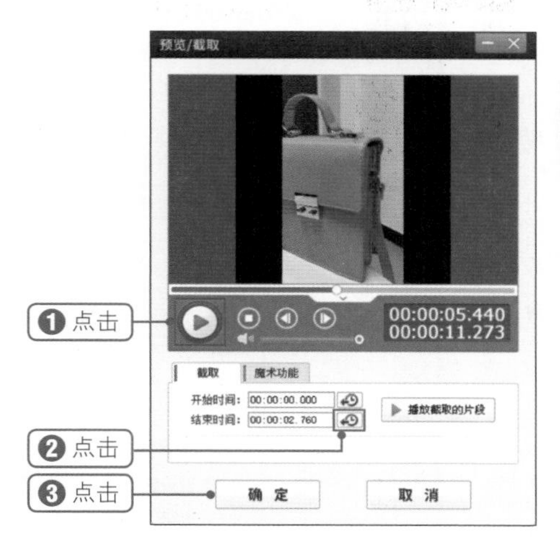

图5-80 剪辑视频素材

图5-81 添加魔术功能

04 视频截取完成，回到爱剪辑工作界面，可以查看短视频总时长和每段视频素材的截取时长，如图5-82所示。

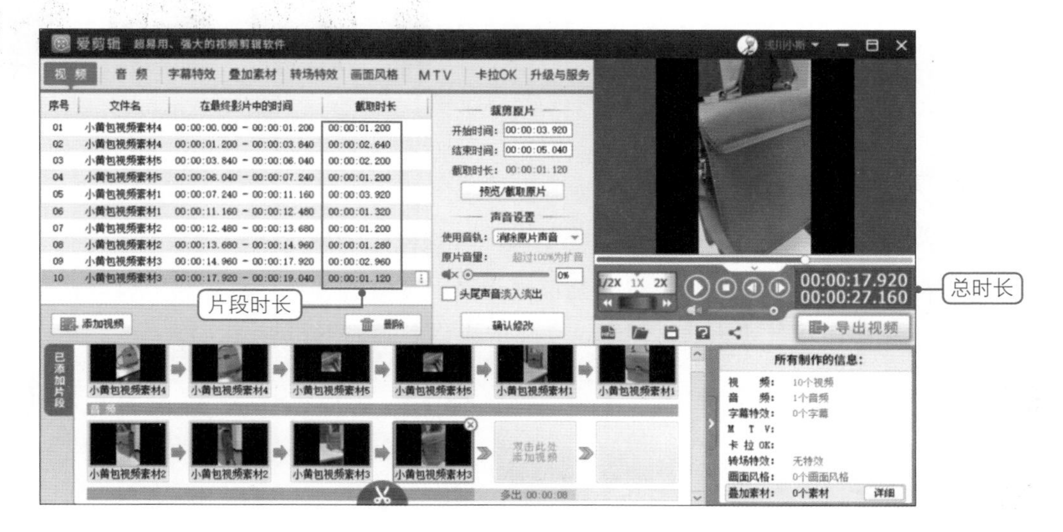

图5-82 查看视频截取时长

4．调整视频片段的顺序

一般来说，视频素材经过剪辑之后，还需要调整其顺序。调整视频素材的顺序非常简单，具体的操作步骤如下：

01 只需要将鼠标移动到要调整顺序的视频片段上，并一直按住鼠标左键，进行前后上下拖拉，即可调整视频素材的顺序，如图5-83所示。

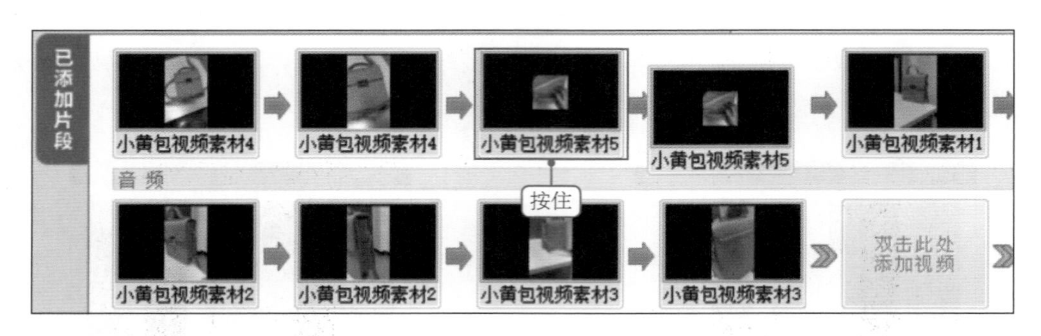

图5-83 调整视频素材顺序

02 顺序调整完毕之后，点击“确认修改”按钮，即可将调整完成的视频顺序保存下来，如图5-84所示。

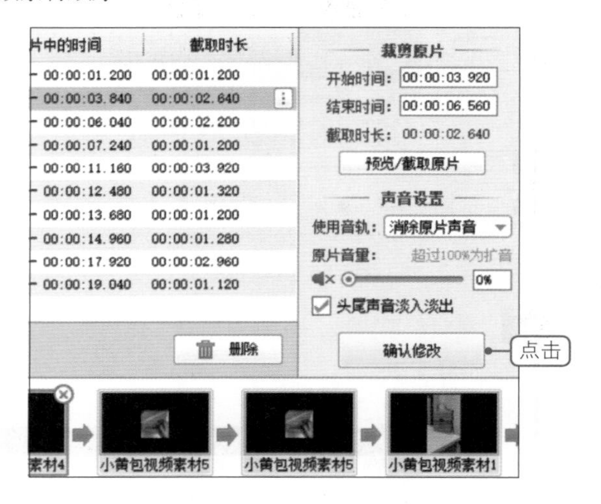

图5-84 保存调整完毕的视频顺序

5．为商品视频添加背景音乐

如果商品短视频没有背景音乐，会给人一种很枯燥的感觉，一般来说，绝大多数的人都会为商品短视频添加背景音乐，这样能够使得顾客在观看视频过程中得到良好的听觉体验。为商品短视频添加背景音乐非常简单，具体的操作步骤如下：

01 在爱剪辑工菜单栏中，❶点击“音频”选项；❷选中“添加音频”选项；点击“添加背景音乐”按钮，如图5-85所示。

02 在弹出的“请选择一个背景音乐”对话框中，❶选择音乐文件；❷点击“打开”按钮，如图5-86所示。

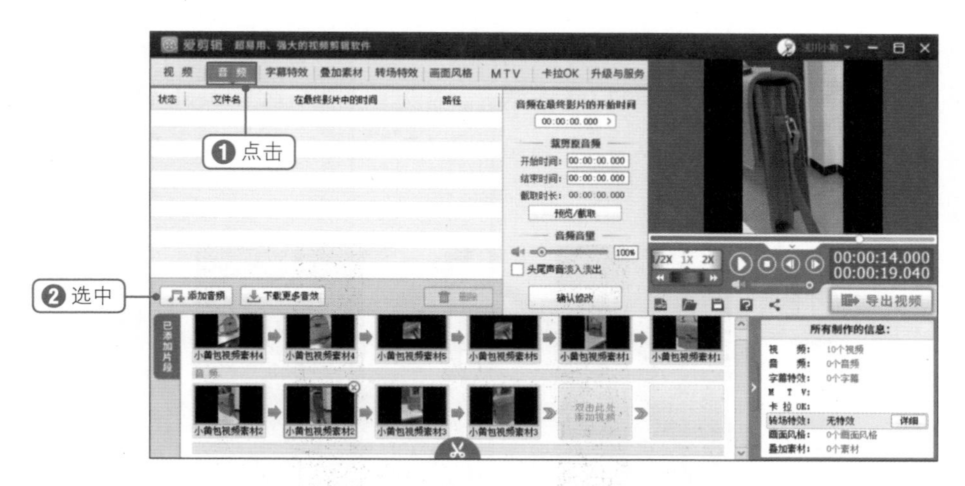

图5-85 添加背景音乐

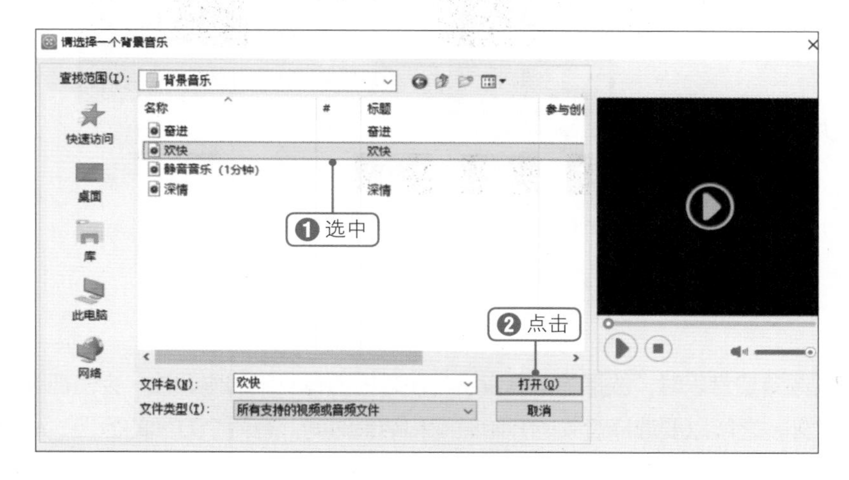

图5-86 选择背景音乐

03 在弹出的“预览/截取”对话框中，点击“确定”按钮，如图5-87所示。

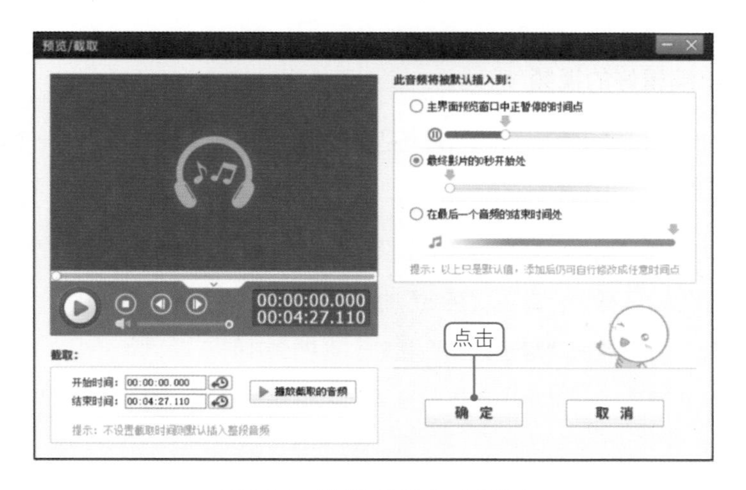

图5-87 “预览/截取”对话框

04 返回爱剪辑程序主界面，在“音频在最终影片的开始时间”区域，❶设置背景音乐在视频中的开始时间和结束时间，由于视频时间为27.16秒，因此，音频时间应大于27.16秒；❷勾选“头尾声音淡入淡出”复选框；❸点击“确认修改”按钮，即可将背景音乐保存下来；❹点击“ ”图标，即可听到视频添加的背景音乐，如图5-88所示。

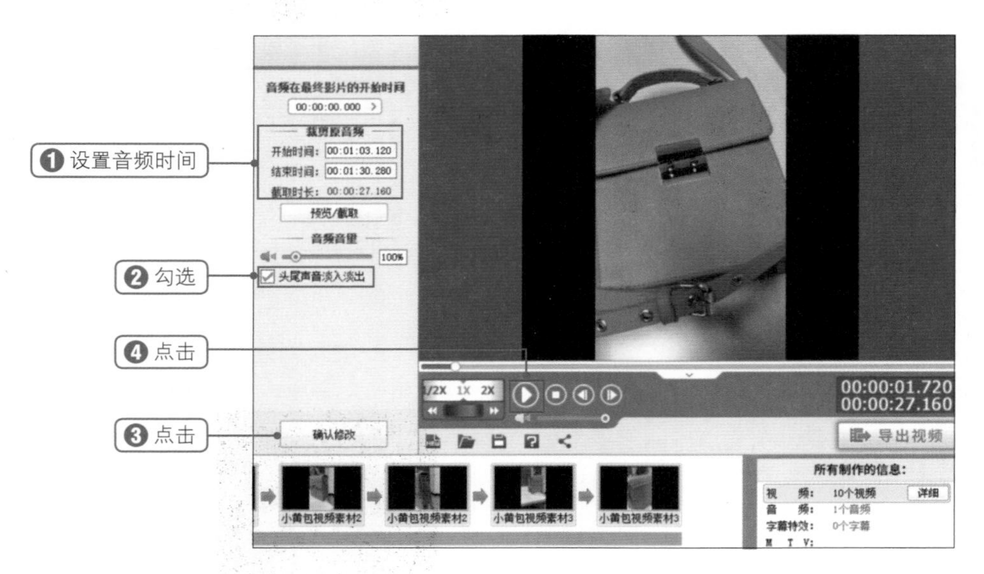

图5-88 添加背景音乐

达人提示

在截取视频背景音乐时，选择的背景音乐与视频内容有一定的协调性，会使视频最终的呈现效果更好。此外，之所以要选择音频的开始时间和结束时间，有两个方面的原因，一方面是因为视频的长度，音频的长度要与视频的长度匹配，如果视频长度大于音频长度，则会导致后面的视频没有背景音乐，而视频长度小于音频长度，会导致后面出现黑屏的情况；另一方面是因为每一首音乐最动听的部分可能有所差异，有的是在开始，有的可能是在中间部分。

6. 保存并导出编辑好的视频

保存编辑好的视频和导出编辑好的视频是淘宝商品视频制作的最后一个阶段，其操作步骤非常简单，具体操作步骤如下：

01 在视频预览页面下方，点击“保存所有设置”按钮，如图5-89所示。

02 在弹出的“提示”对话框中，点击“确定”按钮，如图5-90所示。

03 在视频预览页面下方，点击“导出视频”按钮，如图5-91所示。

04 在弹出的“导出设置”对话框中，可以设置片头、创作信息等；最后点击“下一步”按钮，如图5-92所示。

05 在版权信息选项卡中设置版权信息，点击“下一步”按钮，如图5-93所示。

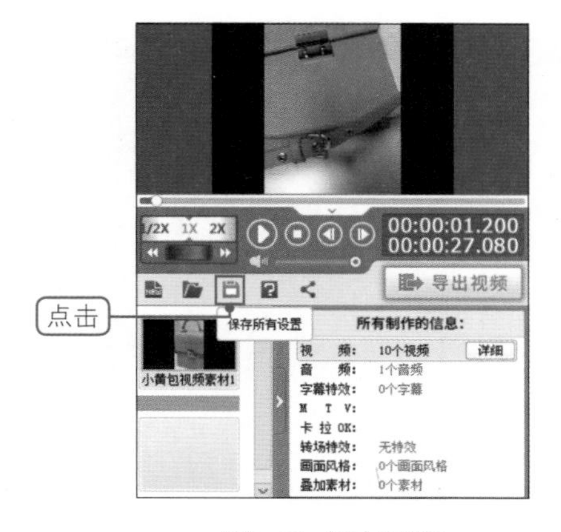

图5-89 保存视频

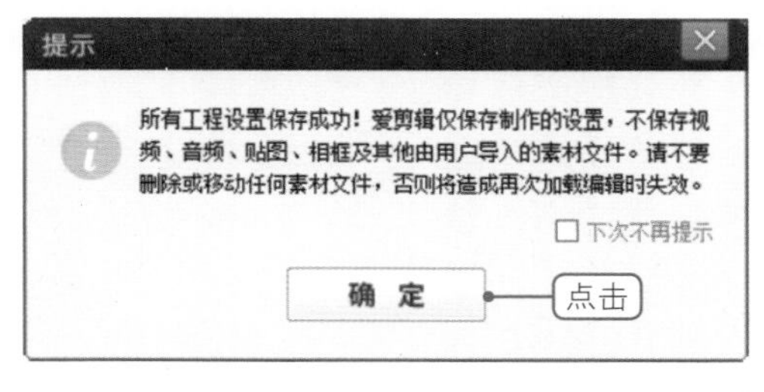

图5-90 "确定"保存视频

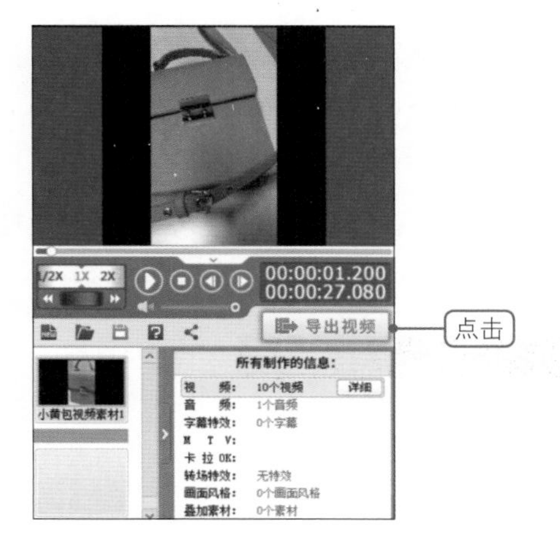

图5-91 导出视频

图5-92 视频导出设置

06 在画质设置选项卡中，❶设置视频导出格式为MP4格式，导出尺寸为800×800；❷设置视频音频相关参数；❸点击"浏览"按钮，设置视频文件导出路径，如图5-94所示。

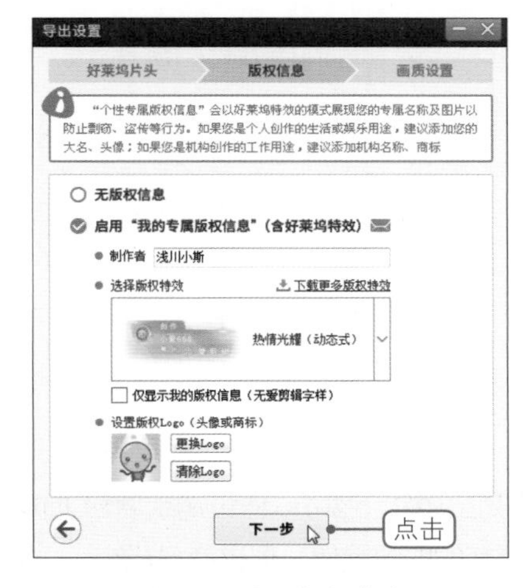

图5-93 设置版权信息

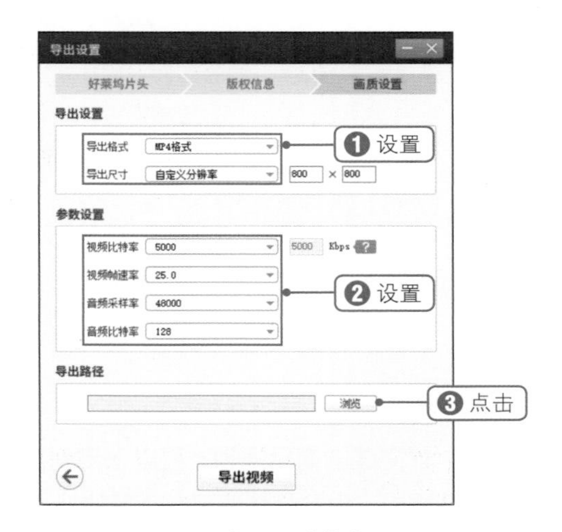

图5-94 设置画质信息

07 在弹出的“请选择视频的保存路径”对话框中，选择商品视频文件的保存位置之后，❶输入文件名称为“爱剪辑-2020小黄包新品”；❷点击“保存”按钮，如图5-95所示。

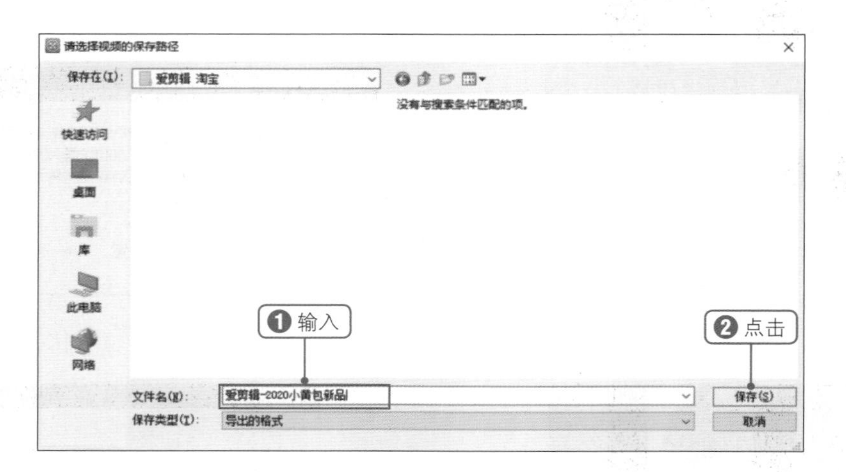

图5-95 设置视频文件保存路径

08 在跳转回画质设置的页面，点击 “导出视频”按钮，商品视频即可保存至电脑文件夹中，如图5-96所示。

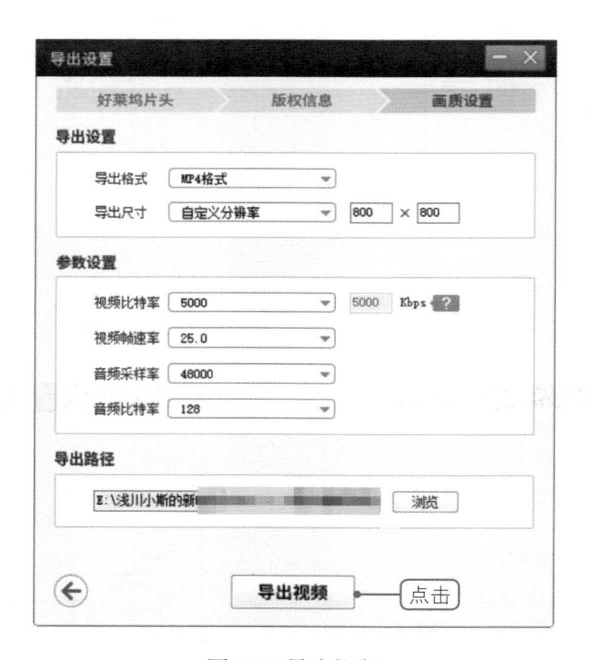

图5-96 导出视频

达人提示

制作完成的商品视频，可以上传到视频平台，实现带货盈利；也可以通过淘宝后台上传至商品详情页中，供顾客快速了解商品的特点、卖点，刺激顾客的购买欲望，促进商品成交。

5.2.2 使用“爱剪辑”制作特效视频 

爱剪辑作为一款功能强大、特效多样、简单实用的视频剪辑软件，能够让视频的特效发挥得淋漓尽致，让创作者的创意更自由、更简单地实现。

前面详细讲解了如何利用爱剪辑软件导入和剪切视频，这里讲解如何给视频制作特效。以制作油菜花田视频的特效为例，其特效制作步骤可以分为三个阶段，分别是为视频添加字幕、为视频添加画面风格和为视频添加转场效果。

1．为视频添加字幕

当视频剪切和调整顺序完成之后，就可以为视频添加字幕了。在“爱剪辑”软件中，添加字幕的时候，可以为字幕设置特效，如停留特效、消失特效和出现特效。特效风格也有多种多样，如缤纷落叶、砂砾飞舞等，都十分有特色。

本案例中的油菜花视频将字体设置为“行文华楷，84号字”，颜色为白色，字幕的特效为“缓缓放大出现”，其最终效果图如图5-97所示。

图5-97 添加字幕后的最终效果

为视频添加字幕非常简单，具体的操作步骤如下：

01 在爱剪辑工作界面中的信息列表区域，选择第一个视频，点击“预览/截取原片”按钮，如图5-98所示。

02 在弹出的“预览/截取”对话框中，❶选择“魔术功能”选项；❷在“对视频施加的功能”下拉列表选项中，选择“定格画面”选项；❸设置视频定格的时间点和定格时长；❹点击“确定”按钮。如图5-99所示。

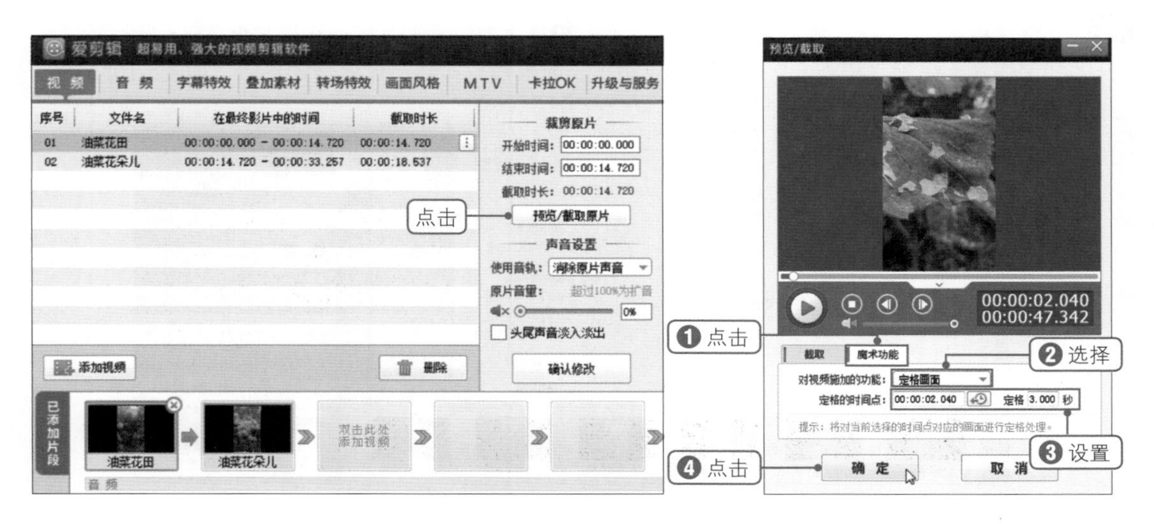

图5-98 选择添加字幕视频素材

图5-99 设置定格画面

03 返回爱剪辑的工作界面，在菜单栏区域，❶点击“字幕特效”按钮；❷鼠标移动到界面视频预览区域，双击鼠标左键，如图5-100所示。

图5-100 为视频添加字幕

04 在弹出的“输入文字”对话框中，输入需要添加的字幕，如图5-101所示。

05 在字幕特效列表中，用鼠标选中输入的字幕，并对字体、颜色等进行设置，如图5-102所示。

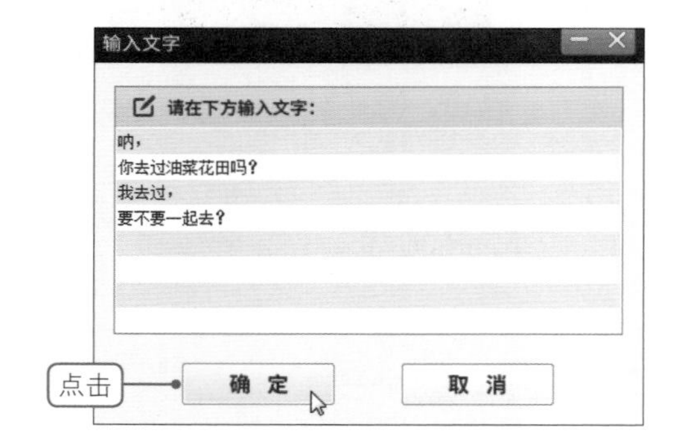

图5-101 输入字幕

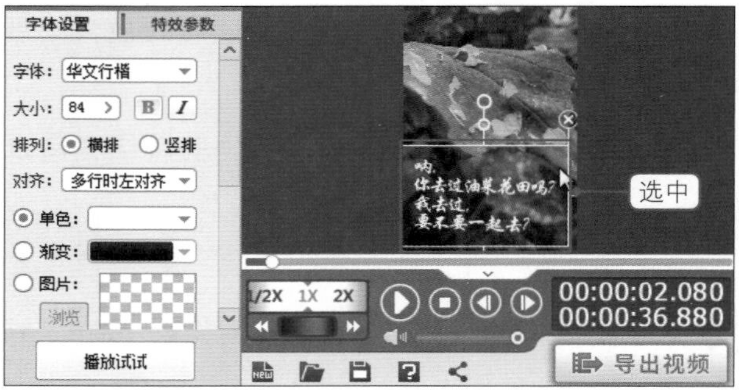

图5-102 字体设置

06 字体设置完毕之后，用鼠标选中输入的字幕，❶在字幕特效列表里，设置字幕特效，这里选择的是“缓慢放大出现（模糊）”特效；❷点击“特效参数”按钮，设置特效参数，如图5-103所示。

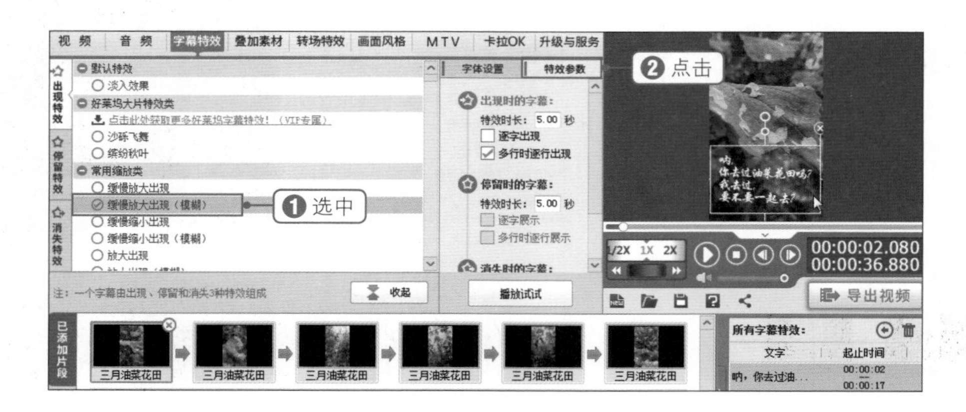

图5-103 字幕特效设置页面

07 设置完毕之后，点击“播放试试”按钮，即可预览字幕特效效果，如图5-104所示。

图5-104 字幕特效预览效果

2．为视频添加画面风格

在爱剪辑软件中，画面风格类型多样，如画面调整、炫光、美颜等。灵活地利用画面风格，可以让视频画面效果更好，冲击力更强。本案例中为油菜花视频添加“爱心泡泡”画面风格之后的效果图如图5-105所示。

图5-105 爱心泡泡画面风格效果图

为视频添加“爱心泡泡”画面风格的操作步骤很简单，具体的操作步骤如下：

01 在爱剪辑工作界面中，选中第1个视频，并点击“画面风格”选项，在弹出来的页面中，❶选择“动景”选项；❷在“特色动景特效”下拉选项中，选择“爱心泡泡”特效选项，如图5-106所示。

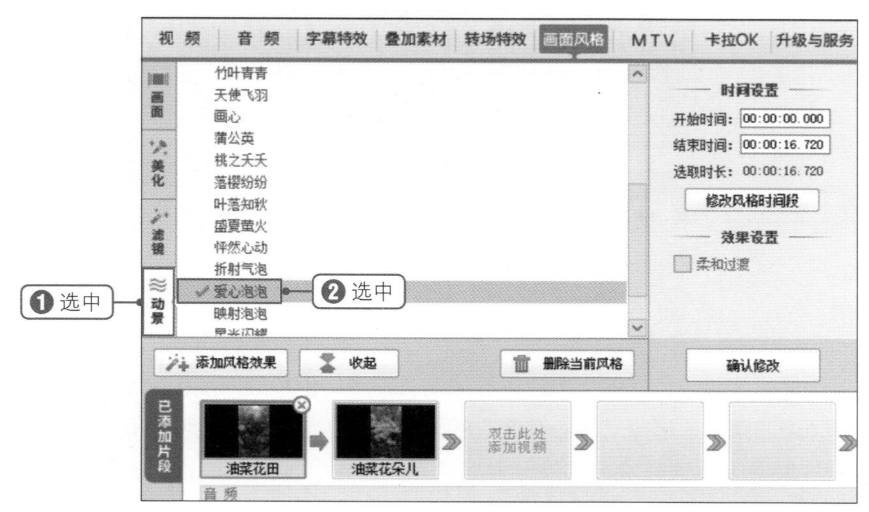

图5-106 设置画面风格

02 在爱剪辑工作界面中，❶点击“添加风格效果”按钮；❷在弹出的下拉选项中选择“为当前片段添加风格”选项，如图5-107所示。

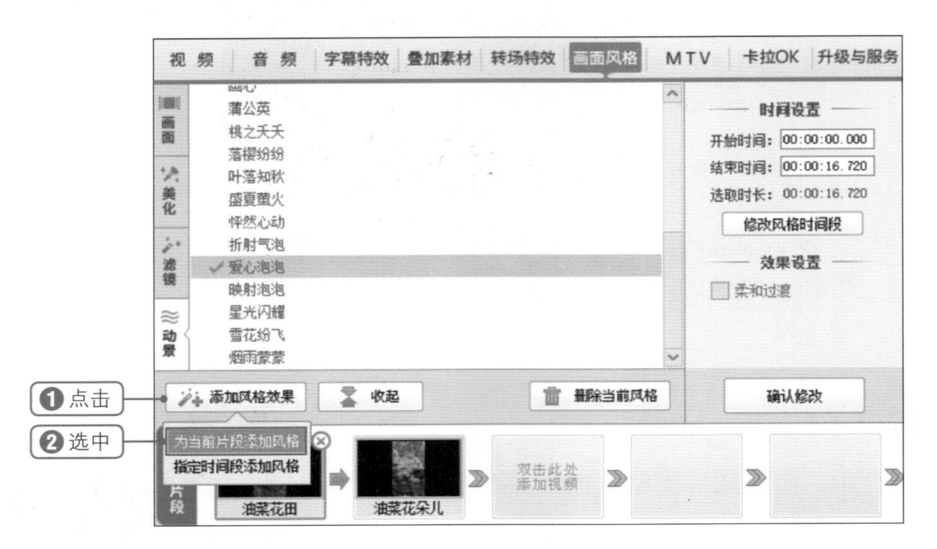

图5-107 将画面风格应用到视频中

03 在视频预览界面下，点击“确认修改”按钮，将添加画面风格之后的视频保存下来，如图5-108所示。

图5-108 保存画面风格

达人提示

在为视频添加画面风格时，创作者可以选择的风格有很多，但是具体要根据视频画面决定，例如，案例中的视频是油菜花，选择“爱心泡泡”的画面风格，与黄灿灿的油菜花、绿油油的油菜花叶营造出了一种浪漫闲适的意境。此外，为其他视频片段添加画面风格的操作步骤与此相同，都是先选中要添加画面风格的视频片段，再进行操作。

3．添加转场效果

为什么要为视频添加转场效果？目的在于让不同场景之间的视频片段能自然地过度，或者实现一些特别的视觉效果。爱剪辑软件提供了多种转场特效，每一种特效都能帮助创作者发挥出自己的创意，本案例中的油菜花视频，通过添加“虫洞”的转场特效，让视频片段之间的转场呈现出一种奇妙的效果，如图5-109所示。

为视频添加“虫洞特效”转场效果很简单，具体的操作步骤如下：

01 在爱剪辑工作界面中，❶选中第2个视频；❷点击“转场特效”选项；❸点击“3D或专业效果类”，如图5-110所示。

图5-109 “虫洞特效”效果图

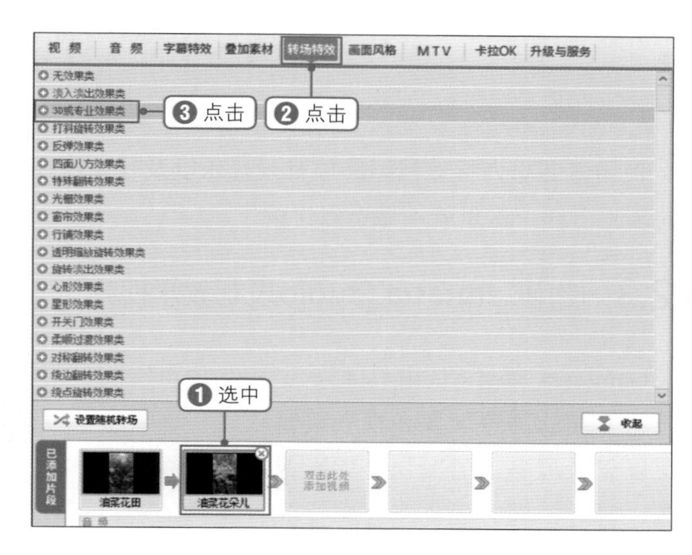

图5-110 选择转场特效

02 ❶在展开的“3D或专业效果类”特效下拉选项中，点击“虫洞特效”选项；❷设置转场特效时长为2秒；❸点击“应用/修改”按钮，即可将“虫洞特效”应用到视频当中，如图5-111所示。

图5-111 设置转场特效图

03 在视频预览区域，❶点击“保存所有设置”按钮，将添加完成的字幕、画面风格以及转场效果保存下来；❷点击“播放”图标，即可预览整体的视频效果，如图5-112所示。

值得注意的是，之所以选择第2个视频片段，是因为第1个视频片段前面没有其他视频，因此无法进行预览。

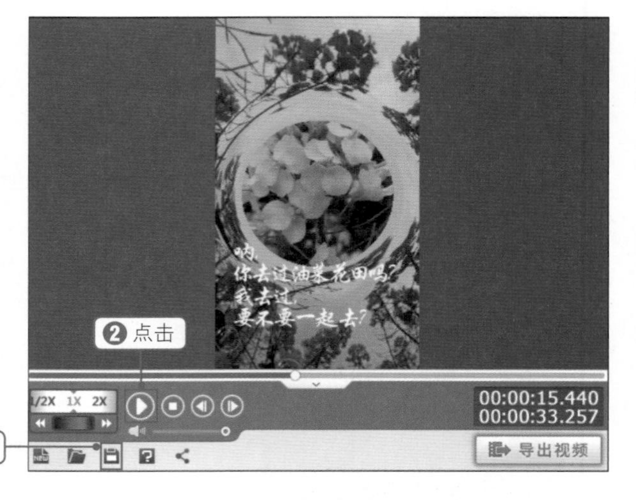

图5-112 预览特效视频效果

使用爱剪辑为特效视频添加背景音乐以及导出保存视频的方法与爱剪辑制作淘宝商品视频的步骤一样，这里就不做重复讲解了。

5.2.3 使用Camtasia Studio录制教学视频

Camtasia Studio是由美国TechSmith公司研发的一款专业的屏幕录像和视频编辑软件。该款软件可以记录屏幕上的变化，如影像、鼠标移动的轨迹，等等，同时还具有视频播放、编辑压缩、片段剪接的功能，因此很多短视频创作者都会使用Camtasia Studio软件来录制教学视频。这里使用Camtasia Studio录制一段利用Photoshop抠图的教学视频，且该教学视频无须添加解说词，具体的操作步骤如下：

01 打开Camtasia Studio软件，点击左上方的“屏幕录制”按钮，在下拉列表中点击录制屏幕即可启动录像机，如图5-113所示。

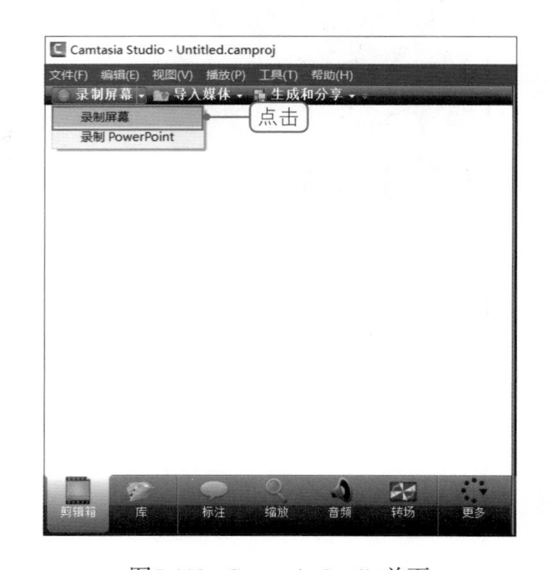

图5-113 Camtasia Studio首页

02 在弹出的小窗口中设置录制教学视频的音频，由于这里录制的教学视频不需要声音，因此，❶点击“音频”下拉菜单；❷选择“不录制麦克风”选项，如图5-114所示。

03 启动Photoshop软件，❶在屏幕录像机的“选择区域”点击“自定义”下拉菜单，选择需要录制的屏幕大小，这里选择的是“自定义”下拉菜单中的“1920×1040” 选项；❷在弹出来的下拉列表中，勾选“锁定到应用程序”选项，如图5-115所示。

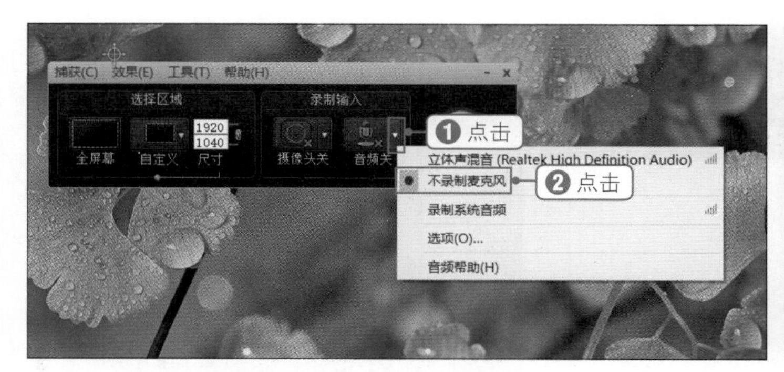

图5-114 设置录屏音频

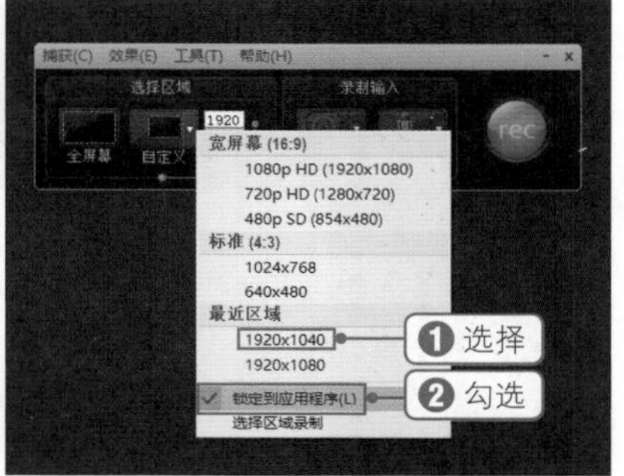

图5-115 设置录屏大小

达人提示

在设置录制屏幕区域大小的时候，为什么要勾选“锁定到应用程序”选项？原因很简单，勾选“锁定到应用程序”之后，Camtasia Studio的录屏功能只针对这个“锁定的应用程序”，而不会录制在其他没被锁定的应用程序上执行的操作。

04 此时Camtasia Studio会自动将录制区域选取为Photoshop窗口，并可以随着窗口的大小自动调整录制范围，绿色的虚线则是屏幕录制的范围，如图5-116所示。

图5-116 选取录屏区域

05 根据Camtasia Studio提示，在键盘上按F9键开始录制视频，并开始进行Photoshop抠图操作；当在Photoshop中的抠图操作完成之后，在键盘上按F10键停止屏幕录制；最后，在弹出的Camtasia Studio编辑窗口中，点击“保存并编辑”按钮，如图5-117所示。

图5-117 预览录制视频

06 在弹出来的窗口中，❶选择视频文件的存储位置，并输入文件名为“Photoshop抠图教学视频”；❷点击“保存”按钮，如图5-118所示。

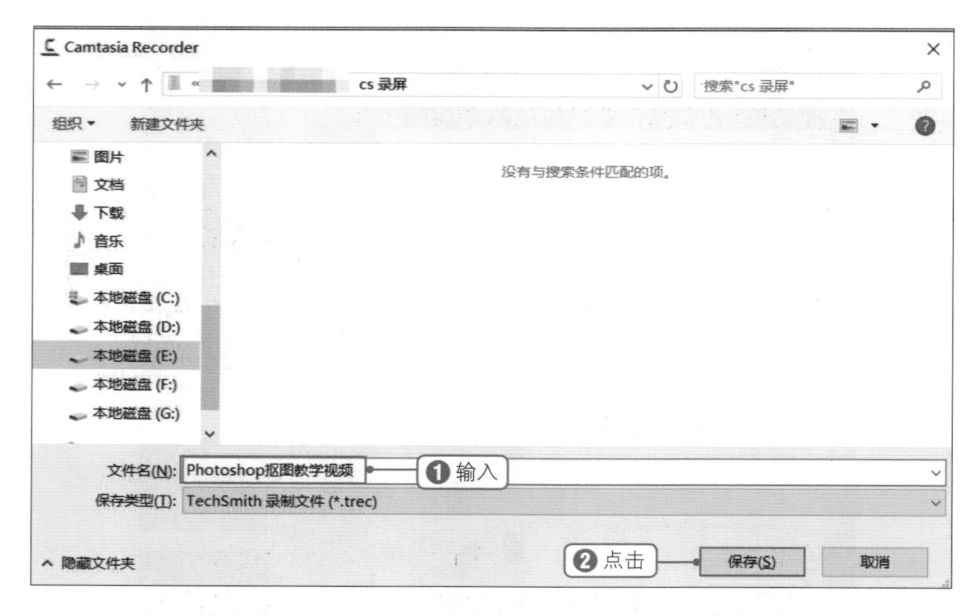

图5-118 选择保存路径

07 返回Camtasia Studio工作界面，如果录屏完成之后需要添加Photoshop抠图的步骤解说，则在工具栏中点击“语音旁白”选项，如图5-119所示。

08 在Camtasia Studio工作界面中，❶将时间线拉到要添加旁白解说的位置；❷点击“开始录制”按钮，如图5-120所示。

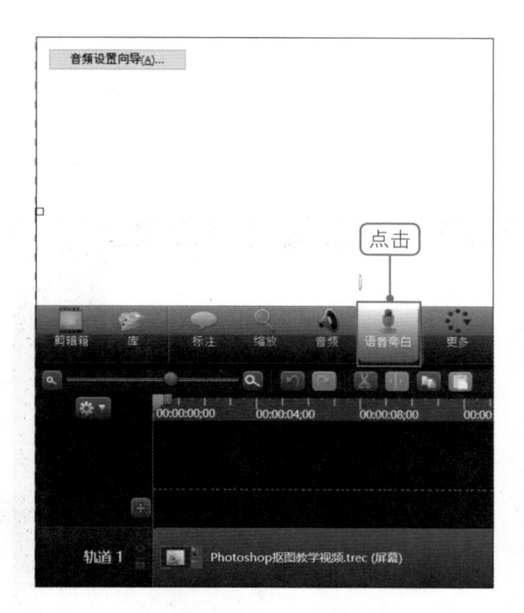

图5-119 添加语音旁白

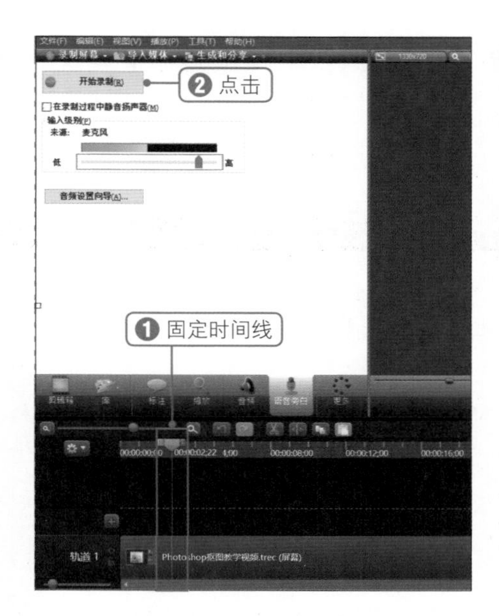

图5-120 录制语音旁白

09 步骤解说词录制完成之后，点击“停止录制”按钮，如图5-121所示。

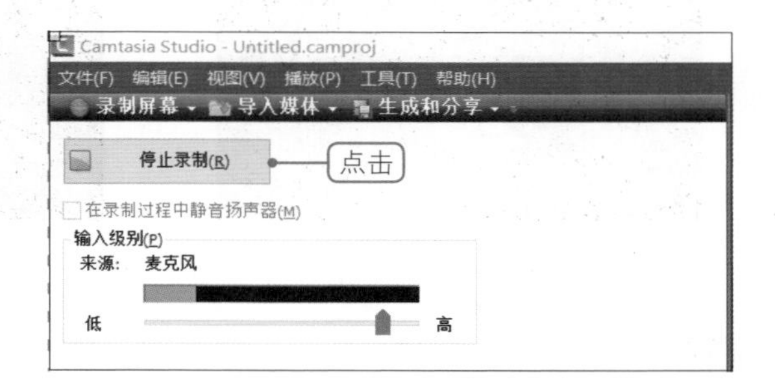

图5-121 停止录制语音旁白

10 在弹出的“旁白另存为”对话框中，❶选择文件保存位置，并输入文件名为“Photoshop抠图教学视频旁白”；❷点击“保存”按钮，即可保存旁白解说文件，如图5-122所示。

图5-122 保存语音旁白文件

11 返回Camtasia Studio工作界面，❶点击“音频”按钮；❷勾选“启用噪声去除”复选框，如图5-123所示。

12 在Camtasia Studio工作界面中，❶选中“屏幕轨道”；❷点击“光标效果”按钮；❸勾选“鼠标光标可见”复选框，并调整光标的大小为1，高亮效果为高亮，左键单击效果为圆，右键单击效果为水波，如图5-124所示。

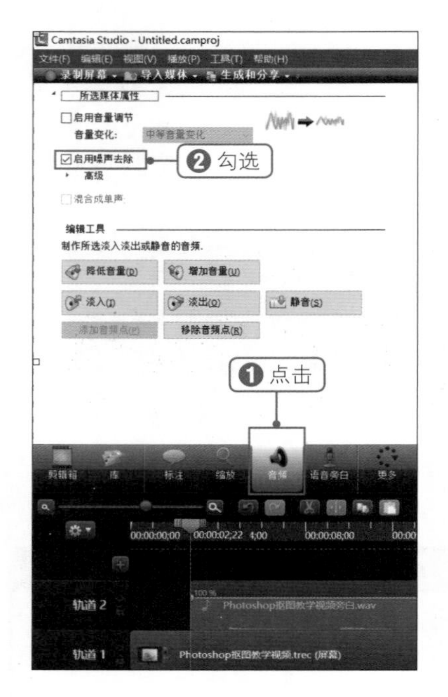

图5-123 处理教学视频的音频

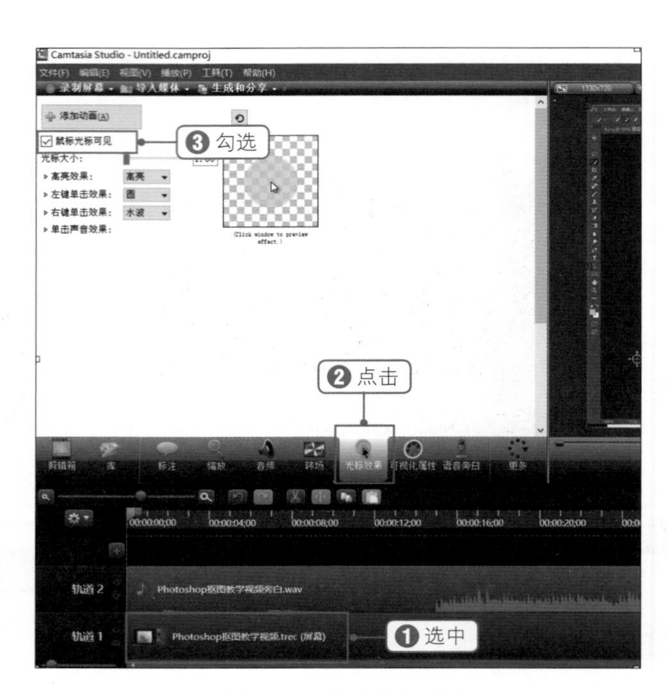

图5-124 设置光标效果

13 设置完成之后，❶点击“文件”选项；❷在打开的列表中选择“项目另存为”选项，如图5-125所示。

图5-125 导出教学视频

14 在弹出的“另存为”对话框中，❶选择保存文件的位置并输入文件名为“已完成的Photoshop抠图教学视频”；❷点击“保存”按钮，即可将视频教学录屏文件保存至电脑对应的文件夹中，如图5-126所示。

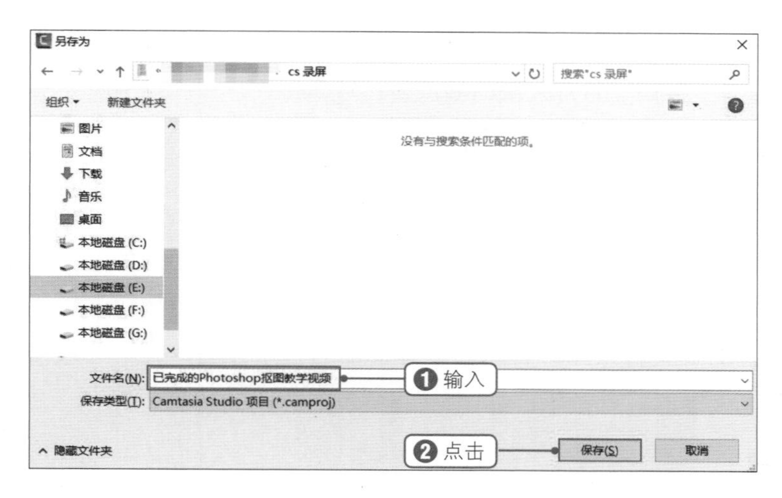

图5-126 保存教学视频

走心秘技1：如何寻找热门背景音乐

背景音乐是短视频的灵魂，选择合适的背景音乐，不仅能给短视频内容加分，提升视频整体效果，还能吸引用户注意力。同时，背景音乐是否能与视频内容相辅相成，也直接影响视频作品的热门程度。

怎样寻找热门的背景音乐？可以通过日常积累，也可以在短视频平台的音乐库以及专业音乐网站上，寻找好评率高、人气高的背景音乐。

1. 收集积累

用户在刷短视频时，听到不错的背景音乐，可以通过收藏音乐功能把背景音乐收藏下来，也可以在百度的纯音乐吧、BGM吧寻找好听热门的背景音乐收集下来。同时，在收集的过程中，还可以借助一些辅助性的网站找到热门音乐，如“飞瓜数据”“卡思数据”等。借助“飞瓜数据”找到的热门背景音乐，如图5-127所示。

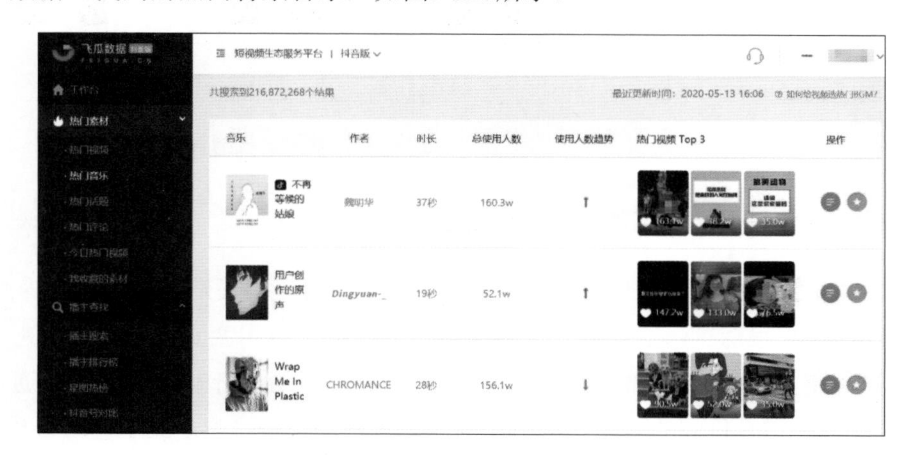

图5-127 “飞瓜数据”显示的热门背景音乐

可以从图5-127中明显看出，使用热门背景音乐的视频播放量非常高，超过了30万人次，有一个视频内容甚至达到了163万人次的播放量。

2．短视频APP音乐库

市面上各个短视频平台，都会在用户上传短视频时提示用户“添加音乐”，用户根据提示操作即可进入到音乐库，在音乐库中寻找相应的背景音乐。例如，抖音短视频平台，用户在拍摄短视频时，就可以在拍摄页面顶端看到“选择音乐”的按钮，只要点击一下按钮，就可以进入到抖音的背景音乐库。音乐库中有很多的音乐分类，其中热歌榜栏目里的背景音乐，就是当下人气火爆的背景音乐，如图5-128所示。

3．专业网站

如果没有收集资料的习惯，也可以在专业的音乐网站上寻找热门音乐。常见的音乐网站有网易云音乐、QQ音乐、酷狗音乐、爱给素材网等。以专注免费素材下载的爱给素材网为例，网站里面存放着各种各样的配音、歌曲以及视频常用的音乐素材，供用户免费下载。爱给素材网首页，如图5-129所示。

图5-128 抖音音乐库

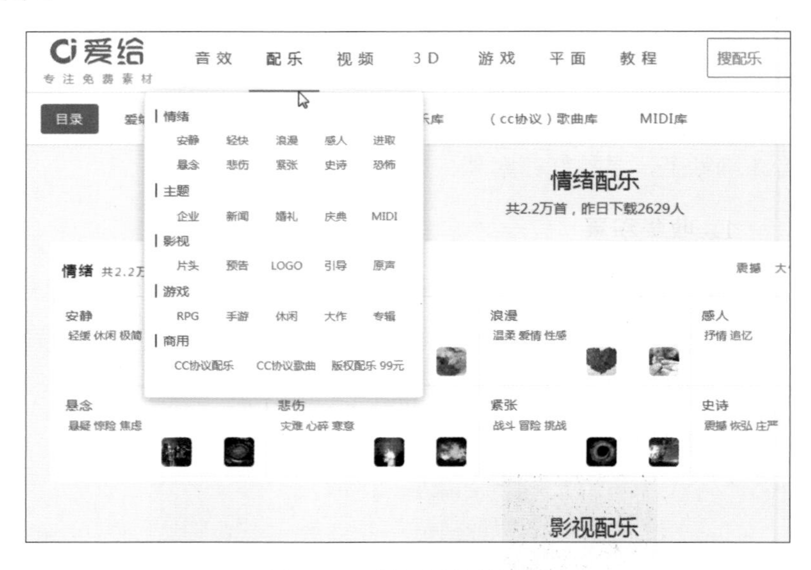

图5-129 爱给素材网首页

走心秘技2：让语音变声，增加视频的喜剧效果

不难发现，很多短视频用户在观看短视频时，会听到一些变声的声音，非常具有喜剧效果，给人的印象也很深刻。这是通过软件来实现的，通常有男变女声、女变男声、美化声音、声音搞怪等变声方式。以知名创作达人papi酱为例，她的声音非常独特，是通过变音和将音频2倍速度播放综合得到的效果，从而让她的声音别具一格，也达到了一种娱乐效果。

让视频语音变声，一般都是利用变声器软件或者通过后期剪辑实现的。很多短视频APP都自带有语音变声功能，以抖音平台为例，为声音加上“小哥哥”特效的操作步骤如下：

01 打开抖音APP，点击屏幕下方的“+”图标，如图5-130所示。

02 进入拍摄页面，点击屏幕中间的“红色圆心”图标，即可拍摄短视频，如图5-131所示。

图5-130 点击变声

图5-131 拍摄短视频

03 视频拍摄完成后，点击屏幕右上角的“变声”图标，如图5-132所示。

04 在屏幕下方弹出的声音效果列表，点击其中的“小哥哥”音效，如图5-133所示。

图5-132 点击“变声”按钮

图5-133 选择变声效果

05 选择音效后，点击“下一步”按钮，如图5-134所示。

06 随即跳转到视频发布页面，创作者只需要编辑好视频的标题、文案等信息，点击“发布”按钮，即可将语音变声的短视频发布出去，如图5-135所示。

图5-134 视频编辑页

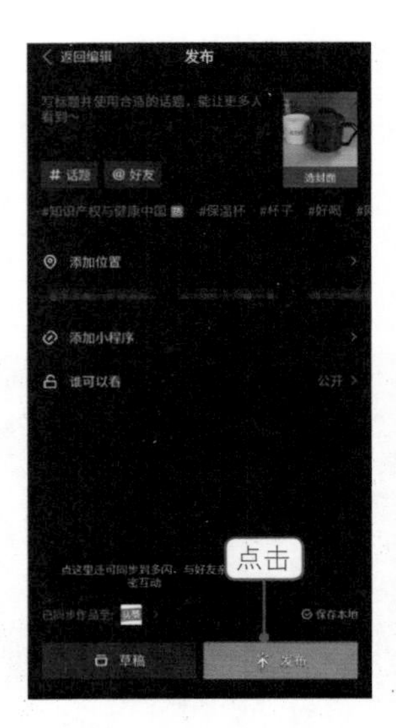

图5-135 视频发布页

走心秘技3：不用后期制作，短视频也能呈现出炫酷的转场效果

拥有一个炫酷的转场效果，想必是每一个创作者都想要的，其实要达到这样的目的并不难，即使不需要后期效果，在拍摄时也能完成转场。常见的转场方式有手部转场和肩部转场。

（1）手部转场

举个简单的例子，要呈现出一个在短时间内变换很多背景但人却不变的短视频，就可以利用手部转场来呈现一种炫酷的效果。手部转场的拍摄方式很简单，具体的拍摄方式可以参照以下5个步骤：

❶ 在拍摄时，先把手掌放在手机镜头的上方，随后点击手机快门按钮，并把放在手机镜头上方的手掌往下划。

❷ 当手掌挡住镜头的时候，按下暂停按钮。

❸ 当拍摄暂停之后，创作者就可以换道具、换背景，等一切就绪之后，将之前挡住镜头的手掌重新放在镜头前面同一位置上，挡住镜头。

❹ 按住“开始录制”，同时让手掌匀速往下滑，手掌匀速下滑的过程中也可以做一些花样动作，为转场效果加分。

❺ 最后再按住停止拍摄，这样就完成了转场效果。

值得注意的是，由于要换的背景和道具比较多，第❸、❹步骤可以重复操作，直到达到满意的效果。

（2）肩部转场

肩部转场在单人自拍的短视频中用得非常多，呈现出来的效果也十分炫酷。用手机拍摄出肩部转场的效果非常简单，具体的拍摄方式可以参照以下4个步骤：

❶ 摄影师在拍摄时，左手拿住手机，按下开始录制按钮。

❷ 将手机至左肩朝右肩滑动，直至手机落在肩膀处，按下暂停按钮。

❸ 换只手（用右手）握住手机，将手机放在左肩处，并按住开始录制按钮。

❹ 将握着手机的手匀速往外划出去，最后点击停止录制按钮，即可完成肩部转场的拍摄效果。

走心秘技4：不用后期特效，用手机也能拍摄出“变东西”的神奇效果

用手机拍摄出“变东西”的神奇效果，要记住两个要点“提前开始和提前结束”，就是说在拍摄之前要准备好动作，在动作快要结束的时候，先让录制功能暂停/停止，这样连贯起来的效果会更好。

举个简单的例子，某个创作者要录制一个“变眼镜”的短视频，那么在拍摄时，就可以按照以下6个步骤进行：

❶ 一只手握住手机放置在自己面前，点开手机录制功能，并打开手机前置摄像头。

❷ 另外一只手放在眼部上方，随后手掌犹如“花朵绽放”一般朝下打开，使得打开的手掌挡住自己的整个面部。

❸ 按下暂停录制按钮，将准备好的墨镜戴在眼睛上。

❹ 将之前打开的手掌重新放回到之前的位置上，并按下开始录制按钮。

❺ 按下开始录制按钮的瞬间，将手掌流畅向上滑去。

❻ 最后点击停止录制按钮，一个“变眼镜”的短视频就完成了，打开手机文件就可以查看视频效果了。

走心秘技5：不用后期特效，用手机也能拍摄出“手伸出屏幕”的神奇效果

在抖音平台上，经常可以见到“手掌从手机屏幕伸出来”的短视频，画面效果看起来十分神奇和炫酷。其实拍摄起来十分简单，按照以下6个步骤进行拍摄，就能呈现出“手伸出屏幕”的效果：

❶ 摄影师尽量侧身站着，左手握住手机，朝前伸去，右手手臂弯曲，手掌朝上，做抓握姿势，并朝后伸去；两只手尽量保持一定距离。

❷ 打开手机前置摄像头，左手保持不动，右手手掌打开，做抓握姿势，朝手机“扑”过去，直到右手掌覆盖在手机上方。

❸ 按下暂停录制按钮，并将手机摄像头调整为后置摄像头。

❹ 右手保持为之前的姿势，左手将手机放在右手手腕的位置，让手机拍摄画面正对着右手手背；这个时候两只手与身体的距离尽量近一些，这样手掌伸出手机屏幕的录制效果会更好。

❺ 右手向前伸出去，左手按下手机的开始录制按钮，并握住手机不动。

❻ 右手在向前伸出去的过程中，可以做一些花样动作，以此来为视频加分；最后按下停止录制按钮，“手伸出屏幕”的视频就录制完成了。

走心秘技6：不用后期特效，用手机也能拍摄出“推人”的神奇效果

什么叫作“推人”？在抖音平台上，经常可以见到某个人正在屏幕面前表演，突然一只手朝这个人推过来，画面就变成了另外一种，这个过程就叫作“推人”。用手机拍摄出“推人”短视频的神奇效果，只需要1分钟就可以完成，按照以下6个步骤进行拍摄即可：

❶ 左手握住手机放置在自己面前，点开手机录制功能，并打开手机前置摄像头。

❷ 录制“推人”短视频开始的部分。

❸ 右手向上抬起并弯曲，手掌朝头部靠近，手肘的部位不能出现在录制画面中，避免穿帮。

❹ 右手顺着方向做出推头部的动作，同时，头部顺着右手的动作歪过去。

❺ 按下暂停录制按钮，左手做出“推人”的动作，换做右手拿手机，并且让右手手机的画面对准左手。

❻ 按下开始录制按钮，人顺着左手的方向转动，使得人出现在视频画面中。

❼ 最后点击停止录制按钮，一个“推人”的神奇短视频效果就完成了。

值得注意的是，要想“推人”短视频的动作自然，具有特别的效果，摄影师可以多次练习，使得动作更加连贯流畅。

第 6 章
短视频推广

为什么有些制作精良的短视频，它们的播放量、点赞量和关注量等数据却表现不佳？这可能是因为没有对短视频进行科学的推广而导致的。

随着视频市场大环境的变化，视频平台越来越多，传播渠道也呈现多元化的趋势，如果没有掌握正确的推广方法，不进行多渠道推广，那么，无论视频内容多么优秀，都有可能被淹没在海量的视频中，难有出头之日。因此，对短视频推广并分析其效果，再根据数据优化短视频内容，是每一个创作者都需要掌握的技能。

6.1

了解短视频平台的推荐机制

如今，越来越多的人重视短视频的商业价值，希望通过短视频快速推广自己的品牌和产品，从而达到盈利目的。想要以最快的方式达到这些目的，就要先了解平台的推荐规则与算法机制。

由于目前各个短视频平台推荐机制大同小异，这里以抖音平台为例进行详细剖析。

6.1.1 抖音热门视频推荐规则

抖音的流量推荐规则是去中心化的智能推荐，并且根据机器算法和人工双重审核进行热门推荐。

在抖音平台上，任何一个发布成功的作品，无论质量好坏，都会获得一定的播放量，从一到数万都有可能。这是因为抖音拥有巨大的流量池，系统会根据算法将每一个作品分配到相应的流量池中，然后根据作品在这个流量池中的表现，决定是否把该作品推向更大的流量池，如果该作品在每一个流量池中的表现都比较好，那么该作品就会进入平台的热门推荐。由此可见，抖音视频的推荐机制分为三级，且每一级的流量范围都在逐步扩大，如图6-1所示。

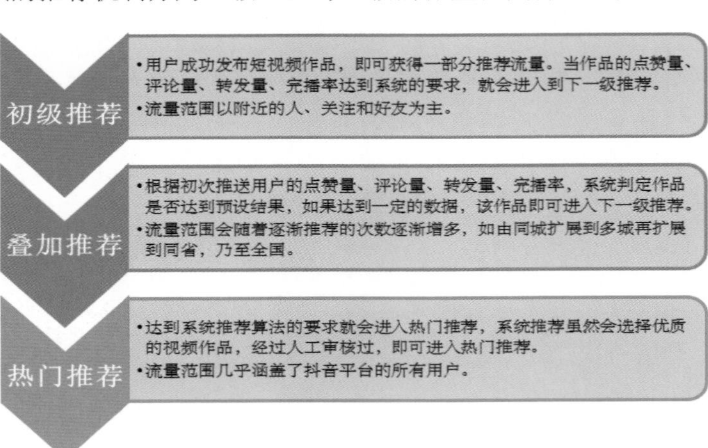

图6-1 抖音推荐规则图

6.1.2 抖音视频质量算法

由三级推荐机制可以看出，作品是否可以获得叠加推荐，关键在于作品在初级推荐时流量池中的表现。因此，创作者要想尽办法让作品在这个流量池中有突出表现，让视频的质量

达到系统要求。一般来说，官方主要从创作者的账号和作品互动率来评估作品的质量表现。

在创作者账号上，账号的头像、昵称、个性签名等信息是否完善，如果是完善的，更容易提升系统对账号的印象分；账号是否是达人认证，如果是达人认证，对于短视频平台官方来说，作品质量和话题专业度一般都较高。

在作品互动率上，主要是看作品的评论增长量、转发增长量、点赞增长量、完播率增长量、视频粉丝增长量。任何一个发布成功的短视频，只要作品达到这5个量的一定标准值，抖音系统就会给予一定的流量推荐。

6.1.3 抖音视频审核机制 

在海量的短视频面前，如果每一个视频都依靠人工审核是不现实的。因此，抖音有着自己的审核机制，这个机制是一个非常详细的系统化的流程，不仅大大提高了视频审核速度，也为抖音视频推荐提供了数据上的支持。抖音短视频的整体审核和推荐流程，如图6-2所示。

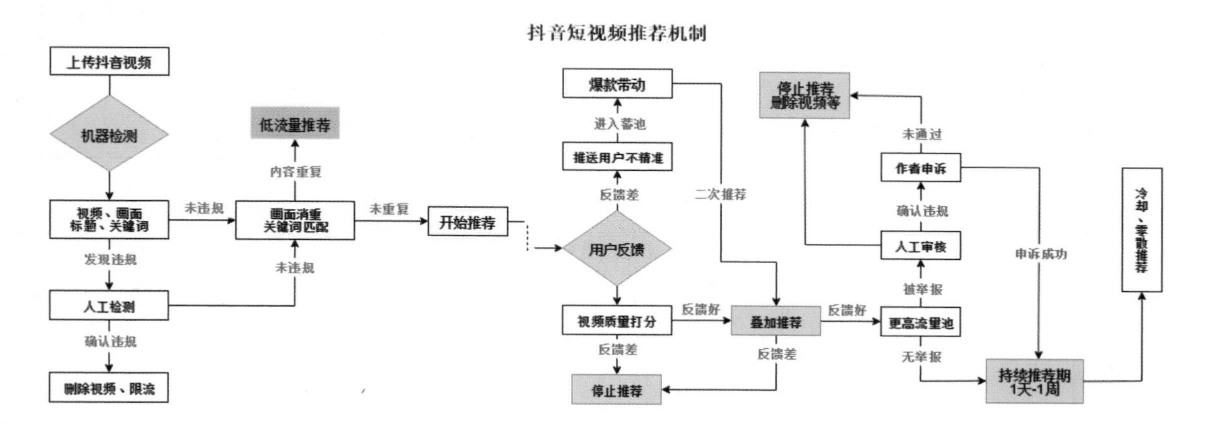

图6-2 抖音短视频的整体审核和推荐流程

6.1.4 抖音视频推荐算法机制 

抖音的推荐算法机制是AI智能算法，根据用户画像推荐相应的内容，并根据视频产生的相关数据给予相应的流量推荐。

AI智能算法可以简单理解为，通过大数据算法和智能推荐，按照用户的喜好和需求推荐相应的内容，力求每个用户都能发现所爱，每一个发布的视频都能得到曝光、爆红的机会。为方便读者理解。下面用表格的方式列出抖音是从哪些方面来判定用户画像的，如表6-1所示。

表6-1 抖音用户画像判定标准

参考项	基础属性	观看兴趣	用户环境画像	互动行为
判定标准	性别、年龄、地域、位置	浏览内容偏好、广告浏览偏好、各类型达人偏好	网络环境、运营商、终端设备品牌、型号	用户线上线下的行为轨迹，如点赞、转发、分享等

6.2

短视频账号推广技巧

新媒体时代下，一个内容优质的短视频上传之后，如果没有及时进行推广和宣传，很有可能错失引流、实现获利的机会。因此，短视频推广也是各视频运营团队非常重视的一件事情。

短视频推广的方法有很多，这里总结了8种短视频推广技巧供读者参考。

6.2.1 在多个视频平台建立视频账号，同步发布视频

一个刚上传的短视频，系统会对之进行初步的推广，但这对于粉丝较少的账号来说，其实作用不大。如今，绝大多数用户的手机上都安装了一到两个短视频APP，在多个平台建立短视频账号并同时发布短视频，这无论是增加视频作品的曝光率，还是吸引粉丝关注视频账号，都十分有利。因此，创作者还应该在多个视频平台建立相同属性的视频账号，并同步发布视频作品。

例如，一个创作者在抖音注册了视频账号“李四”，同时在美拍、快手、微视也注册了视频账号“李四”，并且同步发布视频作品。那么，这个视频账号就有了4个渠道的流量来源。经过时间的沉淀，这个账号的知名度就会大大提高，到后期可能会出现乘数效应，粉丝量会呈现出爆发性的增长。

值得注意的是，在使用这种账号推广方式时要注意将账号之间的定位保持一致，以形成更好的内容垂直性。如果各平台账号的定位不一样，即使是同一个账号，也无法在用户脑海中形成深刻的印象。

6.2.2 社交分享，利用自己的交际圈

一部手机必备的软件是什么？是QQ、微信和微博，这些软件都属于社交软件。很多人打开手机最先打开的软件是什么？可能也是QQ、微信或微博，通过它们与好友联系、交

流，分享最新的有趣故事，使得这些社交软件与人们的生活密不可分，渗透人们生活的各个角落。因此，创作者可以将发布成功的视频内容分享到社交软件上，利用自己的社交圈，扩大短视频的传播范围。以美拍为例，创作者可以一键将发布成功的短视频分享至微信、QQ、微博等社交软件中，如图6-3所示。

图6-3 美拍社交分享渠道

通过分享至社交圈进行推广，可以与好友互赞评论、增加播放量，进而增加推荐机会。同时，根据系统的推荐原则，视频影响的范围甚至会扩大到朋友的朋友。

6.2.3 贴吧推广，让广大同好网友为视频账号助力

贴吧是一个有着相同兴趣爱好的人群的分享社区，往往聚集着许多人。这些人群就是流量，且随着贴吧不断壮大，还会涌入新的人群，流量也会源源不断地增加，对于推广短视频和为账号引流来说，无疑是一个绝佳的地方。利用贴吧推广时，可以将短视频地址发布到跟视频内容相关的贴吧，也可以直接将视频分享到相关的贴吧。例如，关于特技的短视频可以发布到“特技吧”，如图6-4所示。

图6-4 展示在特技吧的特技短视频

另外，与贴吧相似的还有论坛，例如豆瓣论坛、天涯论坛等。在论坛中进行推广时，要对论坛进行挑选，选择与视频内容相关的论坛，或者比较有代表性和有影响力的论坛，这样才能更大程度上增加视频的推广价值和影响力。

6.2.4 社群推广，借助群内活跃氛围营销账号

什么叫作社群？社群可以简单理解为一个群。近年来，越来越多的人喜欢聚集在一起聊天交流，QQ兴趣群就是比较常见的一种，群成员可以在里面畅所欲言，聊着和自己感兴趣的问题，群内的活跃度往往比较高。在网络营销日益发展的情况下，这些活跃度高、人数广的社群就成了营销推广的新风口。创作者在推广账号时，借助社群内部的用户量，可以获得良好的引流效果。以在QQ群中推广视频账号为例，其推广步骤大致可以分为3步，如图6-5所示。

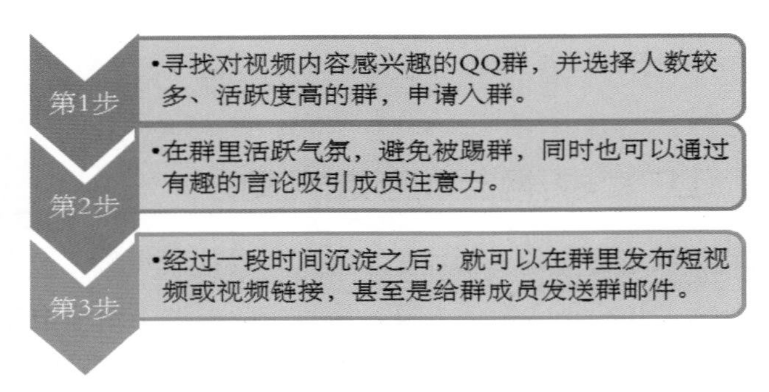

图6-5 QQ社群推广短视频

需要注意的是，在进行社群推广时，找到一个与视频账号内容契合度高的社群，更有助于为视频账号引流。例如，这个社群的爱好是动漫、古风，而视频账号输出的内容也是动漫和古风，这个契合度就非常高了，发布相关的内容非常有可能获得群成员的青睐，甚至通过群成员转发到更多的兴趣群。

6.2.5 媒体推广，借助媒体为视频账号造势

短视频也可以借助媒体进行推广，如媒体报道、官方推荐、名人效应，等等。媒体的推广能够为视频内容、视频账号做出有力背书，提升视频的知名度。

（1）媒体报道

媒体报道可以分为纸媒报道和网络媒体报道两种。借助媒体报道对于提高视频知名度、为账号引流非常有帮助。同时，媒体报道也会为账号做出信誉背书。

不过，绝大多数的媒体报道都会收取一定的费用，除非视频内容极其精彩，否则较难得到媒体的主动报道。而如果花钱请媒体报道，成本又较高，对于宣传资金不足的视频创作者来说要谨慎使用。

（2）官方推荐

官方推荐是指视频平台的官方推荐，官方推荐不仅大大增加了视频的曝光率，还能够向万千网民展示视频创作者拍摄视频的故事。对于推广视频账号，实现宣传目的，几乎可以说是一步到位。

创作者想要获得官方推荐，有两种方法，一种是创作爆款短视频，获得官方主动推荐的机会；另外一种是输入专业领域的内容，得到官方的青睐，从而获得官方推荐的机会。

（3）名人效应

名人效应已经在生活中的方方面面产生了深远的影响，比如名人代言产品能够刺激消费，名人出席慈善活动能够带动社会关怀弱者，等等。相应地，由名人、明星、有影响力的人物推荐的、点赞的、转发的短视频，以及提到的短视频账号，也会受到大家的关注，甚至会掀起一股访问热潮。

6.2.6 参与平台官方活动，巧用平台扶持流量

短视频平台经常组织一些官方活动，这些活动的参与度一般都较高，互动性也较强。创作者积极参与官方的活动，如主题视频拍摄、才艺比赛，等等，可以获得平台的推荐，甚至是获得流量扶持，增加自己账号的曝光率；同时，也可以通过这些丰富多彩的活动，给粉丝及其他关注活动的用户带来不同体验，令他们自发进行传播。因此参与平台官方活动，实际上是一举两得的。

6.2.7 账号之间相互引流，抱住大账号的大腿

账号之间相互引流最常见的一种方式是大号推小号。这种方法效果显著，且操作方法简单，是短视频运营中广泛使用的一种。但是，在选择大号推小号时，要注意其关联性和价值，如果关联性不强，且小号视频内容质量差，反而会令原大号的粉丝失望，甚至是脱粉。

6.2.8 发布评论，引导用户关注

在与自身定位相似且粉丝众多的大号下注册一些小号，用编辑好的话术进行评论，也能达到为账号引流的效果。但是，在进行评论区引流的时候，要注意以下几点：

（1）确定要引流的人群是什么样的、他们的特质是什么？只有这样，才有助于写出令他们产生共鸣的话术。

（2）评论内容要和谐，切勿用“强买强卖”的方式让用户关注。

（3）头像以及账号昵称要与视频账号运营的内容有一定关联性。

（4）引流的小号在设计头像和昵称时要有调性，给人以舒适感，切勿低俗。

6.3

哪些短视频更易受用户点赞

用户给视频点赞，对于创作者来说是一种激励，对于平台来说则能提高该视频的质量分，甚至是关系着该视频是否能进行下一级流量池推荐的重要因素。因此，很多创作者都希望自己的短视频能获得更多的点赞。用户给短视频点赞有两个原因，一个是认可、喜欢短视频的内容；另一个是因为短视频内容对自身有帮助。我们通过短视频类型统计以及各项数据分析，得出有6大类型的短视频更容易受到用户的点赞。

6.3.1 颜值类

人天生爱美，高颜值的视频内容更容易让用户产生好感，也更容易受到用户关注。从相关数据来看，无论是人、动物还是风景，只要是高颜值类的短视频，用户通常都愿意第一时间点赞，这也是为什么有那么多的高人气主播仅凭一首歌、一支舞获得百万的点赞，一只小猫咪也能“出道”，获得数十万点赞的关键因素。

以抖音某位人气主播为例，该主播貌美声甜，再加上古灵精怪的性格，吸引了超过两千万的粉丝关注，且点赞数据已经超过了4亿。该主播的抖音个人中心页面以及短视频点赞数据，如图6-6所示。

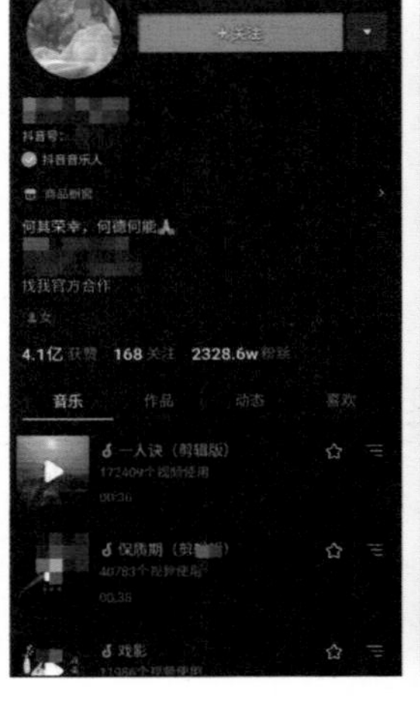

图6-6 颜值类短视频点赞数量

6.3.2 治愈类

治愈类短视频与颜值类短视频相似，也非常容易获得用户的关注和点赞。具备治愈力的，莫过于萌娃和萌宠。两者用超萌的外表或超萌动作能给用户带来身心愉悦的体验，并得到治愈的效果。而且，治愈类短视频对于有宠物或者有宝宝的用户而言，更具有吸引力，从而也更容易获得他们的点赞。

以抖音粉丝超过4000万的人气宠物博主“会说话的刘二豆”为例，视频创作者将一只可爱的猫咪日常生活拍摄下来，并通过后期配音、加特效等方式，让视频更有趣、更幽默。用户在观看视频的时候受到感染，不知不觉就点赞了，如图6-7所示。

图6-7 治愈类短视频点赞数量

6.3.3 技能类

图6-8 技能类短视频点赞数量

技能类短视频就是提供各种技能的教学，如生活技巧、美食烹饪方法、职场工作等对用户有帮助的内容。由于短视频平台上有很多短视频内容相似，因此，用户更认同真正有价值的、与众不同的短视频，技能类短视频的含金量较高，更容易获得用户的认同。

以抖音账号“设计好房子”为例，发布的视频内容大多是生活中常见的房屋设计雷区，例如新房验收、厨房装修、解决油烟难题，等等。这些内容对于有需求的用户来说，犹如雪中送炭，就更加容易获得用户点赞，如图6-8所示。

6.3.4 创意搞笑类

创意搞笑类的视频不仅能够给人们带来欢乐，还能给人一种奇妙的感觉，因此一向受人喜爱。用户观看搞笑短视频，心情愉悦，得到了乐趣，自然就愿意点赞，甚至把快乐分享给更多的人。创意搞笑类的视频内容主要有个人脱口秀、搞笑情节、恶搞、说段子等。

下面以抖音某个主打创意搞笑类视频的账号“西木西木”为例，账号发布的视频内容主要围绕着一位老师和两位同学之间的有趣对话展开，凭借着新颖有趣的内容，吸引超过2000万的粉丝关注，且已经获得点赞数量近2亿，如图6-9所示。

图6-9 创意搞笑类短视频点赞数量

6.3.5 情感类

情感类短视频实际上就是从大众常见的生活问题出发，用犀利的语言或者用别具匠心的表演，打造用户的价值认同感。情感类的短视频和微信公众号上常见到的情感文章类似，能让用户产生共鸣，就能获得支持和点赞，且粉丝的黏性也比较好。以抖音某短视频创作者为例，输出的内容多是一些情感方面的，非常容易让遇到过同样问题的用户产生认同感，如图6-10所示。

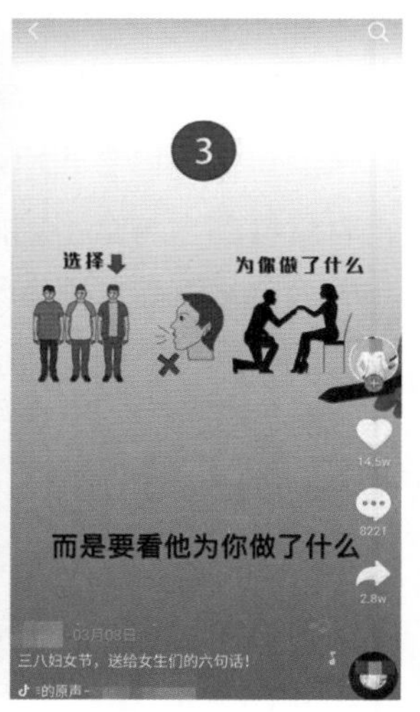

图6-10 情感类短视频点赞数量

6.3.6 才艺类

才艺类通常指的通过唱歌、跳舞、魔术、书法等表现出来的一类内容，也比较容易得到用户的认同和喜欢。

以抖音创作者“姚大”为例，通过模仿刘德华、张学友等歌星唱歌，凭借嗓音优势以及模仿得非常像，目前已经吸引了1000多万的粉丝关注，以及近1亿的点赞，如图6-11所示。

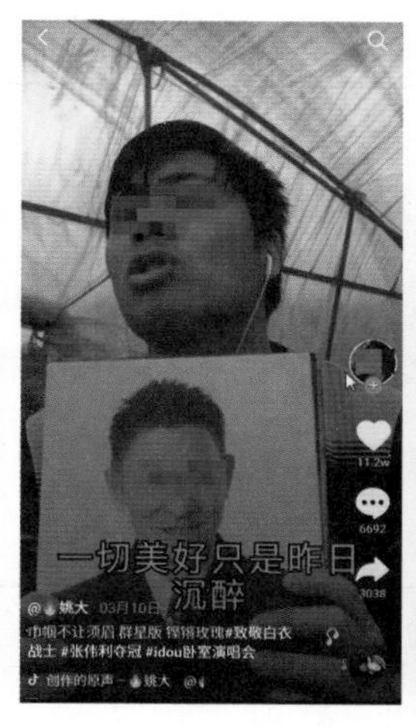

图6-11 才艺类短视频点赞数量

6.4

构建短视频推广社交圈的渠道

什么叫作构建短视频推广社交圈的渠道？可以简单理解为一个用社交圈推广短视频的渠道。

某种意义上说，大家手机里的很多APP都属于社交软件，可以用于创建各种社交圈，常见的可以用于社交的软件有4种。

6.4.1 在线视频类

在线视频类软件主要有爱奇艺、搜狐视频、腾讯视频、优酷视频等。这类APP主要依靠播放量或者官方推荐来获得曝光。之所以说它们也具有社交属性，是因为它们也可以关注好友、关注其他的用户。以爱奇艺为例，用户登录之后，启用通讯录就能发现好友，关注好友之后，就能看到好友的动态，如图6-12所示。

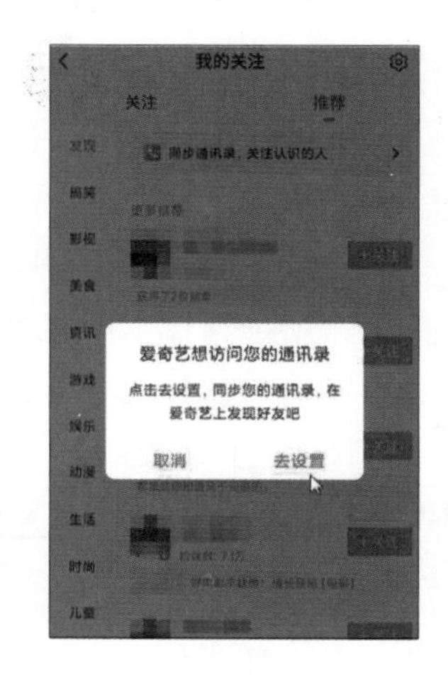

图6-12 爱奇艺

利用在线视频类平台构建短视频推广社交圈的渠道时，要先找准与自身账号定位相符的类别进行构建。例如，一个主攻美食类短视频的创作者，可以在该在线视频平台创建一个美食类的账号，并输出相关的内容，以此来达到推广短视频的目的。

6.4.2 短视频类

短视频类软件主要有美拍、抖音、快手、抖音火山版、微视、好看视频等。它们都属于可以拍摄短视频和分享短视频的短视频社交软件，其社交属性不言而喻。

在利用短视频类软件构建短视频推广社交圈的渠道时，要先保证视频内容输出的速度和质量，否则长期不产生新的内容或者内容质量较差，会导致现有的粉丝取消关注，甚至会导致该视频账号被其社交圈遗弃。

6.4.3 资讯类

资讯类软件主要有今日头条、腾讯新闻、一点资讯、百度 、豆瓣、知乎、微博、小红书等。这些虽然属于资讯类，主要用于获取信息，但是，它们也可以通过关注好友及其动态而分享信息。以微博为例，在关注列表中就可以看到关注的好友，同时，在首页的关注栏目下，就能查看关注好友发布的动态信息，如图6-13所示。

图6-13 微博

在利用资讯类软件构建短视频推广社交圈的渠道时，可以多在一些有影响力的账号下进行评论，增加自己的曝光率。同时，可以时不时地发起一些“转发有奖”“话题”等活动，引导自己的粉丝参与其中，使得社交圈内的氛围活跃起来，这更有助于社交圈的良好发展。

6.4.4 社交类

社交类软件主要有微信、QQ、支付宝、淘宝等。它们本身就是社交软件，社交性和传播性可以说是非常强的。

在利用社交类软件构建短视频推广社交圈的渠道时，可以创建属于自己的社群。例如，QQ群、微信群将有相同爱好的好友聚集起来，也可以让好友邀请新的好友进群，从而壮大社群的队伍，这对于推广短视频非常有利。但值得注意的是，在创建社群时，要了解将群成员联系起来的纽带是什么，创作者能不断地输出这个纽带的内容；也可以制定一些共同的目标，维持群成员的活跃度；最后还需要制定一定的群体意识和规范，帮助社群良好运作。

举个简单的例子，一个绘画类短视频的创作者，就可以创建一个画画类的QQ群，邀请好友加入，自己持续不断地输出绘画的技巧等方面的知识，保持群成员的黏性，也可以发起一些“一天一幅画”的话题，引导群成员参与，以此来提高QQ群的活跃度；最后再制定“不准发垃圾广告”的群管理方法，让QQ群良好发展。

达人提示

利用社交软件构建一个社交圈推广渠道，首先要了解自身视频的定位、目标用户群体、渠道的特点以及受众人群。以今日头条为例，据相关数据统计，用户年龄段大多在20~40岁，且男性明显多于女性。那么，在选择搭建该渠道社交推广时，就可以选择一些偏男性的内容或者男性感兴趣的内容，从而提高视频的播放量。而美拍APP的用户年龄大多是年轻人，且女性偏多。那么，就可以用一些偏年轻化、有趣的内容进行推广，也有助于视频播放量的提高。

6.5

短视频内容的优化技巧

随着短视频市场不断发展，短视频创作者的数量日益增长，竞争也越来越激烈。如果短视频内容缺乏竞争力，那么粉丝很快就会流失掉。此外，视频内容也不能一成不变，而要根据用户的反馈和数据等调整创作重心，才能持续吸引用户，在竞争中立于不败之地。

从以上两点来看，只有对视频内容进行优化，短视频才能更好地持续发展。那么，怎么进行短视频内容的优化呢？

6.5.1 根据用户反馈，调整视频内容方向

根据用户反馈的信息对视频内容方向进行调整和修改，从而提高用户的参与度和黏性。以“朱一旦的枯燥生活”为例，原本只是围绕“老板朱一旦”的“朴实无华而又枯燥的生活”展开的创意搞笑情景剧。后来粉丝高呼要看“朱一旦”的爱情故事，创作团队便创作了几个相关的短视频，并且得到了非常不错的效果。下面是该视频团队根据用户反馈发布的视频，如图6-14所示。

图6-14 朱一旦的枯燥生活

根据用户反馈优化内容可以从两个方面入手，一是根据用户的反馈进行内容调整，并用最终视频数据确认策略是否正确；二是按照用户的留言进行内容制作，最常见的一种就是用户在留言中提出问题，创作者在视频中进行解答，从而形成一个完整的观看、留言、根据留言制作视频的闭环。

6.5.2 根据数据分析，更容易了解短视频效果 

根据视频平台提供的数据进行视频内容的优化。通过数据可以看出视频的平均播放时长、跳出率、点击率、完播率、互动率等。因此，这种方式更加科学、直观，并且很容易看出视频的问题所在。但是，也不能完全依照数据做出相应地判断，在调整内容时，还要结合用户的反馈信息和自己的思考。下面简单介绍几种数据，供读者参考。

- 平均播放时长：通过平均播放时长可以看出用户观看进度是怎样的，到底喜不喜欢该内容。如果该项数据较低，说明视频整体观感性不强，用户不愿意完整地观看，这就需要尽快调整视频内容。
- 跳出率：跳出率可以简单理解为被标题或封面吸引而来的用户，打开视频又关闭视频的比例，这往往是根据视频前几秒内容决定的。如果跳出率高，说明短视频在前面枯燥无味，用户没兴趣观看。
- 点击率：点击率主要是看视频标题或封面对用户的吸引程度。如果点击率过低，说明视频标题或封面吸引力不够，这就需要及时调整封面和标题。
- 完播率：完播率与平均播放时长相似，都反映了视频内容是否受到用户喜欢。如果完播率低，则应该尽快调整视频内容。

- 互动率：互动率指的是评论、转发、收藏、点赞等数据。如果互动率较低，说明视频内容话题性较小，不利于用户形成讨论氛围，这个时候可以在视频内容加入话题性的内容，引导用户参与。

以上说的几种数据，都是短视频运营过程中常遇到的问题。一个优秀的短视频运营者应当学会搜集、统计、分析数据，从而建立一个高质量的数据库，这对于短视频运营的良好发展十分有帮助。

6.5.3 尝试新方向，更容易得到新的机会

尝试新方向就是在尝试过前两种方式后，视频数据依旧没有明显的提升，就有可能走进了思维的误区，认为自身喜欢的东西大家都应该喜欢，使得内容方向出现了偏差；或者内容的方向出了问题，选择的内容方向很小众、竞争对手过多。这时，就需要对内容方向进行大幅度的调整，甚至是重新注册视频账号。

尝试新方向可以从两个方面入手，一是尝试当下热门的视频方向，直到效果达到预期；二是要坚持创作，因为短视频创作不是一蹴而就的，需要时间打磨、沉淀和发酵。在此期间，需要保持内容输出，如果连续几个月之后，数据仍旧没有起色，就可以再次调整内容方向，直到各项数据达到自身的预期为止。

6.5.4 更容易获得高推荐量的短视频标题

短视频的标题不仅仅是几个字那么简单，它具有表明视频主题、获取系统算法下的渠道流量以及引导用户行为的作用。一般来说，系统会不会推荐这个短视频，很大程度上取决于短视频的标题。

一个标题越是优秀，获得系统推荐的机会也就更多，展现在用户面前的机会也就更多，也更容易得到播放量；而平台的系统推荐机制又和播放量有关系，这样就可以形成一个系统推荐、用户观看、系统根据用户反馈再次推荐的良性循环。

这里总结了几条更容易获得高推荐量的短视频标题的取名方法，读者可以参考，以拟出更好的视频标题。

1. 聚焦视频主题、引导用户情绪

标题清晰地表现出视频主题，有利于用户对视频有一个初步了解，让用户知道这个视频说的是什么，从而直抵用户内心。以某短视频为例，画面中是一个哭泣的小女孩儿，标题是“被哥哥赶出来，还过来告状。”该条短视频的点赞量、转发率和评论的数据都是非常高的，如图6-15所示。

创作者通过标题引导，用短短几个字就将视频要表达的意思传达给了观众，视频的主题也突显了出来。同时，还将一个作为两个孩子的妈妈内心刻画得淋漓尽致，让那些有孩子的用户感同身受，很容易引起情绪上的共鸣，从而形成话题性的讨论。

2．挑起话题，找到情绪共鸣点

通过发起话题引发用户思考、引导用户评论，这也是获得高推荐量的手段之一。例如，关于孩子的教育问题，很常见也很典型，是每个家长都要思考的问题，创作者就可以借助短视频来激发大家的思考，引导他们参与到话题中来讨论。

以某短视频为例，画面中是一位男性坐在那里讲述着什么，标题是“孩子成绩不好怎么办？”同时发起了“满分父母修炼计划”的话题，如图6-16所示。

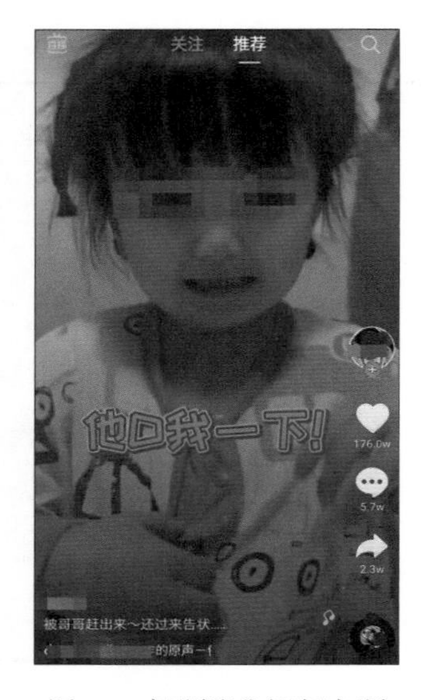

图6-15 标题聚焦视频主题

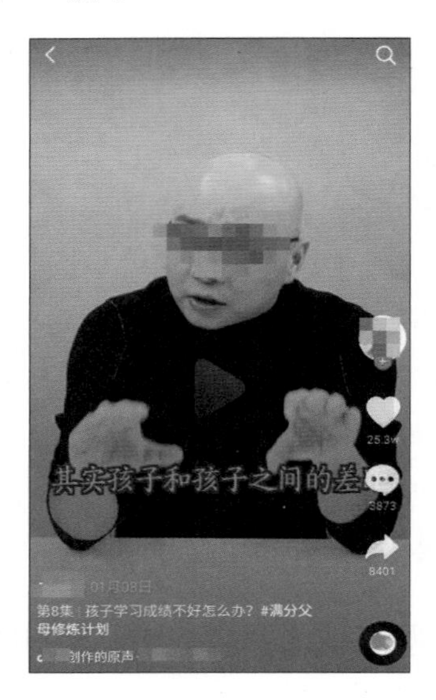

图6-16 标题挑起话题

不难发现，如果不是因为标题，像这样端正坐在那里演讲的视频，一般很难吸引用户的注意力。同时，该创作者的标题用的是疑问句，话题也是大家都比较在意的，是一个针对孩子教育的问题，很容易引起家长们的共鸣，家长自然就很乐意去参与这样的话题讨论。

3．衬托主题，拔高创意

通过标题来衬托主题，表现人物形象，表达情感，也是很多创作者拟定标题的常用方法。

例如某个主要输出励志内容的创作者，拍摄了一条外卖小哥在雨中边唱歌边送餐的视频，为了突出“生活再累，也要乐观面对”的主题，在拟定标题的时候，不仅要将这种乐观的态度表现出来，还可以更深层次地表现出男人对于家庭的责任。

4．突出视频爆点

什么叫作视频爆点？和展现视频主题的转折差不多。一般来说，每个视频都会设置一个爆点，要想这个爆点更突出，可以通过标题重点强调，从而快速引起用户的注意。例如，在抖音上有一个非常火爆的短视频：一对恋人在万米高的玻璃桥上行走，途中玻璃桥突然“炸裂”，眼看玻璃桥就要“裂开”，男生见状，一把抱住女生，两人紧紧拥抱在一起。而该视频的标题是“人危险了，但情还在”。

视频创作者想要表达的爆点是反驳“夫妻大难临头各自飞”的观点，突出“人间有真情”的主题。通过标题，更好地突出了这个爆点。

5．视频受众标签明确

明确视频受众是在拟标题时候的一个重要的参考点。受众标签是多种多样的，比如年龄、职业、爱好等，通过分析这些标签，拟定一个合适的标题，能够提升用户的代入感，并因此提升用户的行为数据。例如，通过职业标签来拟定标题，可以是“你在职场遇到了什么有趣的人？”，从而引导用户互动。

6．标题字数不宜过长

根据相关数据显示，优质的短视频或者短视频达人，在标题上都有一个共同点，字数在20~30字左右。这反映了这样长度的标题更容易获得高推荐量。此外，标题过长，用户反而会觉得烦琐，容易产生观看的疲惫感。

7．适当添加关键词

由于各个短视频平台在对短视频进行推荐时，主要是机器算法推荐分发，机器会从标题中提取分类关键词进行推荐。同时，这些词语也在很大程度上决定了用户是否愿意点击观看短视频。

6.5.5 更易吸引用户注意力的几类高频词

高频词就是在实际应用中出现次数多、使用较为频繁的词。高频词往往具备一定的特性，能够快速吸引用户的注意。据相关数据分析得知，截至目前有四类高频词更容易吸引用户的注意力。

1．戳中用户痛点，“痛点”类词汇

“痛点”类词汇通过刺激用户痛点，吸引用户点击，往往可以快速提高短视频点击率。而这个“痛点”则是根据账号定位，输出目标用户感兴趣的内容。

以主要输出宝宝辅食的短视频账号为例，它发布了一条解决宝宝肠胃问题的短视频，拟的标题是“孩子这两天有点积食，消化不良，给他煮了这汤，现在好多了”，如图6-17所示。

图6-17 痛点类词汇文案

该视频的目的在于解决宝宝积食的痛点，而消化不良是积食带来的症状，当妈妈们看到这个标题，自然就会点进去观看。

此外，还有很多直达用户内心痛点的标题，例如，“为什么你不能成为月薪10万的销售”，标题中“不能成为月薪10万的销售”则是那些月薪不足10万的销售的痛点，这样的内容对他们的吸引力非常大。面对着这样的视频，目标用户自然愿意点开，短视频的打开率就会提升。

2. 不错过曝光机会，热点类词汇

不难发现，每一个热点出来时候，都会吸引很大一批用户的目光，使得热门话题的背后都带着巨大的流量。创作者在创作短视频时，与热点结合，并在标题、文案中重点突出，得到的点击效果非常显著。

由于热点事件往往在短时间内火爆，一段时间过后就会慢慢消失，被新的热点取代。因此，在使用热点类词汇时，速度要快，并从热点本身出发，寻找正能量的方向来创作。

以某短视频为例，通过蹭当下热播电视剧的热点，让短视频获得了更多关注，视频的点击、点赞和评论数据都是非常高的。也正是因为通过热点词汇，让这个视频成了创作者在视频平台上热度最高的一个，如图6-18所示。

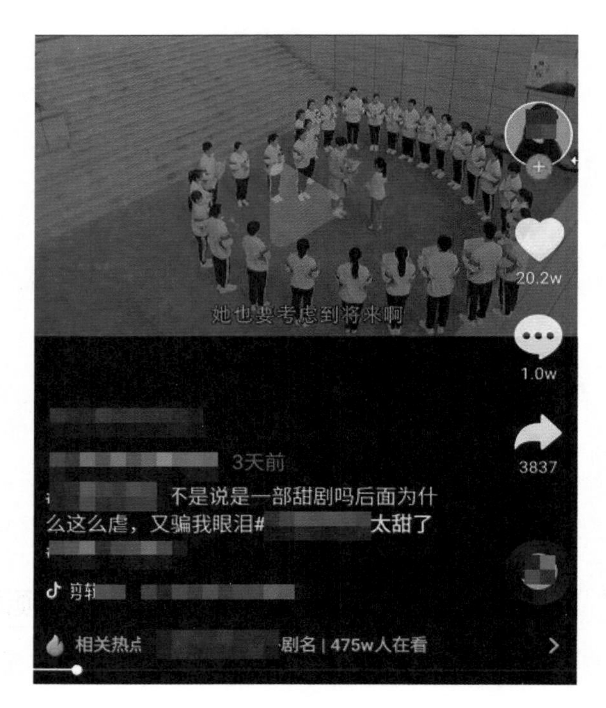

图6-18 热点类词汇文案

3. 激发用户参与，挑衅类词汇

挑衅类词汇一般指的是那种“你敢吗”“你会吗”等之类的词汇。这类词汇往往能刺激用户点开短视频验证视频内容，引起用户激烈地讨论，是一种利用冲突制造看点的手段。

但是，使用挑衅类词汇的把握程度较难，需要把视频内容做得足够高深、创意，这样才能避免用户心生反感，厌恶短视频。同时也可以缓解用户产生挑战失败的落差感。

以某短视频为例，通过“我敢在女朋友面前为所欲为，你敢吗”的挑衅，从而激发用户参与，获得了超过50万的点赞，如图6-19所示。

4. 简单直接，数字类词汇

数字类词汇就是那些与数字相关的词汇。数字类词汇主要是通过数据将视频所要表达的重点信息直接展示给用户，从而让用户快速抓住重要信息。一般来说，数字类词汇用阿拉伯数字的形式出现更好，能够让文案更显眼。

数字类词汇有着简单直接的特点，往往能在第一时间吸引用户眼球。以某短视频为例，视频中讲述的是一个79岁的老奶奶参加比赛的故事。在文案中，创作者将故事主人公年龄以及事件都向用户传达了出来。同时，也让用户对一个79岁的老奶奶参加的比赛项目和比赛的结果有了极大的兴趣，如图6-20所示。

图6-19 挑衅类词汇文案

图6-20 数字类词汇文案

6.5.6 关键词越明晰系统越易被推荐

关键词可以简单理解为一些具体的名称用语，常用在网络搜索中。大家在搜索时，输入一些关键词汇，搜索引擎就会出现与之对应的信息，且与关键词联系越大，就越容易排在搜索结果的前面。

在短视频领域中，关键词有着相同的作用。关键词越清晰，用户搜索的排名就越靠前。同时，各短视频在利用算法推荐短视频时，很大程度上也取决于关键词的清晰度。关键词越清晰，就越容易被推荐。由此可见，清晰、准确的关键词在短视频运营过程中非常重要。

以抖音短视频平台为例，笔者想要看到关于油菜花的视频，在搜索框里输入“油菜花”这个关键词，就会出现很多与油菜花相关的选项。任意选择一项进入搜索结果页面，就能够清晰地看到：排在首页的短视频，点赞、转发和评论数据都非常高。这很大程度上是因为该条视频不仅蹭了当下“油菜花”的热点，同时，标题里面有清晰的“油菜花”这个关键词，如图6-21所示。

图6-21 关键词搜索案例图

6.5.7 高点击率短视频封面所具备的特点

封面是向用户展示短视频的窗口，用户观看短视频时，第一眼看到的就是封面。一个优质的封面能够使用户产生观看视频的心理。反之，如果封面不好，无论视频内容多么精彩出色，也有可能与用户“擦肩而过”。一个高点击率的短视频封面往往具备以下4个特点。

1. 封面与视频内容相关

封面与内容相关，用户能够通过封面快速了解短视频要传达的信息，有效减少目标用户错失率。例如，短视频内容是教人做美食的，那么封面就可以放上美食完成的照片，从而吸引受众用户点击。同时，与内容相关的封面往往能够快速吸引潜在用户的注意，不仅能够大大增加点击率，还能为账号吸引大批新的粉丝，如图6-22所示。

2. 封面呈现精彩画面

所谓精彩画面，也就是能吸引用户眼球的画面。这个精彩画面可以是视频中最美的场景，也可以是最炫酷的场景。例如，短视频内容是萌宠，那么这个封面就可以选择短视频内容中宠物最美、最萌的一帧画面截取出来，并进行一些后期处理，让画面效果更完美，从而吸引用户点击，如图6-23所示。

图6-22 封面与视频内容相关

图6-23 封面能呈现精彩画面

3. 封面是IP形象

选取封面的时候，有意识地强化IP形象，可以增强用户的注意力，形成观看习惯。以知名的动漫角色僵小鱼为例，该视频创作者发布的短视频封面大多数采用的就是僵小鱼这一个角色，如图6-24所示。

4. 封面点名标题

根据标题选择视频封面也是一个提高视频点击率的重要方法。视频封面与标题相呼应，能更加强化用户对视频内容的理解。以某输出PS技能的短视频封面为例，通过一句“你绝对不知道的PS冷知识”，直接点出了视频的标题以及视频的内容，极大地引起了用户的好奇心，如此一来，用户就会很愿意点击观看，如图6-25所示。

图6-24 IP形象的封面

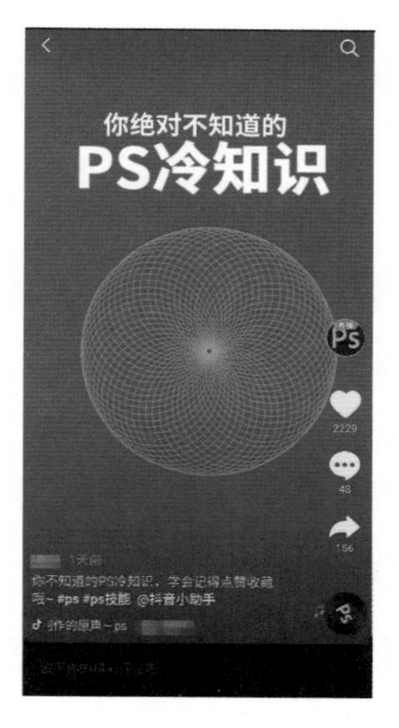

图6-25 点名标题的封面

6.5.8 短视频的最佳发布时间段 

通过统计发现，每个短视频平台每天都有各自的流量高峰期。大部分短视频的播放量、转发量、评论量等基本上都是在流量高峰期间内完成的。因此，了解短视频平台的流量高峰期，从而确定短视频最佳发布时间，有助于提高短视频的各项数据。

流量高峰期是根据用户习惯形成的。一天当中，各平台各时间段的在线用户人数都有所差异，有高峰期也有低谷期，具体如表6-2所示。

表6-2 短视频发布时间段分析表

时间段	流量期	原因
7:00~10:00	流量高峰期	这个时间段是用户起床、上班、吃早餐的时间，是使用短视频平台最频繁的阶段
11:00~14:00	流量小高峰	这个时间段是用户吃饭休息的时间，虽然也会观看短视频，但更注重吃饭和休息，以保持下午良好的工作状态
14:00~17:00	流量低谷期	这个时间段是用户上班工作的时间，观看短视频的概率很低
17:00~19:00	流量小高峰	这个时间段是用户下班、通勤的时间段，大多数人会因为路途漫长、堵车等原因观看短视频打发时间，从而形成一次流量小高峰期

（续表）

时间段	流量期	原因
23:00~1:00	流量小高峰	这个时间段有很大一部分的用户会观看短视频来打发时间，也会形成一次小的流量高峰期
1:00~7:00	流量低谷期	这个时间段属于用户休息的时间

这种规律具体反映到抖音平台上，呈现出非常明显的特征。根据抖音视官方数据统计分析，抖音在线用户聚集的时间点为上午8点、13点、18点、晚上20点到22点。而抖音用户点赞最多的时间段则是13点和18点。如果短视频创作者在流量高峰期发布短视频，更容易增加视频的曝光率，提升短视频播放量和点赞量。

走心秘技1：这么做，一条短视频就能获得数万点赞

一条视频就能获得数万点赞，无疑是一个爆款。对于初入视频行业或者做视频没什么起色的创作者来说，这条视频是一个非常好的转机。那么，要怎样才能做到单条短视频就能获得8万的高赞呢？可以分为策划、制作和运营三个阶段。

1. 策划阶段

策划阶段是创作短视频非常重要的阶段，它决定了短视频的内容、调性，甚至是目标用户群体。

策划阶段主要完成3个方面的工作：

- 根据账号的定位来确定内容的定位，让用户能够清晰地了解账号主要是做什么的。
- 收搜集短视频市场的信息，预测并确认创作短视频的目标，让自身知道做的是什么，怎么做。
- 搜集目标用户群体的信息，如年龄、性别、关注热点、情感表达、诉求等，给目标用户群体做一个画像。然后根据画像投其所好，创作用户感兴趣的短视频内容。

此外，根据时间节点、节日策划相应的内容，对于打造高赞作品也是非常重要的。假如要策划一个与元旦节日相关的短视频，可以从目标用户诉求入手，并结合节日的特点，策划出能够让用户产生情感共鸣的短视频内容。

以某个和情人节相关的短视频为例，创作者结合了情人节节日气氛浪漫的特点以及用户可能要发朋友圈“秀恩爱”的需求，策划出“用图片制作浪漫视频”的短视频，如图6-26所示。

从图中可以明显地看到该条短视频的点赞量将近15万，且转发量超过7万，相较创作者之前的作品数据来说是非常好的。图6-27所示是该创作者的作品库，可以明显看出情人节视频远远高于其他视频的点赞量。

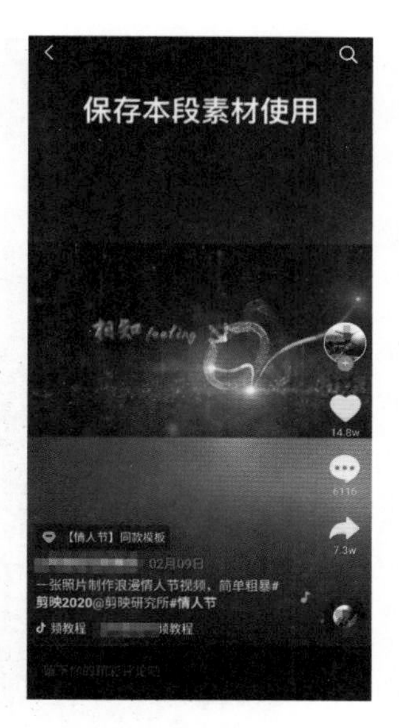

图6-26 与节日相关的视频

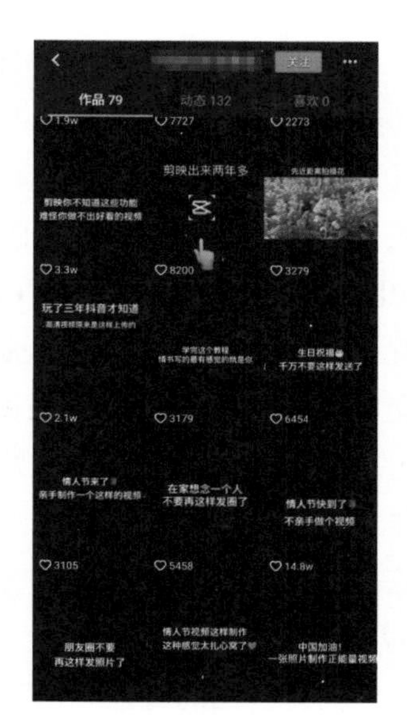

图6-27 视频数及点赞数据对比

2. 制作阶段

当短视频内容清晰、明确之后，就会进入到短视频的制作阶段。短视频制作阶段主要是用镜头的方式将文字语言展现出来，并通过精良的后期制作，让短视频以更好的方式呈现在用户面前。

在短视频制作阶段，拍摄人员和后期制作人员就显得特别重要，他们往往需要很强的“网感”，能够知道当下网络流行的趋势，例如网络热词、热点、流行的歌曲电影等。并且还需要丰富的想象力，能够将网络热点变成自己的素材灵活运用。

此外，在视频制作阶段，需要撰写一个更容易获得高推荐量的短视频标题和文案，以及为短视频配上一个更容易获得高点击率的封面，这些都是制作高赞短视频的重要因素。

3. 运营阶段

一个经过周密策划、精良制作的短视频完成之后，就需要进入运营阶段。即使内容有很好的高赞潜力，但没有投入运营，也有可能达不到很好的数据。如果需要达到视频爆火、用户争相观看的效果，就需要良好的运营。

运营工作不仅仅是将视频推送出去这么简单，还要及时跟进各平台的数据，与用户互动，引导用户参与视频内容建设，从而增加用户的黏性。

走心秘技2：这么做，你也能一道做菜，短视频“种草”万千家庭主妇

不难发现，美食在人们生活中占据着重要的位置。美食类短视频不仅可以向用户分享美食有关的技能，还可以展现出创作者对美食的热爱，以及对生活的乐观态度，使得用户在观看短视频时身心愉悦，并产生对美食和美好生活的情感共鸣。

美食类视频的受众很广泛，无论是什么身份、什么职业，都会和美食产生交集。这也是为什么一道做菜的短视频“种草”万千家庭主妇的重要原因。

以某美食类短视频为例，美食的原材料是粉丝、白菜和五花肉，如图6-28所示。

前面提到，点赞与收藏类似，而转发一般指的是分享至用户的社交圈，也就是说这道菜的做法视频有超过100万的人收藏，超过16万人分享。由此可见，这条视频的传播范围非常广，非常受用户的欢迎，所以“种草”用户的数量也就不言而喻了。

一道做菜的短视频能够“种草”万千家庭主妇，短视频的内容必然具有自己的特色。例如，案例中的这条视频，它具有食材常见、操作简单和味道鲜美可口的特点，观众看了，自然愿意被“种草”。

图6-28　美食视频

美食类视频多种多样，有以故事为主线的、以教学为主线的、以明星为看点的、以创意玩法吸引眼球的美食短视频。但无论美食短视频以何种形式呈现，都离不开“美食”这个根本。

走心秘技3：这么用“DOU＋”推广，你也能上热门

“DOU+”是抖音短视频平台为创作者提供的一款付费视频加热工具，购买后可将视频推荐给更多用户，能够高效提升视频播放量与互动量，提升内容的曝光效果，助力抖音用户的多样化需求，具有多重优势。截至目前，已有百万的用户通过DOU+，在抖音上更好地展示自己。下面是一个通过DOU＋推广，获得良好效果的案例，如图6-29所示。

图6-29 DOU＋推广视频

作为一款付费视频加热工具，简单来说就是通过花钱买流量，从而让更多的用户观看到自己的短视频，与自己互动、关注自己。据抖音官方显示，DOU＋投放标准是100元智能推荐给5000人，50元智能推荐给2500人，以及自定义推送。

DOU＋投放操作便捷，在抖音APP上就可以操作，且投放之后，聚粉效果肉眼可见。这是因为抖音能够依靠强大的系统算法来自动识别视频内容的优劣，并实现短视频与用户精准匹配和推荐。但是，能否在DOU+之后还持续获取到流量，很大程度在于投放过程中的数据，如完播率、点赞率、评论率、转发率和关注率等。数据优秀，系统才会将短视频推入更大的流量池，反之，系统则会在投放结束时停止推荐。因此，在投放DOU+时，技巧就显得非常重要了，否则投入再多资金也达不到上热门的效果。这里分享几条投放DOU+的经验和技巧，帮助创作者的短视频上热门。

1．选对投DOU+的时机

选对投放DOU+的时机，可以从投放DOU+视频的数据层面和目标用户变化的层面来考虑，可以说是找准了这两点，投DOU+的时机就选对了。

（1）注意视频的数据

在投DOU+的短视频时，建议不要投放0播放、0赞、0评的视频。同时，新发布的视频不要盲目投DOU+，可以先观察后台数据，如果点赞、播放数据上升很快，就说明这条视频受用户欢迎，有上热门的潜质。那么，这种情况就可以将这条视频投DOU+了，以此获得更高的推荐量。

另外，在短视频各项数据猛增时，也是投放DOU+的黄金期，创作者只需要少量的资金投入，就能帮助作品冲到更大的流量池。

（2）目标用户的活跃度和关注点

在这瞬息万变的世界，每天都有新的事情发生，抖音平台用户的关注点和活跃度也时刻发生着变化。例如，有的用户前一段时间可能在关注动漫，如今可能就在关注舞蹈了；而有的用户前一段时间天天都会登录抖音，并有着长时间观看短视频的行为，如今可能就不上线了。

因此，在进行DOU+投放时，要根据用户的关注点、活跃度进行梳理、分析，选择活跃度较高的用户投放，效果会更加显著。因为，如果用户活跃度较低，很可能在DOU+投放的期间没看抖音，那么，针对他们的这次投入就如同无效。

2．选对投放的用户

抖音DOU+投放分为速推版和定向版，速推版是系统将投放DOU+的短视频智能推荐用户，而定向版给创作者提供了多个选择，创作者可以选择将投放DOU+的短视频推荐给谁。因此，绝大多数创作者在投放DOU+时，都会选择定向版。在抖音DOU+投放的定向版条件下，创作者在选择投放潜在的感兴趣用户时，系统提供了三个选择，分别是：系统智能推荐、自定义推荐、达人相似粉丝推荐。

（1）系统智能投放

系统智能投放是系统默认的选项，主要是由系统根据视频内容投放给有相同兴趣的用户。例如，视频内容是关于美景的，那么系统就会自动推荐给经常浏览美景视频的用户，如图6-30所示。

（2）自定义定向推荐

自定义定向推荐是由创作者自己确定要投放的用户群体，可以指定性别、年龄段、地域和兴趣标签。例如，短视频内容是卖高端女性护肤品，那么就可以指定年龄在8~23岁、24~40岁，地域处于一、二线城市，且爱好美妆的女性用户，进行DOU＋投放，如图6-31所示。

值得注意的是：系统智能推荐和自定义定向推荐的报价是不一样的。如图6-30、图6-31所示，两者的预计播放量都是提升5000，但是自定义定向推荐的价格明显比系统智能推荐多出了一倍。这正是因为自定义定向推荐进行了有目的性的筛选，使得用户群体更为准确。对于定位明确有变现需要的账号来说，会降低投放成本，花更少的钱让更多的潜在用户看到。如果只是为了增加曝光率，则可以选择系统智能推荐。

（3）达人相似粉丝推荐

达人相似粉丝推荐是由创作者选择一些抖音达人，将视频推给该达人的粉丝或与这类达人相似的用户群体。例如，账号主要输出美食类短视频，就可以选择美食达人，这样会让投放的目标更加准确，如图6-32所示。

图6-30 DOU＋投放用户选择

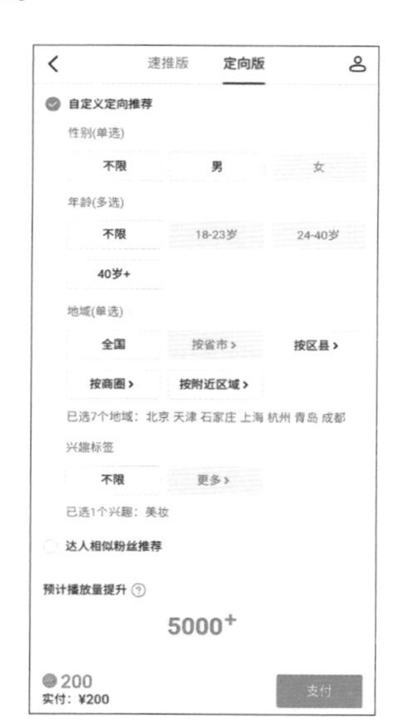

图6-31 DOU＋投放自定义用户选择

图6-32 DOU＋投放达人相似粉丝

3. 少量多次原则

所谓少量多次原则就是选择多次投入，但每次投入的资金较少。经过各项数据表明，在进行DOU+投放时，遵循“少量多次”的原则，投放的效果会更好。例如，某个创作者预算了2000元的推广费，在进行DOU+投放时，那么一次投放200元且先后投10次的效果，是远远大于一次性投入2000元的效果的。另外，在投放期间还要注意数据的变化，及时进行调整和优化，这样效果会更好，甚至能够带动账号中其他视频的播放量。

走心秘技4：5个技巧，让视频封面脱颖而出，受万人瞩目

短视频的封面是吸引观众注意的又一个有效途径，想要自己的视频封面在众多封面中脱颖而出，受千万人瞩目，不妨试试以下几个技巧：

❶ 视频封面风格、调性要统一，加深观众的印象。举个简单的例子，某美食类创作者视频封面风格统一，用户还没点开视频，就能知道这个视频是这个美食创作者发布的。

❷ 封面字体要醒目直达视频爆点，让用户能一眼了解视频内容是什么。举个简单的例子，某短视频是通过一句“猜猜我怎么了”的提示，让观众产生一种观看心理。

❸ 封面内容要有吸引人的要素，例如搞笑类的短视频，可以将视频中人物最夸张的表情作为封面；如果是花艺类的短视频，可以将插花的成品作为封面展示。

❹ 封面的停留时间最好是超过1秒，因为观众需要反应时间。如果时间太短，观众可能根本就没有反应过来封面是什么，这样一来，即使封面再好看，也达不到吸引观众注意的目的。

❺ 借助专门的视频封面制作软件，寻找封面制作灵感，例如美册APP，上面有许多的视频封面可以供创作者借鉴。

走心秘技5：4个技巧，让视频播放量迅速提升

视频的播放量是每一个创作者都关心的问题，想要视频播放量迅速提升，不妨试试这5个技巧：

❶ 选择合适时间发布短视频，据统计，62%的短视频用户都会在饭前与睡前刷抖音，时间一般集中在工作日的中午12点到14点，17点到18点，在线用户较多的情况下发布短视频，更有利于提高短视频的播放量。

❷ 根据不同用户的使用习惯发布短视频，每个人上网的时间可能都会存在一定的差异，例如，一个做洛丽塔女装的视频创作者，他的受众多是一些学生，那么在选择发布短视频时间的时候，就可以选择在下课后、放学后、节假日时。

❸ 参与官方活动，根据账号定位，选择合适的挑战与合拍。例如，某个美食类创作者，根据账号的定位参与与美食相关的视频拍摄活动，更容易获得系统推荐。

❹ 发布短视频时多@相关的用户，如果对方粉丝数量较多，一旦转发视频，播放量就上去了。

第 7 章

短视频运营

优质的短视频内容是短视频广泛传播和良好发展的基础，而短视频运营则是让优质内容大面积扩散、更好发展的有力辅助。在茫茫信息大潮中，如果没有短视频运营，无论视频内容有多么优质，也有可能被渐渐淹没。由此可见，短视频运营非常重要。

近年来，随着短视频市场的火爆和不断升温，与之相关的短视频营销生态也越来越完善。在这种发展背景下，短视频营销自然成为人们非常喜欢的营销方式之一，短视频运营也朝着专业化方向发展。

7.1

短视频运营工作流程

短视频市场的火爆使得越来越多的人重视短视频营销，同时市场对于短视频运营人员的需求也越来越多。对于短视频运营人员来说，了解短视频运营工作的整个流程是最基本的职业要求。了解了短视频运营工作的流程，有助于运营人员在后期短视频宣传推广过程中得心应手，使得短视频运营工作开展得更加顺利，短视频发展得更加良好。

7.1.1 组建团队

目前，绝大多数优质的短视频通常都是由一个完整的团队制作完成的。优秀的短视频团队不仅能提高短视频的制作效率，还能提高视频的专业性，为短视频良好的发展保驾护航。视频制作团队的成员主要有编导、内容策划、摄影、剪辑和运营，具体人员分配的工作分配要根据需要来具体安排。团队成员的构成以及其主要工作内容，如表7-1所示。

表7-1 团队构成及其职能

职　位	职　能
编导	负责统筹指导整个团队的工作
内容策划	负责制定视频内容
摄影	负责拍摄短视频或者做一些拍摄前期的准备工作
剪辑	负责将视频素材剪辑成片，并对剪辑完成的视频进行后期制作
运营	负责短视频完成后的推广和宣传工作

一般来说，小型的短视频团队有3~4人就够了，如果是在视频发展初期，一个人也可以完成日常工作。因此，团队中的每个职能不一定必须由专门的人员负责，如果团队的成员能掌握多项技能，也可以身兼数职，以减少人力成本。

7.1.2 内容策划

内容策划是短视频运营成功的关键之一，对于有经验的创作者来说，在进行选题策划之前，一般都会先做好竞品分析，会关注和分析那些和自己处在同一领域中的优秀账号。分析他们视频作品的点击量、转发量、关注量、粉丝变化、播放量等数据，并做好统计。然后根据这些数据进行内容策划。

另外，内容策划的关键是要明确短视频的受众，因为受众是短视频创作的出发点和核心。创作者只有锁定目标用户群体，根据用户的需求决定内容的主题，才能创作出用户喜欢的短视频作品。

7.1.3 拍摄+后期

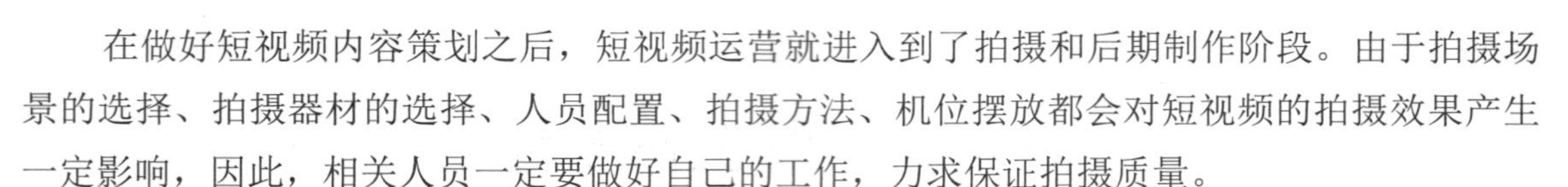

在做好短视频内容策划之后，短视频运营就进入到了拍摄和后期制作阶段。由于拍摄场景的选择、拍摄器材的选择、人员配置、拍摄方法、机位摆放都会对短视频的拍摄效果产生一定影响，因此，相关人员一定要做好自己的工作，力求保证拍摄质量。

另外，由于拍摄的短视频大多要经过后期处理，所以后期制作一定要精细化，让视频进一步获得更好的效果。

7.1.4 推广运营

近年来，短视频平台越来越多，每个短视频平台的定位也有细微的差距。因此，在做推广运营时，创作者应根据视频类型的不同而选择不同的发布平台。当然，在选择平台时，平台的流量和账号的粉丝也是非常重要的参考因素。以某短视频创作者为例，他在抖音平台的粉丝超过1000万人，而在美拍平台上的粉丝仅仅只有2万多人，如图7-1所示。

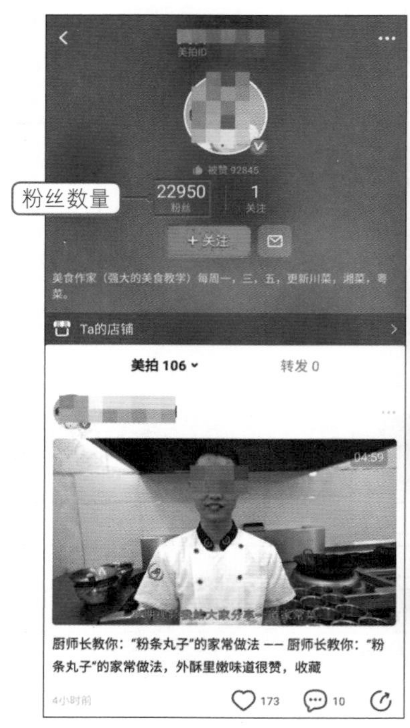

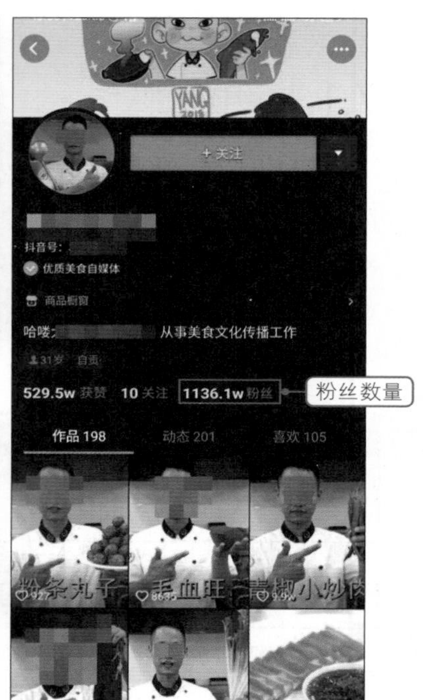

图7-1 选择不同平台的结果

为什么同一个创作者在两个短视频平台上，其粉丝数量存在如此大的差异？造成这种差异的关键因素就是用户习惯和平台定位。美拍短视频平台的粉丝多为年轻爱美的女性，相对于关注做菜的创作者更倾向于关注潮流网红。同时，美拍短视频的定位也是针对年轻化的潮流社区，这个意义上来说，该创作者输出的内容不大符合该平台用户的观看习惯。

另外，视频的发布时间要根据所发布平台的用户习惯去把握，从而增加视频的曝光度。此外，在视频发布成功之后，创作者还应对视频数据进行统计分析，如点赞量、播放量等数据，以此优化运营推广方案。

7.2

短视频平台实战分析与运营建议

如今，几乎每个人的手机里都安装了短视频软件。

据相关数据统计，当前短视频用户数量超过6亿，且随着互联网普及和手机成像质量越来越高、功能越来越完善，一定会有越来越多的人加入到短视频创作队伍中来。面对这样的局势，创作者要想持续地获取流量，就不得不对短视频平台进行分析。这里以抖音、美拍、快手、秒拍和西瓜视频等5类短视频平台的典型创作者进行分析。

7.2.1 抖音

抖音是一款专注年轻人拍摄短视频的音乐创意短视频社交软件，用户可以通过抖音软件选择歌曲，拍摄音乐短视频，从而形成自己的作品，进行发布。在抖音上，从一个“小白”发展成行业大咖的达人比比皆是，典型的例子也非常多。这里以李佳琦和叶公子为例，分别进行平台运营实战分析，以供读者参考。

1．李佳琦

李佳琦是一个出生于湖南的90后知名美妆博主，以购物直播知名，被网友誉为“淘宝口红一哥”。李佳琦于2015年正式进入彩妆直播行业，在直播过程中，他以富于个人特色的推销语言、赠品等手法吸引观众购买产品。李佳琦在飞瓜数据里的账号指数，如图7-2所示。

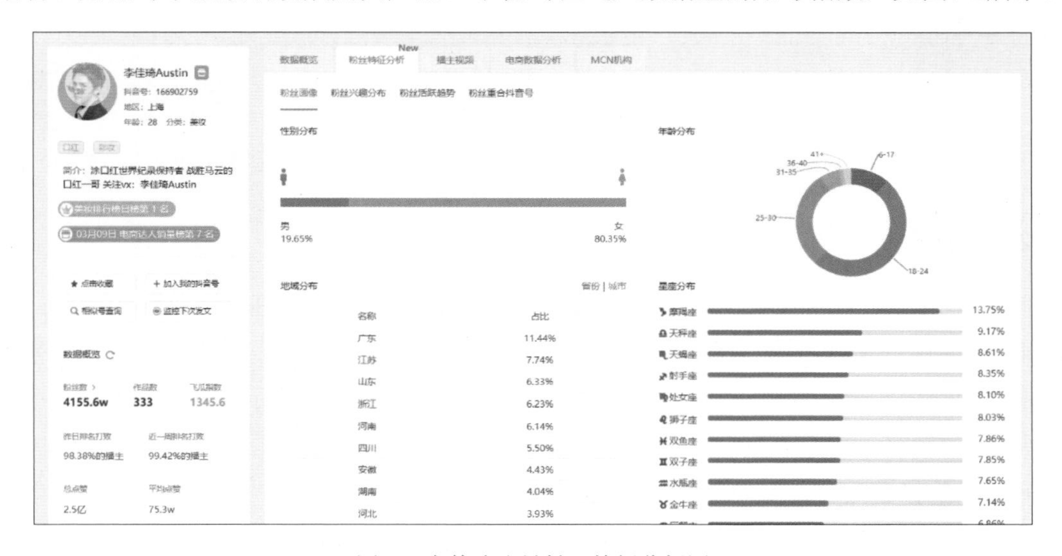

图7-2 李佳琦账号粉丝特征分析图

从图中可以明显看到，李佳琦的账号在作品数只有333个的情况下，粉丝数已达4155.5万。由此可见，李佳琦的抖音账号运营做得非常成功。这里对李佳琦的成功因素进行了一些分析，如表7-2所示。

表7-2 李佳琦账号成功因素

账号类型	美妆类	抖音绝大多数的用户为女性，因此会对美妆较为感兴趣
出镜形式	真人出镜示范	李佳琦长相俊朗帅气，模样吸睛，符合美妆类播主要求
账号定位	通过淘宝直播内容精编，形成“口红一哥”大IP形象，以专业的讲解，激发粉丝的购买	刺激了想变美变好看的年轻女性和部分男性观看视频欲望，并让他们产生自发地关注李佳琦的心理
粉丝画像	男性粉丝占19.65%，女性粉丝占80.35%；粉丝年龄以18～30岁为主。分布地区以广东、江苏为主	这类用户群体对于变美、变好看有着更强烈的欲望，李佳琦输出的内容正迎合了她们的胃口
电商数据	商品橱窗24款产品有好几个销量超过10万，曾上过美妆排行榜日榜第7名和电商达人销量榜第7名	李佳琦推荐的产品价格有高有低、类型多样，且绝大多数都是观众能够消费得起的产品
账号运营关键点	人设统一，格式固定；产品亲自示范，流程化测评；名牌限量款种草，明星效应背书；促销能力极具煽动性	李佳琦亲自测评以及邀请明星做客，有着很强的说服力。因此，观众愿意观看该播主的内容，且愿意相信该播主推荐的产品

无论是从李佳琦的账号定位上看，还是从其出境形式上看，都符合了抖音平台上万千网友的需求，这是他抖音账号成功的动力。李佳琦原本就从事美妆行业数年，有着众多的粉丝，并且得到粉丝信赖，这也是他抖音号成功的重要因素。

运营建议

这类开门见山、直接种草的视频运营方式，如果李佳琦没有原本的粉丝基础，以及领域内的经验，在运营初期，也是有一定难度的。如果没有这些前提条件，在准备做美妆类短视频时，就应该先去了解美妆类短视频的特点以及竞品视频内容的特点，以帮助自己找到更好的视频运营方式。

2．叶公子

叶公子是一个一夜在网上火爆起来的播主，其输出的短视频内容情节跌宕起伏，结局令人出乎意料，在很短时间内就收获了大批粉丝。叶公子一头短发，能很好地突出性别反差感，增强观众的印象。叶公子在飞瓜数据里的账号指数，如图7-3所示。

从图7-3中可以明显看到，叶公子在作品数只有169个的情况下，粉丝已达2354.9万。可见，叶公子的抖音账号运营做得非常成功。

这里对叶公子能够在抖音平台获得如此好成绩的重要因素进行分析，以帮助准备在抖音平台运营剧情类的美妆短视频读者，在运营时有一个重要的参考，如表7-3所示。

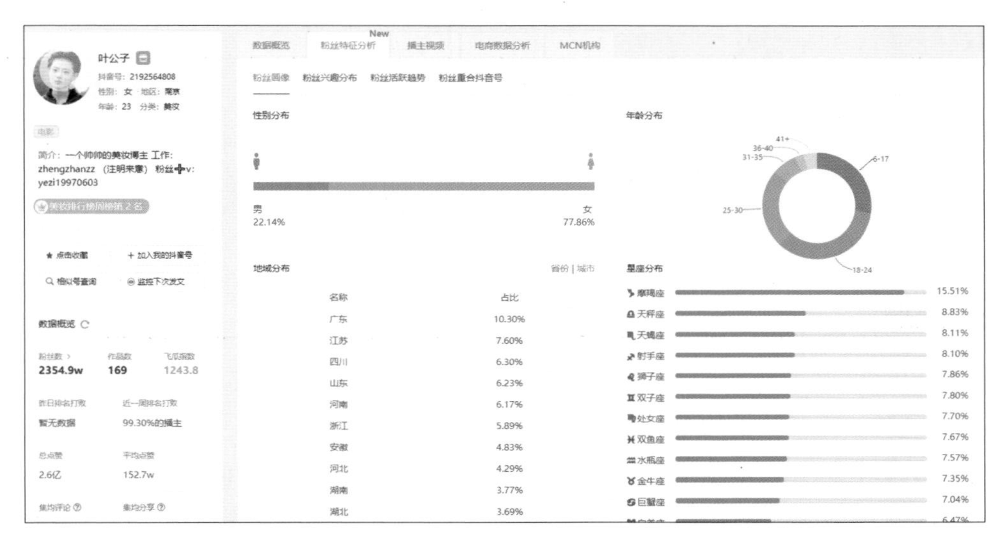

图7-3 叶公子账号粉丝特征分析图

表7-3 叶公子账号成功因素

账号类型	美 妆 类	抖音绝大多数的用户都为女性，因此会对美妆较为感兴趣
出镜形式	真人出镜示范	叶公子一头帅气短发，能给人视觉印象；模样吸睛，符合美妆类播主要求
账号定位	通过在情感反转剧情中植入软性广告、“种草”好物，从而实现带货盈利	粉丝既可以通过情感反转的剧情满足好奇心、引发共鸣感、宣泄情绪、放松身心，又可以买到高性价比的美妆产品
粉丝画像	男性粉丝占22.14%，女性粉丝占77.86%，粉丝年龄以6～30岁为主。分布城市以一、二线城市为主	年轻人对剧情反转类作品更有兴趣，尤其是天性爱美、喜欢装扮的女性既青睐情感内容，又有购买美妆产品的习惯，该类作品正好符合了她们的需求
电商数据	商品橱窗中有53款产品，销售量超过1000的有46款产品。曾上过美妆排行榜日榜第2和电商达人销量榜，电商带货能力极强	叶公子推荐的产品类型多样，有美妆洗护用品，也有服饰日用品，价格高低不一，满足了绝大多数用户的需求
账号运营关键点	将产品植入到情感反转剧情中，实现软广盈利	叶公子通过一个个的反转故事，将产品代入其中，大大增加了观众的接受度，让观众在“看剧”的过程中，就自然接受了产品信息的输入，购买就成了顺理成章的行为

叶公子与李佳琦的抖音账号虽然都属于美妆类，但两者的运营方式却截然不同，叶公子属于通过剧情植入产品，而李佳琦是开门见山，直接推荐产品。

叶公子相对于李佳琦来说，原本没有粉丝基础，但为什么能在抖音上短时间内吸纳众多的忠实粉丝，很大程度上是因为她的短视频通过跌宕起伏的剧情，给人带来了耳目一新的新鲜感，能给人留下深刻的印象，很容易从同质化严重的美妆类账号中脱颖而出，受到观众的青睐。

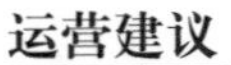

运营建议

如果选择运营剧情类美妆短视频，视频作品的设计需要深厚的积累，才能保障剧情的逻辑严谨、情节跌宕起伏；也只有这样，才能更好地将所推广的产品自然衔接到剧情中去，让观众自然地接受。此外，这类的短视频也可以通过设悬念、留悬念的方式，引导观众关注作品，关注短视频创作者。

7.2.2 美拍

美拍是由厦门美图网络科技有限公司出品的一款可以直播、美图、拍摄、后期制作的短视频社交软件。由于美拍的用户大多是一、二线城市的年轻女性，因此，美拍平台定位于年轻人的“兴趣社区”，即基于用户所喜爱的兴趣领域，进行内容和用户群体垂直化开发运营，使得具有相同兴趣爱好的用户聚集、交流、互动，从而形成一个氛围浓厚、关系密切的短视频社区。

以美拍“密子君”的账号为例，进行平台运营实战分析。密子君出生于重庆市，因16分20秒吃完10桶火鸡面而走红，曾获金秒奖最佳女主角、2017超级红人节十大美食红人等荣誉。她作为国内第一个“吃螃蟹”的人，在3个月内，积累了超过220万的微博粉丝，吃播视频全网播放量突破17亿，如今在美拍的粉丝数也已经超过370万。密子君的粉丝画像，如图7-4所示。

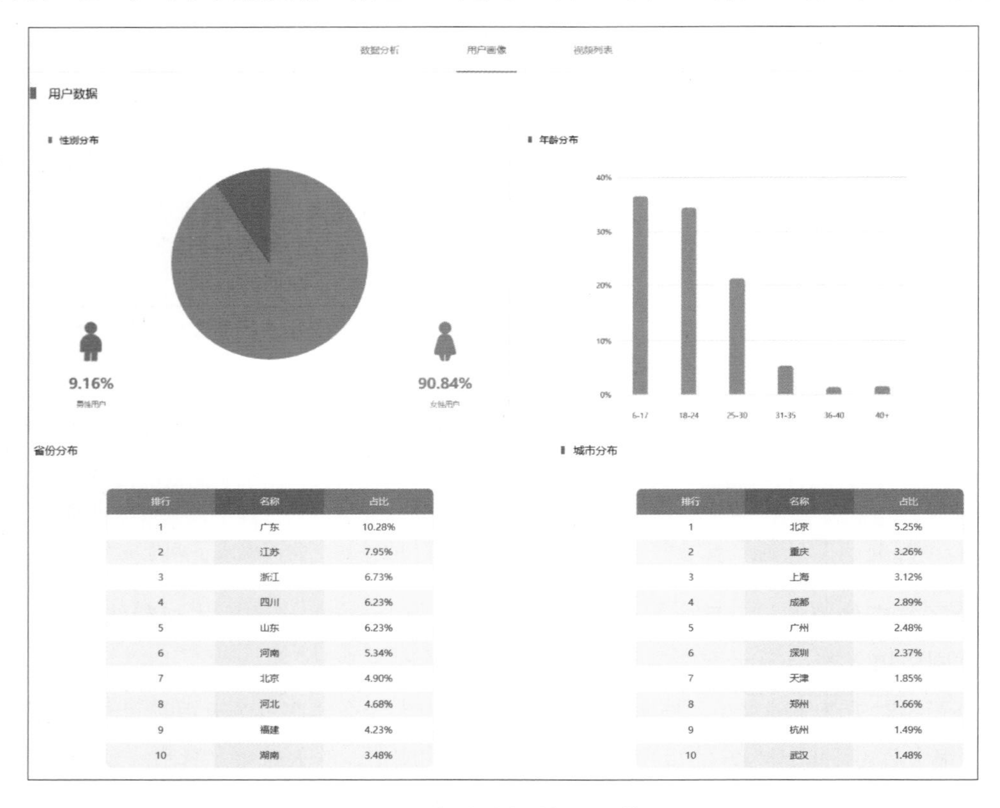

排行	名称	占比
1	广东	10.28%
2	江苏	7.95%
3	浙江	6.73%
4	四川	6.23%
5	山东	6.23%
6	河南	5.34%
7	北京	4.90%
8	河北	4.68%
9	福建	4.23%
10	湖南	3.48%

排行	名称	占比
1	北京	5.25%
2	重庆	3.26%
3	上海	3.12%
4	成都	2.89%
5	广州	2.48%
6	深圳	2.37%
7	天津	1.85%
8	郑州	1.66%
9	杭州	1.49%
10	武汉	1.48%

图7-4 密子君账号粉丝画像

从粉丝画像中可以明显看到，密子君的美拍账号90.84%的粉丝都是女性用户，且年龄段大多分布在6~30岁。此外，密子君在美拍平台发布吃播作品679个就收获了370.1万的粉丝。由此可见，密子君的作品在美拍十分受用户欢迎。这里对密子君能够在美拍平台获得如此好成绩的重要因素进行一些分析，如表7-4所示。

表7-4 “密子君”账号成功因素

账号类型	美 食 类	美拍绝大多数的用户都为年轻女性，对吃和美食较为感兴趣
出镜形式	真人出镜	密子君模样活泼可爱，声音悦耳动听，符合美食类播主要求
账号定位	坐在摄像机面前向网友直播自己吃饭的过程，依靠“吃相”的受欢迎程度获得“打赏”。同时，将试吃短视频与广告完美结合，成为美食界移动的“广告牌”，从而形成一种将线上线下结合起来的盈利模式	在全民减肥的时代，大家可以通过观看吃播视频来代替自己没有得到的食物需求，获得一种精神满足。当然，也有一部分粉丝通过主播的视频来获取食物相关的信息
粉丝画像	男性粉丝占9.16%，女性粉丝占90.84%，粉丝年龄以6～25岁为主，分布城市以一、二线城市为主	这类用户群体多是学生、初入职场的女性、全职妈妈，空闲时间相对来说较多。对于吃和减肥有非常大的兴趣。因此，对于密子君这个人，自然愿意关注
账号运营关键点	将产品植入到吃播过程中，实现软广盈利。并通过线下测评，获得回报	密子君亲自测评增加了美食的吸引力，能够刺激观众去购买

密子君根据受众用户的需求输出她们感兴趣的内容，自然很容易得到关注。此外，密子君还根据时下流行的热点调整自己视频的内容，将个人的定位从“大胃王”升级到“美食家”，提升自己的品质和格调，并用更有价值、更专业的内容，保证视频的拍摄质量，大大增加了粉丝的黏性，也将视频的覆盖面朝着更广的范围扩散，这为密子君快速发展提供了重要保证。

运营建议

美拍平台的吃播达人比较多，创作者在进行吃播时要形成自己的特色，形成自己的标签，以在观众脑海中形成深刻印象。同时，要根据粉丝的画像，输出迎合他们兴趣的内容，如此一来，粉丝的黏性会更强，这对于账号更良好的发展也有非常大的帮助。

7.2.3 快手

快手短视频是北京快手科技有限公司研发的一款集手机视频录制、视频观看、美颜直播的短视频产品。快手视频的用户遍布全国各地。通过快手，有不少的普通人实现了由“草根”变成“网红”、由“草根”变成“名人”的梦想。这里以“叫我三炮”为例，进行平台运营实战分析。

“叫我三炮”，是快手红人，人称“快手周星驰”。2016年，他上传了一段“农村叛逆少年夺命125”的故事视频，配上不羁的表情，有趣的台词，港片的无厘头风格，立刻获得了官方推荐，给视频带来了上千万的播放量和100多万的粉丝。下面是“叫我三炮”在飞瓜数据里的账号指数，如图7-5所示。

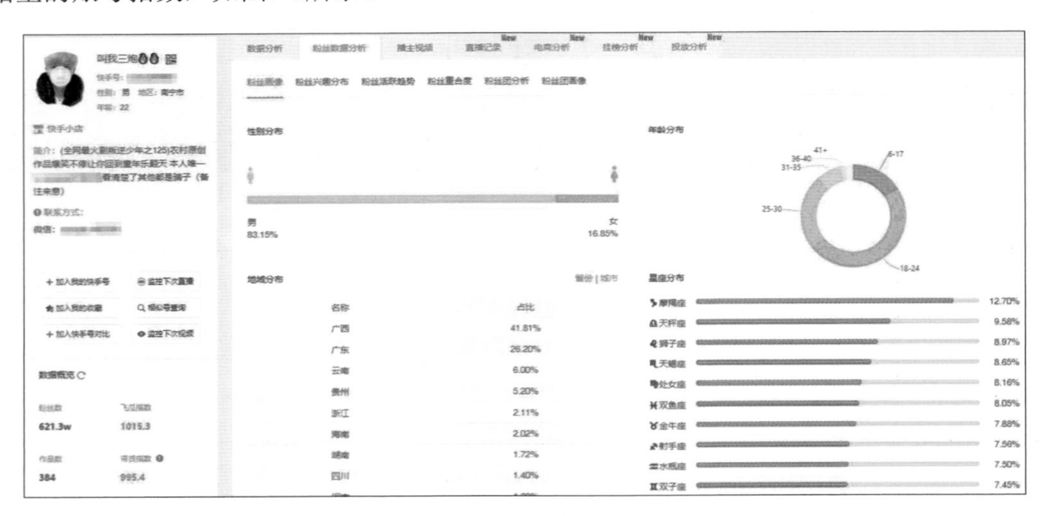

图7-5 叫我三炮账号粉丝画像

从图7-5中可以明显看到，“叫我三炮”的快手账号在作品数只有373个的情况下，粉丝已达634万。由此可见，“叫我三炮”的快手账号运营做得非常成功，这里列出了一些分析结果，如表7-5所示。

表7-5 “叫我三炮”账号成功因素

账号类型	搞笑类	历年以来，各个短视频平台的用户对于搞笑的视频内容都比较感兴趣。“叫我三炮”输出的内容正好迎合了他们的喜好
出镜形式	真人出镜	“叫我三炮”与伙伴们的日常，仿佛带着我们回到了年少的日子，非常容易引起共鸣
账号定位	通过搞笑有趣的视频内容，还原了农村及城乡结合部“摩登青年”的日常	在快节奏生活下，每个人身上都背负着不同程度的压力，对于观看轻松搞笑内容能放松心情，疲惫得到舒缓。因此，自然就愿意观看“叫我三炮”的视频内容
粉丝画像	男性粉丝占83.77%，女性粉丝占16.23%，粉丝年龄以6～30岁为主，分布地区以广西为主	这类用户多为学生、职员，空闲时间有一定的规律，同时在学习、工作和生活压力下，通过观看搞笑内容，可以获得娱乐和放松，又能用好碎片化时间，对于用户来说是一个非常好的选择，自然愿意关注账号
电商数据	快手小店在售商品5件，总共销量4499件，飞瓜带货指数840.5	“叫我三炮”推荐的产品都比较平民，价格易得到用户的接纳。价格有高有低、类型多样，且绝大多数都是观众能够消费得起的产品
账号运营关键点	以乡村为背景，持续输出不同故事性的、创意性的作品	“叫我三炮”制作的短视内容有趣、故事丰实、创意满满、剪辑手法熟练，还能够在一系列的作品中保持完整的故事结构和人物形象，这也有助于观众持续性关注内容

“叫我三炮”输出的视频内容无论是从运营定位上还是快手平台整体内容基调上，都大大地符合了平台用户的需求，这是他在快手火爆起来的动力支持，而他持续不断输出的搞笑内容又是他火爆的动力来源，无论哪一种，都造就了“叫我三炮”如今的成绩。

运营建议

运营搞笑类的短视频要求创作者在创作短视频时，挖掘生活中的方方面面，采用段子模仿、微创新、情景剧、心理共鸣、视觉反差、出乎意料等多种方式制造笑点，为视频内容加分，也可以适当地在视频中加人广告的元素，为后期的广告带货打好基础。此外，各个视频平台上的搞笑类短视频多如牛毛，创作者应主动去了解竞品的短视频，学习其中的优质内容、运营技巧等，帮助自身短视频运营更加顺利。

7.2.4 秒拍

秒拍是炫一下（北京）科技有限公司推出的一款集高清视频拍摄、炫酷视频主题、高能水印、智能变声、明星短视频、一键唤起等服务功能的短视频分享软件。该软件在2020.04.12~2020.06.06期间，卡思指数[①]入榜的前10位账号，如图7-6所示。

1	papi酱	3,417.2万	633.5万	2,470	6	813
2	天使与魔鬼718	408.8万	169.2万	114	124	764
3	暴走街拍	442.4万	111.7万	48	113	759
4	IT观察猿	200.3万	24.8万	29	594	724
5	王者不掉星	179.6万	344.4万	93	0	661
6	[illegible]	151.9万	298.8万	231	0	635
7	黄文煜小盆友	1,264.6万	17.2万	8	0	610
8	程晓玥YvonneChing	436.2万	131.2万	9	0	604
9	[illegible]	185.0万	66.6万	53	0	604
10	潘雨润PanYR_	359.8万	36.2万	18	0	603

图7-6 秒拍卡思指数周榜的前10名账号

这里以秒拍达人“暴走街拍”为例，进行平台运营实战分析。“暴走街拍”是秒拍原创的一档街头采访节目，时长一般是5~7分钟。“暴走街拍”的粉丝画像，如图7-7所示。

从图7-7中可以明显看到，“暴走街拍”的账号的粉丝性别比例几乎持平，且年龄段以18~24岁的居多，粉丝城市分布在一线城市，可见其作品适合一、二线城市的年轻人。此外，“暴走街拍”在秒拍平台仅仅发布街采作品317个就收获了442.4万的粉丝，且绝大多数的作品的播放量都超过了500万。由此可见，“暴走街拍”的作品在秒拍平台十分受用户欢迎。这里对“暴走街拍”能够在秒拍平台获得如此好成绩的重要因素进行了一些分析，分析结果如表7-6所示。

① 卡思指数：卡思指数是卡思数据平台为网络红人、团队和节目的整体商业价值提供的一种数据，以数值的形式表现，满分为1000分。卡思指数的分值越高，其整体的商业价值也就越高。

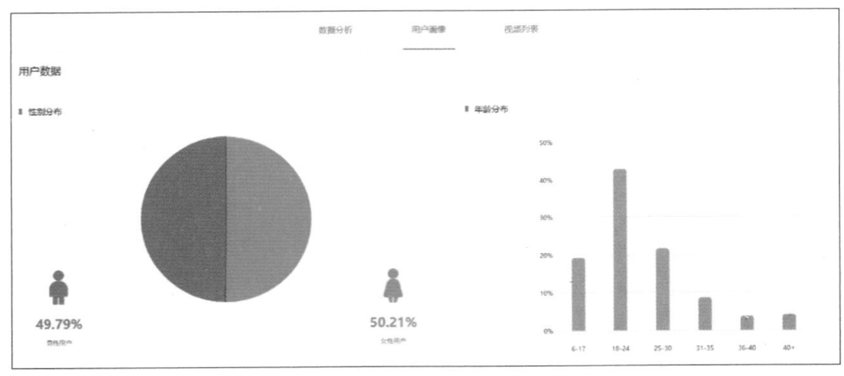

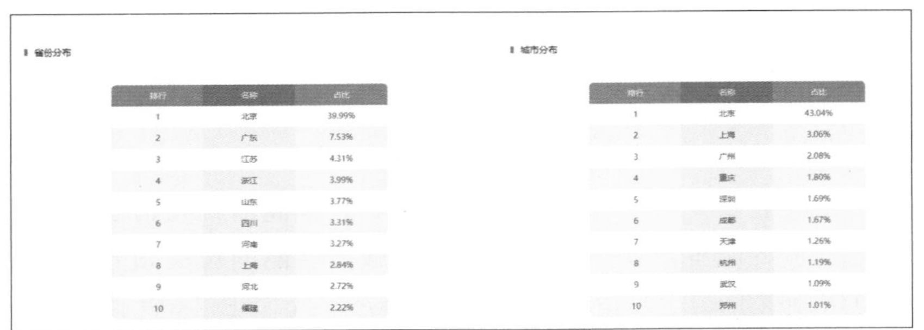

省份分布

排行	名称	占比
1	北京	39.99%
2	广东	7.53%
3	江苏	4.31%
4	浙江	3.99%
5	山东	3.77%
6	四川	3.31%
7	河南	3.27%
8	上海	2.84%
9	河北	2.72%
10	福建	2.22%

城市分布

排行	名称	占比
1	北京	43.04%
2	上海	3.06%
3	广州	2.08%
4	重庆	1.80%
5	深圳	1.69%
6	成都	1.67%
7	天津	1.26%
8	杭州	1.19%
9	武汉	1.09%
10	郑州	1.01%

图7-7 暴走街拍用户画像

表7-6 “暴走街拍”账号成功因素

账号类型	街采类	街采类短视频较为新颖，且因为话题多种多样，很容易得到观众的关注
出镜形式	真人出镜	出镜的人的颜值都比较高，非常吸睛，也符合大众对审美的需求
账号定位	通过街头采访不同的路人相同的问题，这些问题具有很大的话题性，往往能够比较真实地反映出路人的思想和内心想法。因此，很容易吸引观众的眼球	街采类能问出用户想问的，例如，以“如果爱情可以重来，你会怎么做”的话题，能很好地引导观众的参与
粉丝画像	男性粉丝占49.79%，女性粉丝占50.21%，粉丝年龄以6～30岁为主，分布城市以一、二线城市为主	这类用户多为年轻人，对于颜值和获得争议性话题的答案有一定的需求。“暴走街拍”输出的内容正好符合了他们的喜好
账号运营关键点	每期选题都紧跟时下热点，话题越多，采访的人就越多，素材也越多，输出的精彩内容也就越多	“暴走街拍” 选题采用时下热点，并用轻松幽默的氛围带动观众的情绪，很容易获得大众的喜爱

看过“暴走街拍”视频作品的读者应该会发现，视频的每期选题都是节目组经过深思熟虑后确定下来的。此外，节目采访的地点一般都是以校园和繁华的商业区为主，如果采访中互动良好的路人还有机会变身成为节目中的主持人，这也是节目的一大亮点。正是因为这样的操作，才保证了优质的视频内容，保证了每期的视频都能得到用户的喜爱。

运营建议

准备做街采类短视频的读者，在运营之前，应该先去了解市场，了解人们感兴趣的、热门的话题，只有这样，创作出来的短视频才更容易得到观众的喜爱。当然，也可以学习“暴走街拍”的视频模式，每一期的视频都在街头询问路人三个问题，并以各大节日为主线，穿插当下热点事件，连成一个完整的节目以便账号运营良性循环。

达人提示

街采类节目有两种形式：一种是所有的被采访的人都固定回答同一个问题；另一种是当一个被采访者回答完问题后，提出一个问题让下一个人回答。无论是哪种方式，都会因为被采访者的颜值以及采访的内容吸引到年轻人的注意。

7.2.5 西瓜视频 

西瓜视频是字节跳动旗下的视频平台，涵盖了音乐、影视、社会、农人、游戏、美食、儿童、生活、体育、文化、时尚、科技等领域的视频。它通过人工智能，个性化地为用户推荐新鲜、好看的视频内容，并帮助视频创作者轻松地向全世界分享自己的视频作品。该软件在2020.03.16~2020.03.22期间，卡思指数入榜的前10名西瓜创作者账号如图7-8所示。

排名	名称	粉丝总数	集均播放量	集均评论	集均赞	卡思指数
1	炮芯大怪	942.0万	200.9万	1,556	1.9万	972
2	老撕鸡	670.0万	99.6万	1,330	2.1万	968
3	狙击手麦克	481.0万	98.1万	1,389	1.9万	965
4	陈大白游戏解说	506.0万	141.1万	1,650	2.4万	964
5	韩小浪	344.0万	106.0万	1,515	1.8万	949
6	可爱的Anna	388.0万	228.5万	1,507	1.9万	947
7	蓝一游戏	600.0万	119.5万	483	1.0万	937
8	陈翔六点半	604.0万	106.8万	502	1.5万	937
9	我是郭杰瑞	188.0万	154.0万	4,066	3.1万	936
10	痴鸡小队	278.0万	316.1万	2,273	1.8万	936

图7-8 西瓜视频卡思指数周榜的前10名账号

这里以“陈翔六点半”为例，进行平台运营实战分析。“陈翔六点半”是一部活跃于多个短视频平台的爆笑迷你剧。这个栏目中的视频，融合了电影的拍摄方式，以夸张幽默的表演，讲述了生活中无处不在的有趣故事。且每个短剧里都没有固定的演员和角色，同时在1~3分钟的时间里至少会展现出一个笑点，让观众能在最短的时间内得到解压、放松和快乐。陈翔六点半在飞瓜数据里的账号指数图，如图7-9所示。

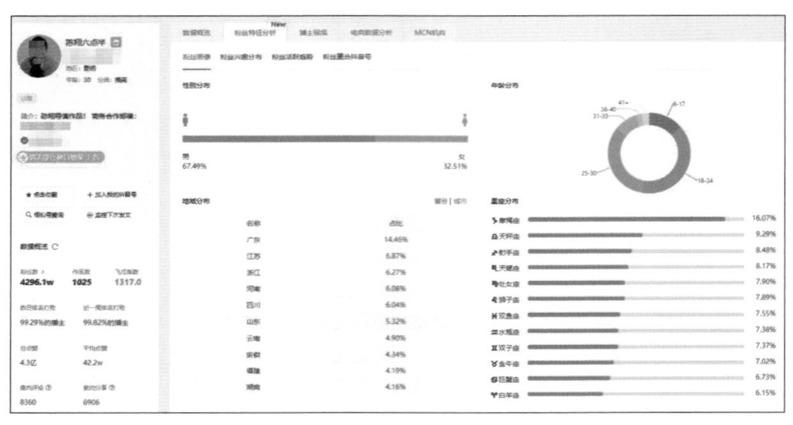

图7-9 陈翔六点半账号指数图

从图7-9中可以明显看到，陈翔六点半的账号发布作品数1025个，粉丝已经达到4296.1万。由此可见，陈翔六点半的账号运营做得非常成功。这里对陈翔六点半能够在西瓜视频平台获得如此好成绩的重要因素进行一些分析，分析结果如表7-7所示。

表7-7 “陈翔六点半”账号成功因素

账号类型	搞笑类	西瓜视频多为男性用户，同时搞笑类视频一直都受人欢迎，因此选择搞笑类领域运营，已经走出了成功的第一步
出镜形式	真人出镜	陈翔六点半视频中的人都具有各自的特点，无论是声音还是模样都十分有辨识度，加深了观众对其的印象
账号定位	通过一个个情节跌宕起伏、有趣的小故事，映射社会现实、讽刺假恶丑现象而快速吸引粉丝关注，进而实现广告盈利	观看视频能够满足年轻人尤其是男性的猎奇心，激发他们的共鸣感想；还通过矩阵发展孵化出数十位超高人气的网络艺人，为陈翔六点半主体账号造势
粉丝画像	男性粉丝占67.49%，女性粉丝占32.51%；粉丝年龄以6～30岁为主，分布地区以广东、江苏为主	相较于女性，男性更青睐思想、历史和时政内容。同时，年轻人普遍青睐搞笑类视频，陈翔六点半输出的内容正迎合了他们的胃口
电商数据	商品橱窗24款产品有好几个销量超过10万，电商带货成绩斐然	陈翔六点半推荐的产品类型丰富多样，价格实惠，因此观众很愿意购买
账号运营关键点	结合时政新闻策划剧本，故事情节跌宕起伏，蕴含哲理，意味深长。持续性地输出丰富多样的搞笑类内容，以此来保证粉丝的黏性	陈翔六点半通过团队成员出演短视频，并在不同的视频中赋予不同的角色形象，使得故事之间的人物更加丰满，故事情节更加变化

无论是从陈翔六点半的账号定位上看，还是输出内容的风格上来看，都符合了西瓜视频平台上万千网友的需求，这是他西瓜视频账号成功的主要原因。截至目前，陈翔六点半的视频播放量已破60亿，并且获得了“微博十大影响力视频栏目奖”，可以说是视频自媒体中的佼佼者了。

运营建议

运营情景剧类短视频的创作者在创作之前就应主动去了解行业内优质的视频账号的特点，分析其优势，并加以灵活运用；还应该主动去收集幽默搞笑的段子、时下热点，整理成可行的文案，并用自己的创意想法，完成一个新的内容。此外，在情景剧类短视频的创作者在拍摄视频时，不仅可以融合电影的拍摄手法，使用高清实景拍摄，还可以用独特的声、画风格和多样的原创幽默情节，向观众展示出小人物的百味人生，达到吸引观众观看的目的。

7.3

平台运营

近年来，各种各样的短视频平台陆续出现在用户的眼前，每个视频平台都有优势，各有特点。短视频创作者该如何选择一个适合自身定位的平台，并让创作短视频的道路走得更长更远，是创作者重点考虑的问题。对于创作者来说，选择短视频平台时，可以从平台行业数据、平台基本规则等方面入手分析，从而寻找一个适合自身发展的短视频平台。

7.3.1 了解短视频平台的行业数据

了解短视频平台的行业数据是创作者在选择运营平台时所做的第一项工作，也是最为重要的一步。在这个阶段里，创作者能够了解到市面上存在的短视频中，什么平台的用户活跃度高，什么平台的用户使用时长占比高等数据，这些对创作者选择运营平台十分重要。短视频平台行业数据可以从短视频平台派系、平台类型、使用时长占比、月活跃用户和下载量排行等5个方面来进行说明。

1．短视频平台派系

从2017年开始，互联网行业巨头纷纷涌入了短视频市场，并且利用资金扶持等方式，鼓励创作者入驻，激发创作者热情。

截至2020年，短视频的平台派系分为以字节跳动系、腾讯系、百度系、阿里系、新浪系和360系为主的六大派系。这六大派系分别从不同领域，瓜分了短视频巨大的市场份额。各派系的平台分布如表7-8所示。

表7-8 短视频六大派系平台分布表

字节跳动系	❶ 上线西瓜视频、抖音视频、火山抖音版三个独立短视频APP。 ❷ 收购海外mucial.ly视频网站，推广抖音海外版产品TikTok。 ❸ 推出10亿补贴短视频创作者计划
腾讯系	❶ QQ、微信兼容短视频内容创作分享功能。 ❷ 上线微视视频、闪咖。 ❸ 领投快手3.5亿美元。 ❹ 投资梨视频
百度系	❶ 上线好看视频、全民小视频、伙拍小视频。 ❷ 投资快手。 ❸ 投资“何仙姑夫”等MCN机构②
阿里系	❶ 原土豆视频全面转型成短视频。 ❷ 上线优酷拍客。 ❸ UC订阅号推出W+量子计划③。 ❹ 升级大鱼号，构建大鱼生态体系
新浪系	❶ 投资秒拍、小咖秀、河豚视频。 ❷ 联合MCN机构成立“创作者联盟”。 ❸ 推出视频博主成长计划
360系	❶ 上线短视频APP快视频。 ❷ 上线视频剪辑软件“快剪辑”。 ❸ 推出100亿快基金计划

据不完全统计，在短视频市场中，各种各样的短视频平台已经超过100个，入场的资本也已经超过100家。并且除了现有的短视频平台之外，还有许多资本准备入局，以求在短视频市场红利里分一杯羹。由此可见，短视频领域的红利还将越来越多。

2. 短视频平台类型

根据各个短视频的运营理念以及定位的不同，目前市面上的短视频可以分为4种类型，分别是内容型、工具型、社区型和垂直型。表7-9列出了这4种类型的APP代表，供读者参考。

表7-9 短视频平台类型示例表

平台分类	类型简介	APP代表
内容型	当下几个较火的短视频APP几乎都属于内容型。内容型短视频APP又可以细分为“PGC”“UGC”“PUGC”“OGC”4种类型	抖音、快手、好看、伙拍、西瓜、秒拍

② MCN（Multi-Channel Network）：是一个专门生产内容的机构，在资本的支持下，能够保证内容持续输出，从而最终实现商业稳定盈利。

③ W+量子计划：就是一个扶持自媒体作者生产更多优质的、原创作品的奖励计划。在这个计划的支持下，更有利于搭建一个健康的可持续发展的内容生态，为用户提供更有价值的内容。

（续表）

平台分类	类型简介	APP代表
工具型	该类平台侧重短视频的后期制作，如美化、特效、剪辑，但不注重社交及传播，需要借助内容型短视频平台传播视频	小影、快剪辑、巧影、优酷拍客、猫饼、逗拍
社区型	这类APP通常带有引导用户在平台上通过视频内容进行社交的功能，侧重社交和社区范围	美拍、多闪
垂直型	垂直型APP是“内容型”衍生出来的一个细分类型，常专注于某一个领域，如游戏、舞蹈、教育等领域	梨视频、up短视频、爱拍原创、吃瓜小视频

3．短视频平台使用时长占比

据相关数据统计显示，目前字节跳动系、腾讯系、百度系、阿里系、新浪系和360系共占据用户短视频使用总时长超过75%。其中，字节跳动系用户使用时长占比从3.9%增加到10.1%，增长1.6倍，并超过百度系、阿里系，位居总使用时长第二名。腾讯系占比下降6.6%，是下降最多的，具体数据如图7-10所示。

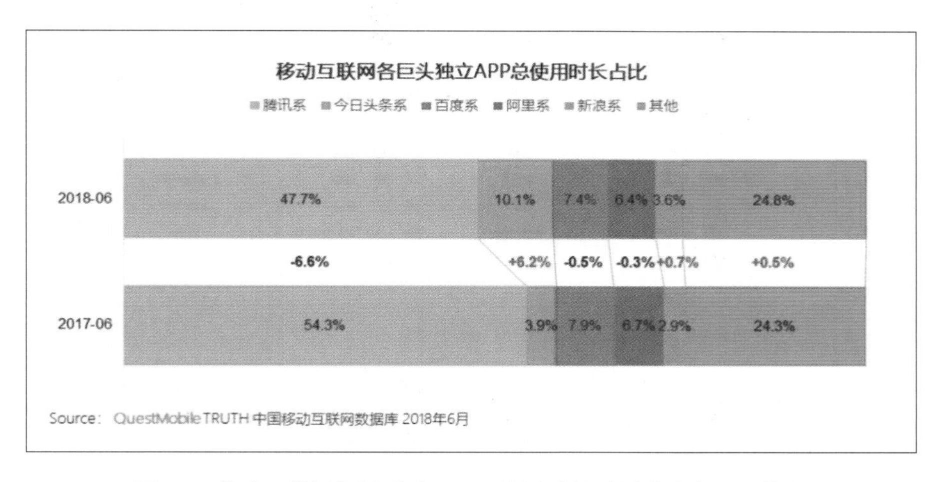

图7-10 移动互联网各派系独立APP使用时长（图片来自于网络）

4．短视频平台月活跃用户

月活跃用户是判断该短视频平台有没有源源不断的流量涌入的重要指标。据易观千帆的数据统计显示，2020年2月，抖音全球月活跃用户数已超过5亿，快手全球月活跃用户数超过4亿，并且抖音火山版和西瓜短视频的月活跃用户数量都已破亿。各类短视频APP于2020年4月份的月活跃用户数排名前10 位，如图7-11所示。

5．短视频平台下载量排行

短视频APP的下载量是判断短视频用户增涨率和基数的重要指标。根据七麦数据发布的2018 短视频 APP行业分析报告可以看出，抖音、快手、美拍的用户增长速度最快。2018年中国短视频APP安卓和iOS的下载量排行榜Top20如图7-12所示。

易观千帆　应用月度TOP榜　2020.04　筛选

应用月度TOP榜

	APP	领域	所属行业	开发商	活跃人数(万)
1	爱奇艺	视频	综合视频	北京爱奇艺科技有限公司	62,542.6 ↑
2	抖音短视频	视频	短视频综合平台	北京微播视界科技有限公司	58,487.8 ↑
3	腾讯视频	视频	综合视频	深圳市腾讯计算机系统有限公司	52,781.4 ↓
4	快手	视频	短视频综合平台	北京快手科技有限公司	48,717.7 ↑
5	优酷视频	视频	综合视频	合一信息技术(北京)有限公司	43,603.4 ↓
6	西瓜视频	视频	短视频聚合平台	运城市阳光文化传媒有限公司	14,543.4 ↑
7	作业帮-学生搜题...	教育	中小学类教育	小船出海教育科技（北京）有限公司	14,279.9 ↓
8	抖音火山版	视频	短视频综合平台	北京微播视界科技有限公司	13,804.0 ↓
9	芒果TV	视频	综合视频	湖南快乐阳光互动娱乐传媒有限公司	13,503.0 ↓
10	好看视频	视频	短视频聚合平台	百度在线网络技术（北京）有限公司	8,985.9 ↑

图7-11 主流视频APP月活跃用户排名Top10

2018 年中国短视频 App 下载量排行榜 Top20 (安卓)

排名	名称	开发商	排名	名称	开发商
1	快手	快手	11	小咖秀短视频	炫一下
2	西瓜视频	字节跳动	12	VUE	VUE
3	土豆视频	上海全土豆	13	微视	腾讯
4	火山小视频	字节跳动	14	蛙趣视频	智源慧杰
5	抖音短视频	字节跳动	15	梨视频	北京微然
6	美拍	美图	16	榴莲	百度
7	秒拍	炫一下	17	开眼	Eyepetizer
8	腾讯NOW直播	腾讯	18	看点	上海亚协
9	咪咕圈圈	咪咕动漫	19	有料短视频	百度
10	快视频	光锐恒宇	20	两三分钟	分钟时代

2018 年中国短视频 App 下载量排行榜 Top20 (iOS)

排名	名称	开发商	排名	名称	开发商
1	抖音短视频	字节跳动	11	微视	腾讯
2	快手	快手	12	梨视频	北京微然
3	美拍	美图	13	蛙趣视频	智源慧杰
4	VUE	VUE	14	闪咖	腾讯
5	西瓜视频	字节跳动	15	开眼 Eyepetizer	Eyepetizer
6	土豆视频	上海全土豆	16	FOOTAGE	VUE
7	火山小视频	字节跳动	17	足记	足记
8	秒拍	炫一下	18	咪咕圈圈	咪咕动漫
9	腾讯NOW直播	腾讯	19	快视频	光锐恒宇
10	小咖秀短视频	炫一下	20	超能界	星炫科技

图7-12 2018年中国短视频APP下载量排行Top20（图片来自于网络）

7.3.2 短视频平台基本规则 

短视频平台的良好运作，离不开基本规则的约束。而对于短视频从业者来说，了解短视频平台的基本规则以及短视频行业的法规，不违反视频平台的管理规则，不触碰红线，才能有力保障短视频账号的良好运营。

1. 符合国家法规

2018年国家广播电视总局发布《关于进一步规范网络视听节目秩序的通知》，进一步对视频制作、视频传播等方面提出了要求，具体有以下4点：

（1）视频内容应当围绕弘扬社会主义核心价值观，加强正向议题设置，加强正能量内容建设和储备。不得转发UGC上传的视频内容或者尚未核实是否具有视听新闻的短视频节目。

（2）应当履行版权保护责任，创作者不得未经授权，就自行剪切、改编电影、电视剧、网络电影、网络剧等各类视听作品，同时也不能制作和传播那些扭曲、恶搞、丑化经典文化作品的视听节目。

（3）不得转发国家尚未批准播映的电影、电视剧、网络影视剧中的片段，以及已被国家明令禁止的广播电视节目、网络节目中的片段。

（4）要检验各类冠名商、赞助商的资质。

2. 遵守视频平台管理规范

各个短视频平台都有自己的平台管理规范，平台通过完善这些规范，以此形成一个全面的管理体系，从而来维护平台的正常运营。例如，美拍短视频平台的管理规范规则，不准发布危险信息，包括危害国家安全，泄露国家机密，发布谣言，扰乱社会秩序，暴力和淫秽色情；虚假广告等违法信息。如果发布了有害信息，不但不会被通过，一旦被查到，发布者也会受到相应的惩罚。

3. 遵守视频平台合约

很多短视频平台都会与创作者签订合约，并给予一定的酬劳，以此来激发视频创作者的创作热情，以及拉拢原创作者在自家平台发布独家、高质量的内容。如果创作者与视频平台签订了合作合同，那么，创作者就不能违约，否则也会付出相应的代价。

7.3.3 短视频平台的运营

近年来，短视频的用户规模一直在不断增长，以后甚至可能会超过10亿的用户，其市场覆盖面非常大。但是，据相关数据显示，绝大多数的用户都只会安装一个短视频APP，而剩下的用户则安装了两个以及更多个短视频APP。

所以，短视频创业者在选择入驻的平台时，不应该局限于一个短视频平台，可以从自身情况出发，结合平台属性，多选择几个适合自己的运营平台，这样有利于为账号带来更多的流量和用户。

1. 自身情况

短视频内容生产者的诉求各有不同，有的是为了打造自己的品牌和商业价值，从而获得赢利，而有的则是为了展现自我，增加知名度。此外，创作者对自身账号的定位也会有所差异，因此创作者应根据自身情况来选择相应的短视频平台进行运营。

2．短视频平台情况

创作者可以从产品属性、平台资源和用户结构机制来分析平台情况。目前几个主流短视频平台的产品属性，如图7-13所示。

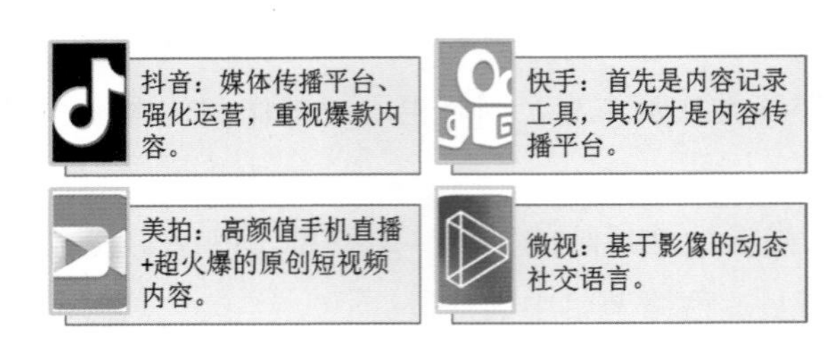

图7-13 主流短视频产品介绍图

每个平台的资源都存在一定的差异。创作者应尽量选择适合自身视频内容方向的平台来运营，以此增加目标用户的准确度。目前市面上几大主流短视频平台的推荐机制概况以及用户结构，如图7-14所示。

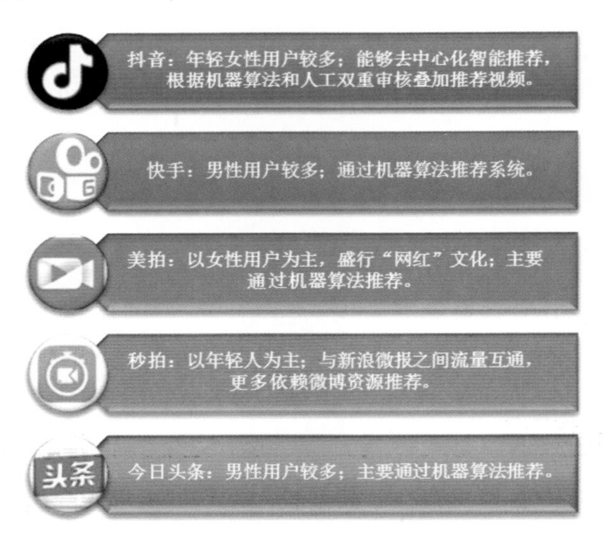

图7-14 主流短视频平台的资源概况

7.3.4 解读5类成功短视频自媒体的运营套路 

绝大多数的创作者都希望能通过短视频平台吸引更多粉丝，得到更多的赢利机会。那么怎样才能打造属于自己的短视频自媒体呢？这里以生活中最常见的、比较有代表性的5类短视频自媒体为例进行实际分析，供读者在后期自媒体运营时，掌握一些运营技巧，在运营工作上能够得心应手。

1. 实用技能类

实用技能类多是为用户介绍生活中实用的技巧。用户通过观看短视频，可以“涨知识”，例如，可乐的5种灵魂喝法，勺子的8种逆天用法，豆腐的9种吃法，土豆的10种做法。这些素材都来源于生活，但因为创作者奇思妙想，成功打造出了一个个爆款视频，并通过抖音、微博等社交平台引起病毒式的传播。同时，这类视频都有自己的话题性，例如，微博常见的“get神技能”“分分钟涨姿势”和“工匠实验室”，不同的话题针对的用户也有所区别。

总的来说，实用技能类短视频，画面风格清晰、节奏较快，能在1~2分钟内讲清楚一个技能，且视频的配乐都比较轻快，能让人产生愉悦感和观看兴趣。

2. 电影解说类

电影解说类的短视频分为电影讲解和电影盘点两类。电影讲解主要是将电视、电影中的精华或者充满槽点的片段提取出来，配以搞笑配音，并结合相应热点，让素材以一种全新的面貌呈现；也可以是真人出镜或者动画出境的形式，配合电影画面进行相关电影知识的讲解。

电影讲解类主播的声音最好有辨识度，台词要有个人的特色。例如，谷阿莫说电影的经典台词“科科”“大魔王”“小魔王”等，让大家一听到这些台词就能想到“谷阿莫”这个人。

选择视频素材时，选择话题性比较高的影片更容易受到关注，如优质的好片或者烂片雷剧。此外，在拟定标题上也有一定的考究，除了清晰明了的信息提示外，最好再加上一些吐槽或夸张的描述，以此来刺激用户的观看欲望。例如，谷阿莫的5分钟系列电影解说，视频标题一般是“X分钟看完XXXX”，如图7-15所示。

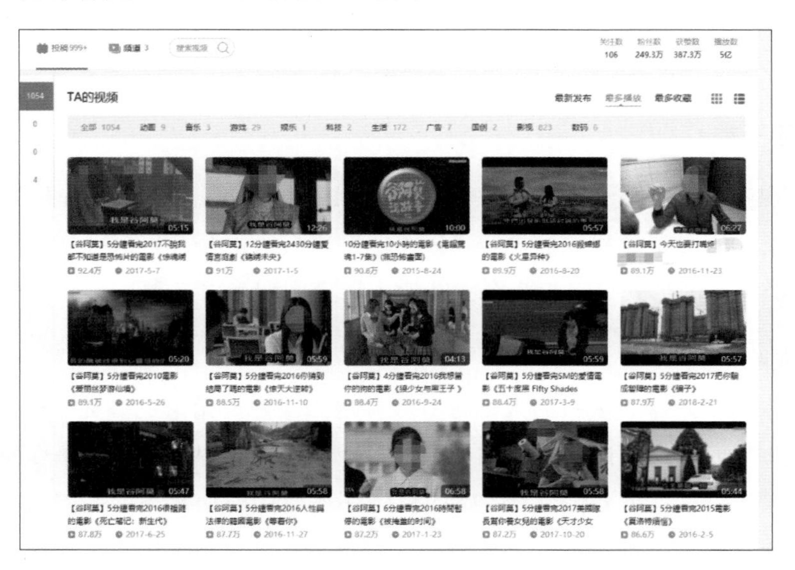

图7-15 谷阿莫解说电影示例

电影盘点则主要是根据不同的电影类型，做某个“点”的合集盘点，从而给观众推荐一些经典好片，或者让观众避开一些烂片合集，例如“电影TOP10”和“盘点最经典的XXX”。

一般来说，因为盘点类的视频可以让观众在省去搜索优质信息时间的同时，得到有效信息，因此很容易受到大众喜欢。盘点类视频介绍的影片数量约在5~10部即可，且视频时间不宜过长，否则会影响用户观感体验。

电影解说类视频多出现在哔哩哔哩视频网站上，以下是在哔哩哔哩视频网站搜索关键词“电影盘点”时出现的内容，如图7-16所示。

图7-16 电影盘点类短视频

3. 吐槽段子类

吐槽是对某个事件或者从对方言语和行为中找到一个漏洞或关键词作为切入点进行调侃的行为。由于吐槽段子类视频的内容可以带给观众较大的乐趣，因此很受观众的关注和喜爱。吐槽段子类视频的形式可以分为个人吐槽、情景剧和播报三类。

（1）个人吐槽类

在快节奏生活下，绝大多数的人都背负着一定的压力，无论是房贷、车贷，还是工作上的压力，使得吐槽成了他们情绪抒发的重要途径，很多的人也会因为吐槽而感觉到共鸣。在个人吐槽领域最典型的代表是papi酱，她的视频往往能让观众开怀一笑的同时，产生了强烈共鸣，这正是她收获大批粉丝，人气暴涨的重要原因。papi酱在哔哩哔哩视频网站发布的短视频以及相关数据，如图7-17所示。

图7-17 papi酱

从图中可以明显看到，papi酱共发布193个视频，粉丝数有635.7万、获赞数有831.3万、播放数有4.5亿。而papi酱能获得如此好成绩的主要原因有以下4个：

- 带给观众视觉和听觉上的双重震撼：papi酱长相清纯，性格却是“女神经”，能给人带来眼前一亮的感觉，而她十分搞笑的声音，又能给观众留下深刻印象。
- 视频话题关注度高：papi酱对人心有着极强的观察力，发布的明星视频、美女烦恼、春节五天乐系列视频都获得了比较高的关注度，且她犀利、搞笑、无厘头的言辞，经常能够戳中观众的内心，非常有利于提高视频的转发量。
- 做一个有才华、有内涵的网红：papi酱受教育程度并不低，且工作履历不错，这都为她制作有内涵的视频打下了坚实的基础。
- 顺应短视频营销潮流：目前制作短视频的门槛和成本正在迅速下降，人们对短视频的热度也迅速升高，短视频营销呈现井喷式的发展，papi酱正好借助了这个契机，顺势而上。

值得注意的是，papi酱为了保证长期高质量的视频输出，开创了papitude④，让那些想做吐槽视频的人投稿，这在一方面能够满足其他人当网红的梦想，另一方面也减轻了自己的压力。

（2）情景剧类

情景剧类吐槽是指在吐槽调侃的基础上加上创意，将原有的吐槽调侃通过另外一个故事展现出来。我们以朱一旦的枯燥生活拍摄的讽刺网络“忽略他人感受的整蛊”视频为例，对情景剧类的吐槽短视频进行详解，视频截图如图7-18所示。

④ papitube：由短视频创作者papi酱与泰洋川禾创始人杨铭于2016年4月成立的短视频MCN机构 。

图7-18 情景剧类短视频

视频的内容是一个红衣女性将垃圾桶扣在“路人”身上，并让同伴在暗处拍摄。“路人”发现垃圾桶之后就要求报警，红衣女性就马上解释自己拍视频，并让“路人”要大度容忍。这个吐槽风讽刺类的短视频表现了朱一旦的枯燥生活对那些为了流量，过度恶搞路人的创作者的吐槽和不屑。对绝大多数人来说，这个视频所引起的共鸣感非常强烈。

值得注意的是，情景剧类视频内容呈现上，前期设计、情节发展、事件逻辑性非常重要，也可以抖一两个搞笑的包袱来增加整个节目效果。一般来说，情景剧类型的吐槽段子需要比较强大的团队来合作完成，成本较高，且有一定的难度。

（3）播报类

播报类短视频的选题通常来自于社会最新动态，典型代表是暴走漫画。暴走漫画于2013年3月29日首播，由王尼玛主持，用轻松幽默的语言播报生活中一些令人啼笑皆非的现象，平均一周更新一期，如图7-19所示。

图7-19 播报类短视频

达人提示

吐槽段子类是现在受众更为广泛，且是不容易湮没的一类视频。但是，这类视频的创作需要构思剧情、巧妙的段子、剧本等，才能使视频最终呈现出较好的效果；同时，由于工作量比较大，如果要保证高频率的产出，通常需要一个团队来完成，这就增加了运营成本。

4．访谈类

访谈类短视频近年来非常火爆，视频内容一般是对大学生或年轻人进行某些话题的采访。访谈类分为两种形式，一是所有的被采访者都固定回答同一个问题；二是当一个被采访者回答完问题后，提出另一个问题让下一个人回答。

总的来看，访谈类短视频主打“路人”颜值和话题性。虽然访谈类视频较多，但创作者只要学会创新，打造属于自己的特色，也是非常容易在这个领域站稳脚跟的。“以拜托啦学妹”为例，每次视频的结尾都是某个人的提问，而这个问题的答案会在下一期的视频做出解答，这种方式吸引了很多观众追着观看，如图7-20所示。

5．文艺清新类

文艺清新类短视频的内容多与文化、生活、习俗、风景等有关，受众主要是年轻人，是短视频种类中较为小众的一类。视频风格多给人一种清新淡雅、微电影的感觉。相对来说，虽然文艺清新类视频的播放量比较小，粉丝群体也比较小众，但是它的粉丝忠诚度却很高，创作者往往可以通过粉丝的情怀来实现收益。

由于文艺清新类视频的受众大多是文艺青年，因此视频内容多以艺术、心灵鸡汤为主。在文艺清新类视频领域做得比较成功的账号有“一条”“二更”。以“一条”发布的视频案例为例，其视频内容比较清新文艺，如图7-21所示。

图7-20 访谈类短视频

图7-21 文艺清新类短视频

7.4

用 户 运 营

什么叫作用户运营？可以简单理解为根据用户的行为数据，对用户进行反馈和激励，并不断地提升用户的活跃度和体验感，从而促进用户转化的一种运营方式。恰当的用户运营手段能够大大提升用户的黏性，甚至提升短视频后期的获利能力，因此用户运营对创作者后期运营短视频起着非常重要的作用。用户运营可以分为用户运营的核心目标、运营各阶段的主要任务、获取种子用户的方法和用户日常维护4个方面的内容。

7.4.1 用户运营的核心目标

用户运营的最终目的是为了引导用户进行消费，促使短视频创作者获得盈利。随着短视频行业的竞争越来越激烈，短视频的差异化变得越来越小，趋同性也越来越强，也就有越来越多的人开始重视用户运营。

在短视频行业，所有内容产品的用户运营工作几乎都可以分为拉新、留存、促活和转化四个核心目标展开。拉新和留存是为了保持用户规模最大化，促活是为了提高用户活跃度，增强用户黏性和忠实度，而用户和创作者之间的信任关系又是促成用户最终转化的关键动力。

1. 拉新

拉新就是拉动新用户，扩大用户规模。拉新是用户运营的基础，也是运营的主要工作之一。用户的注意力在不断发生变化，这就要求创作者不断更新迭代视频内容，以保持用户活力，为粉丝群体弥补用户流失，从而让账号运营持续下去。

2. 留存

留存简单来说就是防止用户流失和提升用户的留存率。由于现在的互联网用户放弃使用和卸载手机应用的成本越来越低，用户会更加喜欢新鲜的东西，如果不能满足他们的要求，就容易被他们遗弃，因此，这就需要创作者想方设法留住用户，为“促活”做准备。

新用户通过各种途径关注账号后，如果没有找到感兴趣的内容，就会流失。因此，留存可以说是拉新之后的重点工作，也是相较于“拉新”难度更高的工作。

3. 促活

促活就是促进用户的活跃，提升用户活跃度。当用户的留存率稳定后，提升用户黏性、互动率则是运营者当前的工作重点。想让用户开心地使用产品、愿意使用产品，运营者可以搭建用户化构成模型、勾勒分类用户画像，从而多手段、灵活地激活和召回沉默用户，也可以完善用户激励机制，让用户在使用产品的过程中能有所成长和受益。

4. 转化

转化就是把用户转化成最终的消费者。对于产品运营者来说，无论是广告价值、内容付费，还是通过电商带货收益，将用户、流量转化为实际的赢利，创造收益才是最终目的。

7.4.2 运营各阶段的主要任务

用户运营的核心很明确是拉新、留存、促活和转化。但随着内容产品不断发展更迭，不同运营阶段的侧重点就会变得不同。例如，在拉新阶段，拉新是主要任务，当用户达到一定规模后，促活和用户转化则会变为运营的重点。总的来说，用户运营工作分为萌芽期、发展期和成熟期3个阶段，其各有不同的特点。

1. 萌芽期

萌芽期就是要通过产品的定位去找到产品的目标群体。在这个过程中，由于产品的定位可能会随时变化，这就需要创作者在目标群体中去筛选那些能够匹配产品的用户，当找到这些目标用户后，就需要去培养用户的忠诚度，树立产品的口碑。

当创作者完成这几步以后，用户运营的生态就进入了一个自我循环的良性过程。为方便读者理解，这里总结了萌芽期阶段的5个重点任务，如图7-22所示。

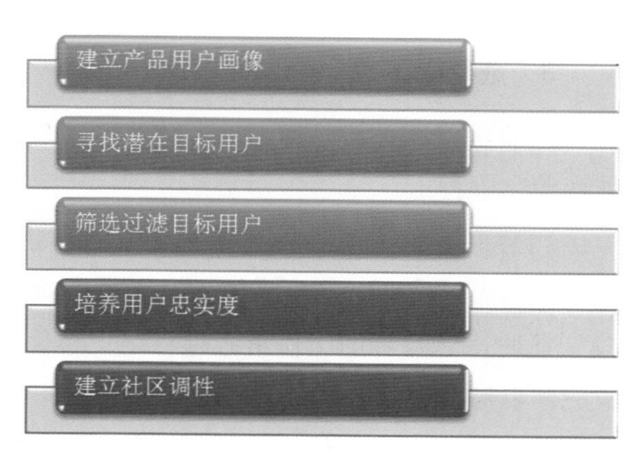

图7-22 萌芽期阶段重点任务

2. 发展期

产品发展期的主要任务是解决用户增长率、用户留存率和用户活跃度的问题。在这个阶段里，可以将运营工作细分为拓宽用户增长渠道、引导高质量内容的产生和提升用户活跃度这3个方面。

（1）拓宽用户增长渠道

拓宽用户增长渠道的方式主要有2种，一种方式是增加内容分发渠道，覆盖更多的潜在用户，提升内容影响力。例如，某短视频创作者原本只在一个视频平台发布视频，观看用户只有10万，但是如果他通过多个视频平台发布视频，那观看的用户数就有可能增加到20万。

另一种方式是打造内容矩阵，发挥出各个账号之间的辐射作用，建立科学的用户增长机制。例如，小米就是以品牌为中心，创立了小米手机、小米商城、小米有品、米家MIJIA 、

小米电视等多个账号，合集粉丝数超过1000万，以此来拓展产品并形成服务矩阵。

（2）引导高质量内容的产生

引导高质量内容的产生和提升内容的质量是提升账号留存率的重要手段。创作者只有加强对内容质量的把控，重视用户数据反馈，并根据用户反馈对内容进行定向优化，才能源源不断地产出好内容，从而吸引更多的用户。

（3）提升用户活跃度

活跃度高、黏性强的用户，在后期短视频获利时更容易转化为消费者。因此，提升用户活跃度就显得尤为重要。提升用户活跃度的方法有3种：

一是在内容中添加讨论话题，加强内容与用户的交流感，同时也可以加深用户对内容的印象。

二是在重要时间节点策划运营活动，好的运营互动不仅可以提升用户活跃度，还可以形成二次传播，并帮助创作者完成新一轮的拉新目标。

三是设立社群，将用户沉淀到社交平台，并通过社群收集用户意见和问题反馈。

3．成熟期

内容成熟期一般是用户商业化盈利的阶段。当然，一些消费性的产品在成熟期也可以开展商业化进程。

内容商业化形式多种多样，主流的商业化方式可以分为4种：一是针对内容本身的商业化，即内容付费；二是广告植入；三是电商盈利；四是衍生品开发。

此时，运营者的工作重心是将用户转化为最终消费者，并及时收集用户对商业化行为的反应，以对内容进行优化。

收集用户对商业化行为的反馈并不难。例如，在视频内容中植入广告之后，运营者可以通过评论、弹幕分析，判断用户对商业化行为的接受程度。又如某个短视频创作者，根据西瓜数据评论词云分析自身账号情况，结果显示，虽然在内容中植入了广告，但粉丝的接受度依然非常高，说明自身与粉丝之间的关系非常牢固，如图7-23所示。

图7-23 某视频作者的广告评论

值得注意的是，如果没有取得用户信任，那频繁商业化的行为或者无趣生硬的广告植入，往往会让用户产生很强烈的排斥心理，甚至会摧毁用户和创作者之间建立的信任感。

且随着视频行业的竞争愈加激烈，用户的注意力也变得更加分散，所以创作者如果不从内容产品的不同发展阶段出发，根据实际情况不断调整运营侧重点，就很难在这场竞争中走得更长更远。

7.4.3 获取种子用户的方法

种子用户可以简单理解为产品的重度使用者，他们积极活跃，往往愿意分享和为产品优化提供自己的建议。种子用户可以凭借自己的资源，吸引更多的目标用户。同时，种子用户更容易成为产品的忠实用户，甚至还可以为产品形成一个良好的氛围。

在账号创建初期，获得更多的种子用户，是短视频运营者的工作重心。这里介绍几种获取种子用户的有效方法，供读者参考。

1. 增加曝光率

增加产品曝光率是获取种子用户最简单直接的方式，绝大多数的运营者常通过增加产品曝光率来获取种子用户。增加曝光率的方法有以下4种。

（1）付费推广

目前，一些平台都向视频创作者提供了付费推广渠道，例如，抖音的“DOU＋”和新浪微博的“博文头条广告”，这些渠道有助于为视频获得更大的曝光率。具体渠道示例如图7-24所示。

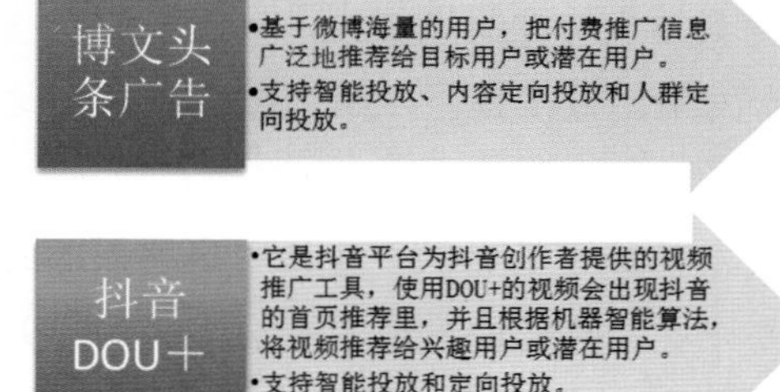

图7-24 视频平台的付费推广示例

（2）多渠道发布

多渠道同步发布短视频，可以让更多的观众注意到短视频，并增加视频的内容曝光率，从而引起种子用户关注。例如，创作者可以将一个视频同时发布到抖音、美拍、快手等视频社交平台。

（3）社交转发

运营者将发布完成的视频内容分享到社交软件上，如分享到QQ、朋友圈、论坛等地方，利用自己的社交圈扩大短视频的传播范围。运营者也可以通过付费请在粉丝群体中精准且流量真实的大V或有影响力的人物帮忙转发视频。

（4）积极参与平台活动

大多数的短视频平台经常会推出不同的活动，这些活动往往都带有巨大的流量。例如，抖音上的各种热门话题和挑战活动，今日头条的青云计划等。运营者可以策划与活动相关的视频内容，参与官方活动，获得官方的流量扶持，从而增加视频的曝光率。

（5）输出优质内容

优质内容向来是稀缺的，也是用户乐于分享的。运营者通过输出优质内容，并在各个渠道同步发布，也能带动视频的曝光率，从而增加用户的关注度。

（6）蹭热度

蹭热度可以分为蹭热点新闻或者大V的流量。运营者蹭热点新闻、热点话题，则是借用他们热点的流量为自己的视频推波助澜。蹭流量大V的热度，则是在他们的作品下评论、回复等，或者和其他用户交流互动，用精彩的语言吸引对方的关注。某用户通过评论流量大V的作品，自己的评论获得了非常高的点赞和评论，如图7-25所示。

2. 活动推广

通过活动推广获取种子用户也是比较常见的一种方法。通过活动推广获取种子用户的方法有两种，分别是为其他机构拍摄短视频和转发抽奖。

为其他机构拍摄短视频，一般是为一些流量比较大的机构拍摄宣传视频。例如，某视频创作者为某学校拍摄了一组宣传视频，如此他不仅能收到学校的拍摄报酬，还可以扩大自己的知名度。

转发抽奖则是提供一些让用户感兴趣的礼品或者其他东西，促使用户转发该条视频或者关注创作者。奖品设置是转发抽奖活动的关键，创作者在设置奖品时，应尽量从用户角度出发，避免用户因为不喜欢这个奖品而不愿意参与活动。以某个转发抽奖活动为例，运营者设置的奖品是一部手机，见到这样的“好物”，用户自然乐意参与到活动中来，如图7-26所示。

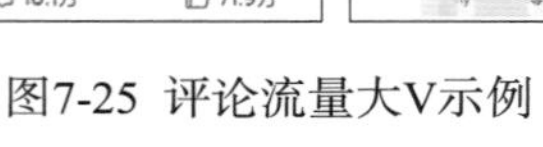
图7-25 评论流量大V示例

图7-26 转发抽奖活动示例

3. 线下推广

线下推广往往能用比较低的资金成本，就吸引到目标用户群体。街上常见的扫码关注送礼物、发传单等活动推广方式，都属于线下推广。创作者在进行线下推广时，应尽量选择人流量比较大的商圈、学校等地方，作为推广地点，如此推广效果才会更好。

7.4.4 用户日常维护

用户对产品的感受和体验会影响产品的后续走向，这就需要运营者维护好与用户的关系，帮助自己的产品走向更光明的未来。

进行用户日常维护的目的是提升用户的活跃度，为后期短视频盈利做准备。运营者在日常工作中，可以通过评论互动、私信和话题活动等方式提升用户的活跃度，增加用户的黏性。

1. 评论互动

当短视频发布之后，用户产生了评论、点赞等行为，运营者就可以在评论区与用户进行互动，从而拉近自身与用户的距离。而在评论、点赞、观看、分享、转发这几类互动中，评论的价值相对较高，因为评论互动更方便，也更容易探查用户的真实想法。同时，运营者及时反馈用户的评论，还可以激发用户的参与热情，精选评论还可能导致更大范围的互动。图7-27所示是两个短视频创作者在评论区回复粉丝的案例，从图中可以明显看出，评论区的粉丝非常活跃。

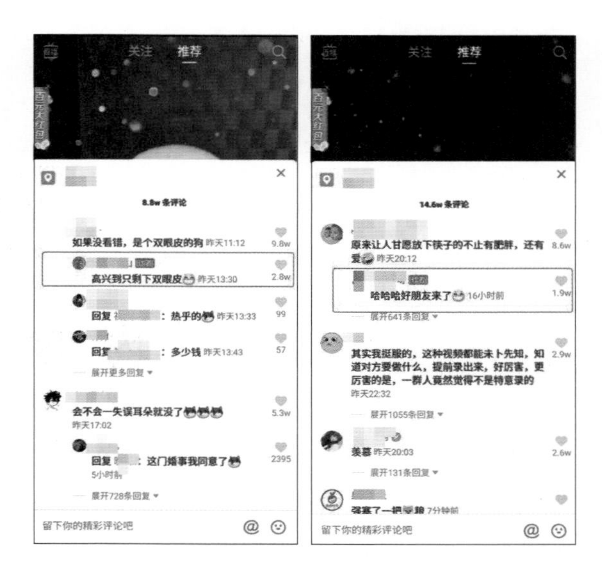

图7-27 作者回复粉丝评论示例

2. 建立社群

建立社群是将忠实粉丝引入到QQ群、微信群中，并通过各种活动来获取用户反馈，增加用户黏性，从而为后期盈利做准备的一种维护方式。这种方式可以鼓励用户积极表达自己的想法，激励他们参与创作的热情，鼓励他们成为视频内容的生产者。

值得注意的是，创作者在建立社群时，要先明确群里的福利、活动、群管理方案，并在建群成功后，把用户看成伙伴、朋友，尽量拉近自己和用户之间的距离，建立彼此的信任感。

3. 发送私信

运营者可以将互动频率比较高的用户，作为重点培养对象，增加对其的关注度，跟进评论等，为后期盈利做准备。同时，创作者也可以通过私信等方式，激活那些活跃度突然降低或者活跃不频繁的用户。

4. 发起话题活动

创作者也可以通过发起话题活动，引导用户参与话题来进行用户日常维护。例如，创作者“段子楼”发起一个“男生睡前一般在想什么”的话题，就很好地引导了用户参与其中。目前，阅读量已经超过3.5亿，且讨论数据已经到达6.4万。因此，该创作者的动态也得到了5.1万的评论和100万的点赞，如图7-28所示。由此可见，该创作者在用户日常维护的工作上做得非常成功。

图7-28 话题活动示例

7.5

内 容 运 营

近年来，短视频已经成为这个时代最流行的内容承载形式，短视频内容传播速度快、范围广的优势越来越明显。意识到这一点的创作者们，逐渐对内容运营重视起来，纷纷加入到视频内容的竞争中。对于短视频创作者来说，要想短视频获得良好的发展，就应该主动地去了解内容运营的内容定位、内容策划、方案执行和内容推广等知识。只有这样，才能使自己在运营短视频过程中得心应手。

7.5.1 内容的定位

内容运营的第一步就是做好账号定位，然后根据定位寻找目标群体，并根据目标群体的偏好、内容需求来确定内容的走向。

例如，一个做高端化妆品的账号，其视频目标群体是处在一、二线城市的年轻女性，这类女性的偏好通常是护肤、穿搭、美食、减肥、化妆、萌宠等方面。那么，在定位内容时，创作者就可以根据这些关键词建立一个内容选题库，如明星穿搭、减肥食谱等，并输出相关的内容。

此外，在定位视频内容时，最好是往一个能够把控的方向出发，并持续性地输出相关的内容，这样有助于垂直发展，聚焦用户，并提高用户对内容的认知度和用户黏性。

7.5.2 内容的策划

内容策划就是将前期的选题和零碎的创意点子，转化为具体的实施方案，以便为短视频拍摄和短视频后期制作提供蓝图。优质的短视频内容策划，能够使最终呈现在观众眼前的视频更加完整和具有特色，从而让自身的视频从众多的同类短视频中脱颖而出，获得观众认可和喜爱。总的来说，短视频内容的策划大致可以分为自身喜好、市场调研、用户需求、视频时长几个方面。

1. 从自身喜好出发

人们对于感兴趣的东西，会针对这个领域去了解更多的信息。同时，自身知识储备库中也积累了大量的素材，在策划选题时，往往会比其他人更有想法。因此，在内容策划上，从创作者自身喜好出发也是需要考虑的因素。

此外，如果创作者没有明确喜好，也可以通过观看大量优质的视频或者竞品视频，将视频中展现出来的亮点记录下来，比如搞笑包袱、反转、爆点等，经过时间的沉淀，创作者自己会慢慢形成一些新的创作思路。

2. 市场调研

创作者在确定视频的主题之前，应该先进行市场调研，了解当前用户的喜好，研究竞品的热门视频内容，最后再进行策划。例如，竞品视频这么火爆的原因是什么？是内容搞笑，还是内容令人深思？这些都是需要创作者去弄清楚的。创作者只有了解当下火爆热门的主题，才有可能避免入了冷门主题的坑。

3. 从用户需求出发

用户的需求和喜好是制作短视频的关键。一般来说，创作者可以通过视频的播放量、点赞、转发等数据来衡量用户对短视频内容的喜好程度，这些数据越高就说明用户越喜欢这个视频。

怎么找到用户的需求？最简单的方法就是寻找竞品的热门视频或者爆款视频，这些内容是怎样的，往往就是用户想要看到的内容。

4. 视频时长

视频时长也是内容策划需要考虑的一个重要因素，一方面是如果短视频时间较短，而内容太多，就很难完整表达创作者的想法，让用户难以理解；另一方面是用户观看视频的耐心是有限的，如果视频时间太长，不利于提升视频的完播率。

一般来说，剧情类的短视频控制在2分钟以内，而非剧情短视频控制在1分钟以内较好。如果视频能在15秒就呈现出一个完整的故事则更好。

7.5.3 方案的执行

一个内容策划方案能够落地执行才有意义。那么，怎么做才能让策划方案更好地执行呢？团队分工明确、相互协调可以大大提高工作效率，充分利用资源可以让短视频营销达到更好的效果。

1. 团队分工明确，相互协调

高质量的视频作品往往需要团队成员之间的相互配合才能完成。一般来说，在执行方案时，团队成员之间的分工要明确，工作时间安排和任务安排要详细。例如，团队总共有4名成员，分别是编导、摄影、剪辑、运营，那就要明确编导要负责编写和策划脚本，摄影要负责拍摄，剪辑要负责后期，运营要负责推广。

工作分配明确之后，还需要团队之间的相互协调，比如在拍摄时，编导和剪辑都可以到达拍摄现场，并相互进行沟通交流，商量怎样才能将剧本内容用最好的方式呈现出来；或者在拍摄时遇到问题，及时反馈给编导，并协助解决问题。

2. 充分利用资源

对于短视频运营来说，资源有着重要的意义。最常见的资源有人脉资源、资金资源、信息资源。一般来说，短视频创作者掌握的资源越多，方案执行的起点也就越高，短视频运营也容易取得一个更好的效果。

例如，某短视频创作者的启动资金充足，那么，在拍摄视频时所用的道具布景也会更精致，甚至在后期投放DOU+时，投放选择也更多，这样的视频也更有可能上热门。

有些视频创作者拥有很多人脉，如果这些人脉是一些有影响力的大咖，那么在拍摄短视频时，就可以利用这些人脉为自己的视频做推广，从而为视频吸引到更多的流量。

7.5.4 内容的推广

用户观看视频的时间是碎片化且有限的，对于视频的注意力基本在3秒左右，如果视频无法让用户感到有观看价值，那视频就会被直接忽略。因此，短视频运营者在推广视频内容时，需要用一些技巧让用户感受到视频的爆点，抓住用户眼球，从而吸引用户继续观看。短视频按照内容分类推广，可以分为剧情类和非剧情类内容的推广，下面分别说明。

1. 剧情类短视频内容的推广

剧情类短视频内容结构和电影内容结构类似，故事有起承转合。但是短视频时间较短，在剧情安排上需要快速进入到视频的关键点，使内容更加紧凑。同时，在视频开头就需要制造噱头，吸引用户眼球。

由于短视频时间较短，创作者在安排剧情时，不需要太过细致的铺陈，言简意赅地介绍故事的起因、发展、结果、人物关系、人与物之间的关系，或者开篇就快速塑造人物特征、环境特征等，让用户明白要讲的是什么，且带着悬念观看视频。

以某短视频为例，在视频开始向大家展示了人物、地点，并在标题上设置悬念，这样就很容易引起用户的观看兴趣，如图7-29所示。

2．非剧情类短视频内容的推广

非剧情类的短视频主要指舞蹈、绘画、茶艺、花艺等方面的视频，这类短视频不需要策划剧情，只需要在视频开头找一帧视频中最精彩的画面作为封面，吸引用户注意即可。例如，绘画类的短视频，在视频开端就可以放置一帧绘画完成的画面，以此来吸引用户的注意，并用文案简介视频内容，进而在视频中展示出简单易学、快速的绘画过程，引导用户点赞并收藏，如图7-30所示。

图7-29 剧情类短视频

图7-30 非剧情类短视频

7.6

数据运营应该关注的关键指标

在短视频运营中，数据运营是不可缺少的一个部分，数据运营能够让短视频运营者明确视频运营的变化，借助数据能让运营者对视频内容进行优化，进而输出更符合用户需求的内容。运营者在进行数据运营时，想要提高工作效率，至少需要关注以下几组关键指标。

7.6.1 基础数据

基础数据包含播放量、评论量、点赞量、转发量和收藏量等5组数据。

（1）播放量：播放量是评判一个短视频好坏的重要标准。通过播放量的变化，可以判断标题的含金量和选题方向等。播放量包括同期对比播放量和累计播放量。

（2）评论量：通过评论可以反映出用户对短视频的关注和讨论程度。通过评论也可以得到用户的真实反馈。

（3）点赞量：点赞量能体现出用户对视频内容的喜爱程度。

（4）转发量：转发代表用户的分享行为，说明用户认可和喜欢视频内容所表达的观点，转发量能反映视频的传播度。

（5）收藏量：收藏量可以反映出短视频对用户的价值。

7.6.2 处理基础数据得到的比率

除了对基础数据进行分析外，创作者还可以通过这些基础数据计算出一些数据比率，数据比率是进行内容优化的重要指标。相对来说，短视频的基础数据是有浮动变化的，而通过基础数据得出来的比率却是有规律的。视频运营过程涉及完播率、评论率、点赞率、转发率和收藏率5种比率。

（1）完播率：完播率=完整观看视频的人数/播放量×100%。完播率反映了总播放量中完整观看整个视频的人数的比例，完整观看整个视频的人数越多，完播率就越高，系统推荐也会相应地增加。

（2）评论率：评论率=评论数量/播放量×100%。在相同的播放量情况下，评论率越高，说明该视频内容能够使用户产生共鸣、话题性较高，容易激发用户的评论。

（3）点赞率：点赞率=点赞数量/播放量×100%。在相同的播放量情况下，点赞率越高，说明该短视频内容越受欢迎。

（4）转发率：转发率=转发数量/播放量×100%。一般来说，高转发率的视频能带来新的粉丝。

（5）收藏率：收藏率=收藏数量/播放量×100%。在相同的播放量情况下，收藏率越高，说明该短视频内容体现出的价值得到了用户的肯定，很大的可能会再次观看，对提高完播率有很大的帮助。

7.6.3 数据分析工具

使用数据分析工具可以分析自己的视频数据，还可以分析竞品视频数据以及全网短视频榜单数据，并能提高运营者的工作效率。短视频运营者在运营工作中常用到的数据分析工具有卡思数据、飞瓜数据和易观千帆等3种。

1. 卡思数据

卡思数据一个基于国内全网各平台的数据开放平台，它依托专业的数据分析与挖掘能力，提供数据查询、舆情分析、用户画像、趋势分析、数据研究等全方面的功能服务。因此，卡思数据能够为视频内容创作者以及广告主提供全方位的数据支持以及效果监测，还可以为内容投资者提供全面、客观的价值评估参考。卡思数据官网的页面，如图7-31所示。

图7-31 卡思数据官网页面

2. 易观千帆

易观千帆是一款对海量互联网用户行为数据进行挖掘的大数据分析工具。它能在分析各类APP的运营情况和用户行为特征的同时，建立客观、全面、权威的数据库，并为客户提供运营决策和竞品分析服务，从而帮助客户高效管理数字用户和对产品进行精益化运营。易观千帆官网的页面，如图7-32所示。

图7-32 易观千帆官网页面

3. 飞瓜数据

飞瓜数据是一款专注短视频领域的权威数据分析平台。它目前为抖音、快手和哔哩哔哩网站提供数据服务，涉及的数据包括播放数据、用户画像、视频监控、商品和监控。创作者借助飞瓜数据分析，可以更好地跟踪视频数据，从而优化视频内容。飞瓜数据官网的页面，如图7-33所示。

图7-33 飞瓜数据官网页面

7.7 短视频代运营注意事项

短视频代运营是指随着短视频用户的不断增长，许多企业纷纷涌入到短视频创作中，与此同时，很多企业并不了解短视频运营，为了节省运营成本，这些企业往往会选择一个专业的短视频运营公司去运营短视频账号，并由代运营公司负责新号注册、养号、内容策划、拍摄安排、视频发布、视频推广以及与粉丝互动等方面的工作。

7.7.1 策划方向

策划方向的重点是确定账号的调性和运营的方向，企业应安排专人与代运营公司对接，交流、分析市场，将账号的调性和运营的方向确定下来。在这期间，企业需要详细地给代运营公司讲述品牌的历史沿革，以及产品的情况。这样便于代运营公司根据品牌和产品做出运营方案、策划好内容制作的方向，并根据策划方向部署下一步的工作。

7.7.2 吸引粉丝关注

吸引粉丝关注这个阶段，代运营公司主要工作包括吸引粉丝关注、账号质量评分优化、多平台分化、视频推广。在每个月月初，代运营公司都会给企业出具当月的运营计划，企业看过后，要及时给出建议，方便代运营公司及时进行优化，以提高粉丝关注度、账号质量评分、视频的推广效果和账号知名度。

值得注意的是，一般代运营对账号90%的内容和创意有控制权，如果企业要求大幅度修改，从而导致签订的某个业绩不达标，按照合同，需要承担相应的责任。

7.7.3 商业盈利

商业盈利就是通过短视频进行带货，实现产品收益。这个时候就需要代运营公司对视频做一些商业植入，比如打造产品使用环境以及一些话题视频，将用户视线引到产品上。同时，要求代运营公司开通盈利渠道，比如商品橱窗等。

7.7.4 营造商业生态圈

营造商业生态圈的目的是增长产品业绩，使商业盈利形成一个良好的循环。在这个阶段，企业需要对代运营公司做出两个方面的工作安排。一是优化盈利渠道，即让代运营公司通过数据分析，提升产品在整个视频环节的转化率。前面提到过，每一个视频都可以通过后台数据得到视频的播放量、橱窗点击量、产品的点击量、成交数量等，创作者根据这些数据进行相应的优化，就可以营造一个良好的商业生态圈。二是让代运营公司扩大账号的覆盖面，从而让目标账号获得更多的流量与粉丝。一般来说，账号的粉丝和流量越多，这个账号的商业获利价值就越高。

走心秘技1：5个技巧，让你的视频快速进入推荐阶段

决定短视频是否能够被推荐的因素主要在于点赞率、评论率、转发率和完播率这4项指标，因此，在各个短视频平台，短视频想要快速进入推荐阶段，就要想方设法提高这4项指标的数值。

- 在短视频开始时引导用户观看视频完毕，并在短视频结尾，用表演或文字，引导用户在评论区留言。
- 在视频标题文案中用反问的方式，引导用户参与讨论。
- 视频发布以后，第一时间用小号转发视频，也可以用小号在评论区带节奏，引导其他用户参与评论。
- 在平台搜索关键词，找到与自己相似的创作者，并与他们达成战略合作协议，相互点赞、评论等。

- 在视频中设置奖励，例如点赞超过多少就爆照，超过多少就真人直播；或者是给评论区留言点赞最多的用户送礼物。

走心秘技2：2个技巧，让你的引流工作更顺利

很多人运营短视频都是为了引流，以抖音为例，引流最简单的方式就是在个人签名中放置联系方式。在放置联系方式时，除了要规避视频管理条例，还需要注意两点，一个是放置联系方式的时间；另一个是微信加人被限制了怎么办？

（1）放置联系方式的时间

一般来说，不容易违规的类目在视频火爆、账号有一定知名度的时候放置联系方式，这样才不容易被系统认定为营销号，账号的初始权重会更高。不容易违规的类目有：美食类、美妆类、女装类、男装类。

如果账号运营的是容易违规的类目，那么，在一开始时就要放置联系方式，避免账号被平台拉黑。容易违规的类目有养生类、财经类、减肥类。

（2）微信加人被限制

微信一天最多加500人，这对于引流数量大的账号有很大影响，因此，可以准备两个微信号备用。

在放置联系方式时，放了一个微信号之后，也可以再放置一个QQ 号，并且将QQ号绑定另外一个微信号，同时开通QQ通讯录权限。如此一来，通过QQ加进来的好友，会通过QQ添加微信，这样就能导流到另一个微信号。

走心秘技3：掌握6个短视频运营套路，让每一个视频都能成为爆款

不同类型的短视频成功案例有很多，其运营套路也有所区别，但尽管形式上变化多端，但其本质或目的却始终不变。

（1）找对切入点

判断所选择的领域是否已经是红海，如果是红海，可以考虑在形式上大胆创新；如果是蓝海，则应考虑是否还有市场？目标受众是哪些？是否有长期稳定发展下去的可能性？

（2）巧拟标题

标题是向观众展现视频内容的窗口，最好用一句话描述某个情景，或者使其带有疑问和话题性，能够引起观众好奇心而点击观看。

（3）形式创新

如今的短视频市场不缺内容，缺的是具有新意的内容。形式的创新也可能带来成功，同时，具有新意的内容也更有辨识度。

（4）灵魂配乐

视频配乐犹如画龙点睛。视频选对了配乐，能为视频加很多印象分，给观众留下深刻的印象，甚至会留给观众一个无限遐想的空间。

走心秘技4：视频创作者日常在做这6点，发展将越来越好

视频创作者平常应该做些什么？只有拍视频这么简单吗？当然不是！

一个优秀的短视频创作者日常往往会做这些工作，只有做到了这些，短视频账号未来的路才会越走越远。

- 观看短视频，培养自己的网感，以及对热点的敏感度。
- 收藏热门视频的背景音乐或者网络上人气比较高的音乐。
- 关注同行账号、大V账号，或者发展得比较快的账号。
- 收集视频素材，储备脚本信息库。
- 关注热点，例如飞瓜数据的热搜榜。
- 开通商品橱窗的创作者，必须添加上商品橱窗的产品。

第 8 章

短视频盈利

将人气聚集、实现盈利是短视频运营者的最终目的。当一个短视频账号做得有声有色之后，怎么利用短视频来实现盈利，就成为短视频运营者最关心的问题了。

随着短视频行业的飞速发展，其盈利模式也在不断创新。大众熟知的短视频盈利方式有平台分成、各类广告和带货收益等；操作起来较为复杂、有一定难度的盈利方法有视频平台与店铺合作、MCN体系规模化收益和企业获利。

8.1

常见的短视频盈利方式

短视频凭借产品特性聚集了庞大的流量，这就为短视频的获利提供了机会。当短视频创作者拥有了一定的粉丝以及优质的视频内容支撑，就可以考虑收益了。常见的获利方法有获得视频平台的补贴和分成、植入广告获得高额的广告费、输出专业知识获得知识付费以及个人IP的衍生价值等。

一般来说，说服力比较强的视频播主可以通过淘宝客带货；专业知识技能较强的视频播主可以通过知识付费收益，而粉丝较多且粉丝精准的创造者可以通过广告盈利。

8.1.1 平台补贴

资金补贴指的是当创作者发布的视频有了一定的效果，就可以得到平台的资金奖励。目前，资金补贴成为吸引创作者入驻的有效手段，很多创作者在选择入驻的短视频平台之前，都会先了解该平台的补贴福利。

目前大多数的视频平台都推出了巨额补贴计划吸引创作者，创作者只需在该平台发布原创短视频，就能获得不错的收益。不同的短视频平台的补贴计划有所区别，具体如表8-1所示。

表8-1 不同短视频平台的补贴

视频平台	平台补贴计划
微视	单个短视频的播放量达到1万，即可获得30元的收益
一点资讯	1万的播放量可以获得7元的收益。此外，当视频达到一定播放量之后，创作者还可以拿到大概500元的保底收入
搜狗号	定向补贴每条短视频10~50元
百度经验	新人账号至少发布成功3条短视频，即可获得1000元的新人奖
今日头条	推出“千人万元计划”，至少有1000个头条号作者每月因此获得了10000元的保底收入
西瓜视频	出资10亿元支持和补贴短视频内容原创作者
好看视频	推出Vlog蒲公英计划，出资5亿现金补贴优质作者
阿里文娱	设立“大鱼计划”，出资20亿元奖励内容原创作者
腾讯微视	出资12亿元扶持内容原创作者
秒拍、微博	联合出资10亿美元支持短视频原创作者

8.1.2 粉丝打赏

粉丝打赏是短视频创作者获得收益的主要方式之一，也是短视频盈利方式中最为简单直接的一种。目前，可以直接在短视频中进行打赏的视频APP，主要以抖音火山版为代表。

在抖音火山版的短视频浏览页面中，除了点赞与评论外，还有一个火苗形状的图标，叫作“火苗打赏”。某创作者发布的其中一个视频已经得到4.2万火苗，而显示在个人主页的总火苗数为12万，如图8-1所示。

图8-1 某播主单个视频火苗数量以及火苗总数

对于短视频创作者而言，用户赠送的火苗可以转化为火力值，而火力值与创作者的个人收益直接挂钩。因此，抖音火山版中，用户给创作者赠送火苗其实就是一种“打赏”。

火力值的具体计算方式是，10火力值相当于1元人民币。以图8-1为例，该播主的火力值为4.2万，那么这条视频相对应的收益就为4200元。如果视频创作者还想要获得更高的收益，就要保证视频内容质量和视频更新频率，只有这样，才能赢得更多的火力值。

8.1.3 淘宝客带货

淘宝客是指在卖家提供需要推广的商品到淘宝联盟后，为卖家进行商品推广，并在成交后从中赚取佣金的这一类人。

在推广时，淘宝客只需要从淘宝客推广专区获取商品代码放到视频标题、文案、评论中，任何人（包括淘宝客自己）通过淘宝客的商品链接进入到淘卖家店铺，并且产生了购买行为，淘宝客就能赚取卖家佣金里扣除平台服务费用以外的部分。如果商品佣金较高，且推广效果好，那么这笔收入也是非常可观的。

8.1.4 各类广告

创作者利用各类广告进行短视频盈利，是使用得最多的一种收益方式。各种各样的广告，几乎为每一个短视频创作者都提供了视频盈利的机会。每一种广告都有自己的特点和优势，创作者在选择用什么广告获利的时候，可以参照表8-2所示的5种广告盈利方式，从而找出一种适合自己的广告盈利方式。

表8-2 各类广告盈利方式及其广告特点

广告盈利方式	广 告 特 点
品牌广告	品牌广告是创作者以品牌为中心，为品牌和企业量身定做的专属广告短视频。相对于其他广告盈利形式，品牌广告针对性更强，受众的指向性更明确，盈利能力也更高效。当然，对于创作者来说，广告收入也会比较可观
植入广告	植入广告是指在短视频中嵌入产品广告，具体可分为软性植入广告和硬性植入广告。 （1）软性植入广告是创作者用极具创意的方式，将视频内容和产品广告理念融合在一起，从而推广产品。一般来说，软性植入广告更容易让用户接受。 （2）硬性植入广告是指创作者不添加任何修饰，生硬地在视频当中植入产品广告，这种广告植入方式简单直接，但是容易让用户产生反感。因此，创作者在短视频内植入广告时，多以软性广告植入为主
冠名商广告	冠名商广告是指在短视频中提到品牌名称的广告，例如，“本短视频由XXX冠名播出”。这种广告方式简单直接，但广告内容相对生硬。对于冠名的品牌而言，这种广告对于推广品牌、树立形象十分有利，并且还可以对观众形成强烈的视觉和听觉冲击，从而吸引更多潜在客户。对于创作者而言，可以因此获得可观的收益
贴片广告	贴片广告是指在短视频的片头或片尾展示出产品，从而推广产品的广告。贴片广告有着传达明确、互动性强、成本较低和可抗干扰等优点，因此，它是各个短视频创作者使用最多的一种盈利方式
浮窗Logo广告	浮窗Logo广告是指在短视频播放过程中，将品牌Logo或标识悬挂在画面上方，从而宣传品牌或企业的广告。此外，与其他广告相比，浮窗Logo广告展示时间更长，且不会影响用户的观感体验

8.1.5 知识付费

由于知识付费符合移动化生产和消费的时代潮流，近年来越发火热，尤其是在新媒体领域，更是呈现出一片欣欣向荣的景象。同时，也衍生了许多知识付费平台，如知乎、喜马拉雅等，如今知识付费也逐渐渗透到了短视频领域。

短视频知识付费的这种盈利模式，不仅让拥有较高专业知识的短视频创作者成功获利，还可以持续吸纳粉丝，将知识和短视频相结合，成为知识付费的一种新形式。从内容上看，付费盈利分为教学课程收费和专业咨询费用两种。

（1）课程收费

目前很多视频平台都形成比较成熟的视频付费模式，如沪江网校、网易云课堂、腾讯课堂等平台。对于优质讲师的优质课程，很多用户都愿意花钱购买。

（2）专业咨询

专业咨询具有针对性比较强的特点，目前国内推出了很多知识付费的专业平台。例如，“问视”付费视频问答平台，用户通过付费即可下载需要的知识内容，创作者也可以获得相应的收益。

8.1.6 个人IP

短视频行业产生了许多具有代表性的个人IP，例如，办公室小野、七舅脑爷、papi酱、密子君和浪胃仙等。这些人设在短视频领域中有着较大的个人影响力，属于个人品牌，本质上也是流量、人脉。

个人IP不仅是视频内容的生产者，也可以通过流量、人脉衍生商业价值，获得短视频的收益。例如，接广告代言产品、售卖IP产品和带货等，这些都是属于短视频个人IP盈利的方式，通过这些盈利方式还能让短视频个人IP能力和价值不断增高，为收益增加更多可能。通过个人IP盈利，无论是在短视频获利上，还是增强个人IP影响力上，可以说是双赢了。

8.2 各平台获利机制与注意事项

各短视频平台的获利机制无非有两种，一种是通过短视频本身的内容和渠道获利；另一种则是从短视频平台分成。不同的短视频平台，获利机制有所区别，短视频创作者可以尝试在多个短视频平台发展，增加盈利机会，提高抗风险性。因此，短视频创作者就必须掌握各平台的获利机制与注意事项。

例如，抖音短视频平台，创作者通过短视频获利的方式多种多样，但是在盈利的同时，也要求视频创作者保证视频内容符合平台的视频管理条例，否则一旦触碰到平台的管理红线，就有可能受到惩罚。

8.3

平台与店铺达成合作收益

平台与店铺达成合作收益指的是“电商+短视频”的营销模式，这种模式将短视频的内容与商品融入到一起，相辅相成，形成一种“边看边买”的营销模式。

近年来，有很多短视频平台与电商商家都达成了合作协议，短视频平台为电商引流，电商帮助创作者实现盈利，对于短视频平台和电商店铺来说，无疑是双赢的。

8.3.1 平台内的店铺

自营电商是指短视频创作者在短视频平台上建立一个网店，用短视频推广网店中的产品。这种将电商与短视频结合的模式，不仅能够吸引庞大的流量，还可以通过短视频的形式，详细地展现出商品特点、使用场景，让用户可以直观地认识商品，从而增加用户购买商品的意愿。

由于短视频展示商品符合现代用户碎片化获取信息的方式，也让商品更具有吸引力，因此不少经营网店的店主，纷纷在抖音、快手等平台中开设了账号，利用短视频与直播推销自己店里的商品；也有不少的视频创作者也会开设一间“抖音小店”或“快手小店”，用短视频的方式来售卖商品。

一般情况下，如果短视频创作者推广的商品来源于自己经营的店铺，那么店铺名称一般会与账号名称相同或类似，这样可以强调店铺与创作者的关联性，强化创作者的个人IP形象，也为店铺增加了一定的人气。例如，抖音平台就允许视频创作者开设“抖音小店”，在店铺中，创作者可以管理商品，并在短视频中进行推广。自营抖音小店店铺页面以及展示在视频中的购买链接，如图8-2所示。

图8-2 自营抖音小店店铺页面以及展示在视频中的购买链接

值得注意的是，想要将平台内的店铺做得更好，顾客络绎不绝，就需要挖掘产品的卖点，将每件产品都做精做透。比如，某位视频创作者在推销宠物专用气垫梳时，从制作材质、功能、使用感受等多个方面对产品进行展示，现身说法，深挖其卖点，很容易让家里养宠物的用户产生购买欲，视频截图如图8-3所示。

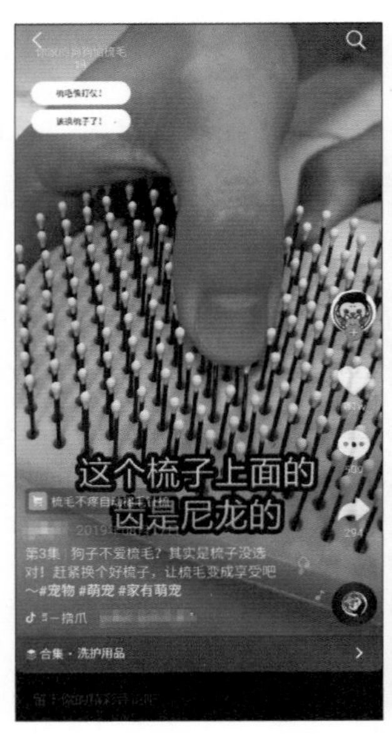

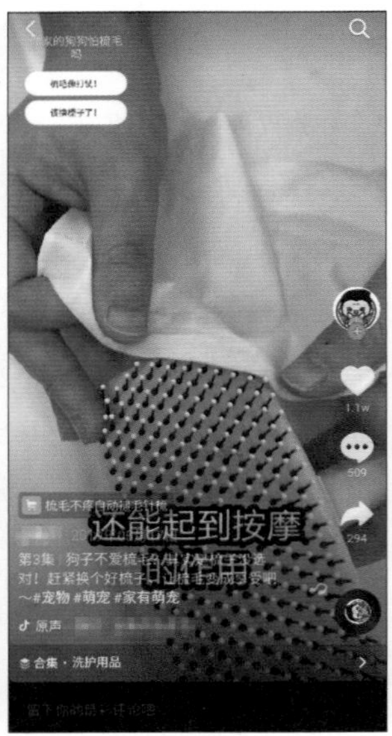

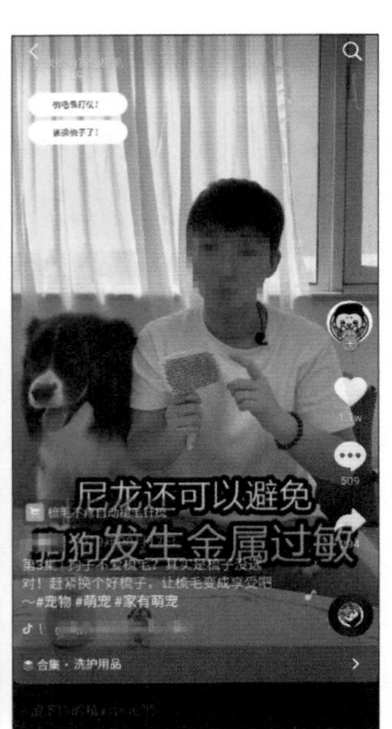

图8-3 创作者多方面展示商品优点

8.3.2 平台外的店铺

在“短视频+电商”模式下，几乎每一个人都可以开设自己的店铺，但是店铺中的商品有的属于创作者自己的，有的则属于帮第三方卖家推广的商品。但是，展示在创作者橱窗中的商品，无论属于哪一类型，都需要利用视频的直达链接、橱窗内部的跳转链接、微信号等方式，引导用户跳转到平台外的店铺或者引导用户添加创作者的个人微信，进入社群，再由创作者售卖商品。

1. 在平台内售卖平台外店铺产品

走“短视频+电商”经营道路的个人或团队，不一定需要有自己的线上商城，与购物平台合作也是一种可行的途径，例如，很多创作者就与淘宝联盟合作，从淘宝联盟选择合适的商品进行推广，以“淘宝客”的身份赚取佣金。

在具体操作上，创作者会制作含有商品推广内容的短视频，并在视频购物车或商品橱窗中放入对应商品的链接，甚至加入特别的优惠信息，这样一来，因为观看短视频而对商品产生兴趣的观众，就可以直接点击链接进行购买。橱窗内展示的他营商品以及进入到第三方店铺的跳转界面，如图8-4所示。

一款他营商品可能在平台上存在着很多推广者，这是因为这款商品的推广佣金较高，如果商品本身质量、功能与价格等都不错的话，肯定会有很多创作者同时选择对其进行推广。因此，如果要在众多推广者中脱颖而出，取得良好的销售成绩，就需要创作者摆脱同质化，将自己的个性融入到推广视频中，并充分展现商品的特色，才能吸引消费者购买。

图8-4 橱窗内展示的他营商品以及进入到第三方店铺的跳转界面

比如抖音达人“喵星人”就是一个典型的例子。“喵星人”的视频内容都是“主人与猫咪的日常生活故事”，在视频中，创作者以别人的猫看到薄荷球很兴奋，而自家的猫咪闻到薄荷球却“爱答不理”为主题，讲述了家有猫咪的用户内心的疑惑，随后将薄荷球代入视频当中，解决这类用户的问题，并吸引他们购买。这种推广方式融入了视频创作者自身的特色，使得视频十分具有个性。视频个性化推荐商品的截图以及购买商品跳转页面，如图8-5所示。

图8-5 视频个性化推荐商品的截图以及购买商品跳转页面

2．在社群内售卖产品

除了在平台内开设店铺和在平台内售卖第三方产品之外，也可以将粉丝从短视频平台引入创作者自己的社群中，在社区里面集中售卖商品，这种方式有以下几个优点：

- 受众精准，成交率高：由于只有对营销短视频感兴趣的粉丝才会进群，因此群内的成员基本上都是商品的精准客户；再加上这些粉丝对于创作者的商品比较认可，成交率也因此相对较高。
- 受众稳定，便于管理：进群的粉丝往往是创作者的忠实粉丝，对创作者有一定的忠诚度。创作者在第一次推广过后，可以持续运营同一社群，向受众推广其需要的其他商品。
- 推广成本小，有利于测款：在需要进行某款商品的小范围测试时，可以利用现有的社群来进行，这样可以节约推广成本。
- 反馈及时，便于调整经营策略：由于社群的自由性，运营方能及时地获得并处理用户的反馈，如此有利于运营方及时调整经营策略，维护社群的黏度。

创作者往往会将自己的联系方式和其他平台账号放置在个性签名中，引导粉丝添加或关注，但其实这样会违反平台管理规则。在个性签名中，最好不要出现“微信”“微博”等词汇。如果创作者需要引导粉丝关注自己在其他平台的账号，可以采用与“微信”“微博”相近的同音词或字母代替，如“VX”“围脖”“WX”等词，或者用爱心的表情代表微信号，用围脖的表情暗示微博号。抖音某创作者的个人主页通过“+”“爱心表情”“电话表情”告知自己的联系方式，如图8-6所示。

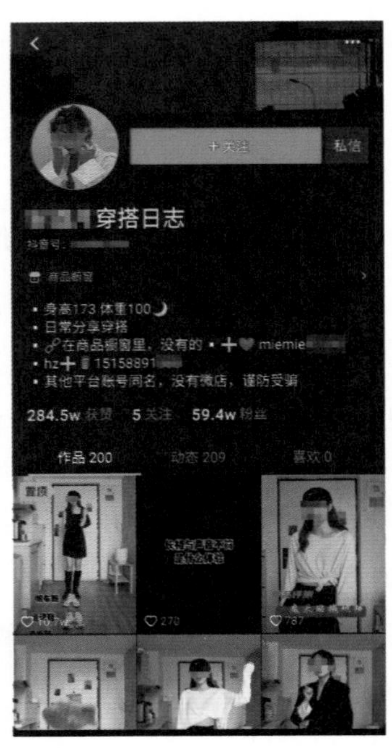

图8-6 抖音某创作者的个人主页

8.4

打造MCN体系进行规模化盈利

短视频MCN体系可以说是一个专业生产内容的机构，机构内拥有众多的内容生产者，因此能够保证短视频内容持续输出，最终实现短视频商业盈利。近年来，MCN体系因其规模化、组织化的特性，在国外各个平台得到快速发展，成为许多短视频内容生产者的重要选择。随着国内短视频如火如荼，国内MCN机构也跟着发展起来，短视频MCN体系逐渐被各个内容创作者所重视，都希望打造一个MCN体系，快速实现规模化盈利。

怎么打造MCN体系进行规模化盈利？可以从3个方面讲解，分别是MCN体系分析、同体系账号之间相互引流方法以及规模化盈利的方法。

8.4.1 MCN体系的优势

一般来说，入驻正规的、较为知名的MCN机构可以让视频账号获得巨大的流量扶持，大大增加视频作品曝光率。此外，加入MCN机构，对于视频内容输出的质量和速度也很有帮助，主要有以下4点。

1. 提升视频账号溢价能力

MCN体系下的账号能够获得多个平台的流量扶持，包括抖音、快手、抖音火山版、西瓜视频、微视、抖音、小红书等，想要获得某平台的流量扶持，只需要在该平台认证即可。据了解，入驻MCN机构前后获得的单个视频作品曝光率差异高达数倍，如此一来，就能提升视频账号的商业溢价能力和视频账号影响力。

举个简单的例子，某视频创作者在入驻MCN体系前，原创广告报价为5000元一条，入驻MCN体系之后，原创广告报价为10000元一条，前后原创广告报价差异之大。由此可见，选择入驻MCN体系更有利于提升视频账号商业价值。

2. MCN机构可以得到视频平台大力扶持短视频平台与MCN体系的诉求相似

MCN机构可以得到视频平台大力扶持短视频平台与MCN体系的诉求相似，都是想要获得庞大的流量，并通过这些流量来转化成实际的收益，而盈利的主要动力来源于优质的短视频内容。MCN体系将众多优质的自媒体平台聚集起来，能够持续不断地输出优质的短视频内容，可以说是众多内容生产者中生产优质内容效率较高的一个。

因此，平台也更愿意去扶持MCN体系，给予流量倾斜，让更多的用户看到MCN体系中的视频账号输出的内容，增加其曝光率，促使MCN体系获得更多的流量；最终，由MCN引来的流量也会沉淀在短视频平台上，为视频平台盈利提供基础，这可以说是一次能够实现双方共赢的战略合作。

3. 能预判最受用户喜欢的内容是什么

在MCN体系中，成员之间的思想可以相互碰撞、相互启迪，并以此来预判短视频内容的爆点。当内容爆点有了方向，就很容易拍摄出用户喜欢的视频内容。此外，MCN还能够从用户角度出发，用专业独特的眼光，判断出引领潮流的视频内容。

4. 精细化运营更容易将视频内容引向爆点

随着短视频市场环境的变化，运营渠道和推广方法不断增加，视频运营有了更细致的分类，当一个视频内容在某一个渠道中火爆了起来，视频创作者可以通过精细化运营将在一个渠道中火爆起来的内容引向其他渠道，使得该内容在全渠道都能够达到火爆的程度。

例如，在网上通过“饮水机煮火锅”一夜之间火爆的“办公室小野”，其团队在获得第一波的爆发式流量之后，立即进行了二次营销，大量剪辑关于“创意制作美食”视频，并通过各种媒体渠道推广视频，让该内容持续火爆，最后创下了一条短视频就收纳数百万粉丝的记录，这正是因为其背后团队的精细化运营，让这条“饮水机煮火锅”的内容曝光在全国网友面前，也为“办公室小野”如今庞大的粉丝数量和知名度打下稳固的基础。

8.4.2 MCN体系内账号如何打造营销矩阵

在MCN体系下，运营的账号往往有很多个，大家看到的那些风格各异的短视频创作者，可能就隶属于同一个MCN团队。因此，利用这些账号相互引流，从而打造一个视频运营矩阵的场景并不陌生。为了让MCN体系下的账号相互引流能够达到一个较为明显的效果，这里介绍6种方法，帮助读者在引流过程中更加顺利、效果更好。

1．评论区互动

翻看短视频的评论是许多短视频用户的习惯，创作者可以在视频评论区域留下同体系账号的信息，或者在回复用户评论时将这些信息融入其中，以此来引起用户的关注。

但值得注意的是，由于用户从一个账号到另外一个账号需要一定的动力，这就要求引流和被引流的两个账号之间，最好具有一定的关联性，这样让用户更容易接受。如果被引流的账号内容丰实、优质，被引过来的用户很大的可能会关注该账号。

举个简单的例子，一个专做女装穿搭的视频账号，就可以为同体系下男装搭配的账号引流，这是因为绝大多数的女生在看服装时，也会帮助自己的对象挑选帅气的穿搭，当评论区出现男装穿搭账号的介绍时，有很大的可能会前往这个账号。

2．利用渴求心理

创作者利用用户的渴求心理引流，就是在视频中抓住用户的痛点和渴求点，只给用户展示部分的视频内容，让用户对后续或其他内容产生浓厚的兴趣，他们会自发地关注创作者引流的账号。

举个简单的例子，用户往往会对那些比较有影响力、有知名度的视频创作者有一定的求知欲，想要了解有关他们的更多信息，此刻，创作者就可以在视频中提示用户“想要了解我的更多信息，可以关注XXXX”，引导用户关注其他的账号。

3．利用好奇心理

利用用户的好奇心理是指创作者在发布的短视频中提出一个问题，或者展现出用户想要获取的某些东西的一部分，引导用户关注其他账号寻求答案，或者寻找想要获取的东西。

举个简单的例子，某视频创作者发布一个短视频的前段部分，在视频播放最关键的时刻戛然而止，并在视频中提醒用户想要观看后续的内容可以到XXX账号观看。

4. 视频内容透露账号

创作者在视频中透露账号是指将同体系账号的信息融入到视频内容中，这是一种比较委婉的引流方式，也是用户比较容易接受的方式。

举个简单的例子，某视频创作者在自己的视频中邀请同体系账号的创作者来做客，或者让同体系账号的创作者在视频中出镜，并在视频中、文案中或视频评论区域中向用户介绍该创作者，有兴趣的用户自然就会去关注该创作者。

5. 活动硬转化

活动硬转化就是创作者通过各种各样的活动吸引用户关注同体系账号。举个简单的例子，某创作者通过视频告诉用户关注XXX账号就能参加一些小活动，或能获得奖品、红包等，如果活动足够吸引人，那么用户会很乐意去关注这个同体系账号。

6. 视频硬转化

视频硬转化就是在视频的开端、结尾直接展示同体系账号名称或者账号信息，进而引导用户去搜索账号、关注账号。

举个简单的例子，某创作者在引流时，直接在视频中放置同体系账号信息，并让信息在屏幕中滚动，这样的做法能够有效增强信息的曝光率，推动看到视频的用户去关注同体系账号。

达人提示

无论使用哪种引流方式，都需要以优质的内容为基础。否则，不仅不能帮助同体系账号引流，甚至还有可能导致自身粉丝的流失，这对于引流打造MCN营销矩阵效果是极其不利的。

8.4.3 MCN体系建立案例

短视频虽然流量众多，但各平台90%以上的流量都被平台头部账号占据了，只有10%的流量分给中部账号以及尾部账号。这就使得中部账号以及尾部账号不同程度上面临着盈利困难、商业模式不清晰等问题，基于这个原因，很多创作者开始加入了MCN体系或者建立MCN体系，以此获得平台资源的扶持以及流量的倾斜。这里以在MCN体系领域中较有知名度的洋葱集团为例，详细讲解MCN体系中的账号规模化盈利的方法。

2016年，聂阳德创办了MCN机构洋葱视频，截至2020年4月，其旗下视频账号视频播放量已达千亿以上，在全网累计获得3亿粉丝关注。洋葱视频能够发展得如此迅猛，与其打造账号体系的方式密切相关。洋葱视频打造账号体系可以分为三个阶段，具体如表8-3所示。

表8-3 洋葱视频打造MCN体系流程

阶　段	阶段做法
第1阶段	用强有力的噱头让账号迅速“出圈”：办公室小野的“饮水机煮火锅”给用户带来了新的视觉冲击，迅速刷屏全网，而这位女员工也一炮而红，使得账号迅速成为视频中的头部账号之一
第2阶段	推出多品类艺人，让账号粉丝覆盖面更广：随着办公室小野的爆火，洋葱视频开始打造更多的视频创作者，使得旗下账号的粉丝覆盖面更广，例如，暖心暖男“七舅脑爷”，老年人发声筒的“爷爷等一下”，都一一验证了洋葱视频这一体系的可行性
第3阶段	转型做内容生态服务商，壮大团队，稳固盈利能力：聂阳德深知短视频是“做流量的生意，不稳定性因素太多”，因此转型成为内容生态服务商，不仅仅连接内容制作者，帮助视频创作者接商业广告，还可以赋能电商

目前，洋葱视频依靠旗下的各类账号，涉及多种盈利方式，包括如今量分的“微信”“微博”等词户关注，会将自己其他平台的账号广告、电商、知识付费和版权等。此外，洋葱集团还获得了新浪微博基金的天使轮融资和A轮融资。

聂阳德能取得如此好的成绩，很大程度上是因为他通过MCN体系账号，打造了一个营销矩阵，并在运营MCN体系过程中，根据时局变化，调整顺应时代的MCN体系运营策略，让旗下的账号迅速发展壮大。

走心秘技1：企业如何开通蓝V导流线下实体店

企业开通蓝V，是指企业在视频平台注册一个账号，并由平台进行企业认证，之后企业账号上会有一个蓝色V字符，其他用户看见后就知道这是一个经过平台官方认证的企业账号。

企业开通蓝V认证的最终目的是为了引流盈利，尤其对于线下企业来说，借助短视频为实体店引流，是一个快捷且有效的盈利手段。“盘子女人坊”就是一个将短视频流量导入到线下实体店的成功例子，有兴趣的读者可以看一看他们如何做到将线上流量引入到线下。

盘子女人坊摄影的地理位置，大大影响了其店铺的签单量。而抖音平台用户活跃，且绝大多数的用户都是一、二线城市的年轻女性，消费能力较高，一定程度上对摄影感兴趣，所以如果能利用短视频将这些流量引到线下，就会带动线下实体店的签单率。

基于这个原因，盘子女人坊摄影以客户的需求为出发点，根据经验分析顾客的需求量和购买力，策划一些营销方案，并有计划地展开各种营销活动，从而达到为线下引流的目的。营销策略主要有以下几点：

- 盘子女人坊摄影通过风格鲜明的视频主题，准确定位其目标群体，例如，现代一秒变古代造型、花絮照片定格等视频主题，都能有效吸引目标群体的目光，大大增加了账号的曝光率。
- 盘子女人坊发起了“你喜欢的古风”和“秒变古风盘出国装”等话题的同时，也在在线下门店提供为顾客拍短视频的服务，并鼓励顾客带上话题，将视频发到抖音上，以此将线下顾客引到线上，完成流量转化。

- 盘子女人坊利用企业蓝V权益，在抖音个人主页设置了“官方网站”“联系方式”这两个转化组件，使得用户下单更加方便快捷，非常有利于签单率的提高。
- 设置自定义私信回复，以此节省了大量回复时间和运营成本支出。并且它在私信页面还设置了“新品发布”和“粉丝福利”两个选项，用户点击选项，就可以进入相关页面填写表单，这又进一步促进了粉丝转化。

盘子女人坊在没有完成认证企业号之前，在聚币流量的情况下，并没有转化组件，这就导致了其用户转化率非常低。当账号开通企业蓝V认证之后，它通过拍摄热点创意视频和设置主页转化组件，使用户转化率得到了很大的提升。

走心秘技2：如何选择适合短视频推广的爆款商品

近年来，越来越多的人选择利用短视频来推广商品。那如何选择适合短视频推广的爆款商品，就成了人们最关心的问题。不难发现，这些爆款商品实际上都有一定的共性，例如消费群体差不多，都有很实用的价值。总的来说，适合在短视频平台上推广，且能够成为爆款的商品有5个特点，说明如下。

1．锁定商品受众为年轻用户

不难发现，短视频平台上活跃度较高的用户，多是一、二线城市的年轻人，这些年轻人拥有很强的消费能力，面对心仪的商品，往往会选择直接购买。例如，戴森在抖音推出了吹风机和吸尘器两款商品，虽然两款商品的功能都非常吸引人，但是只有吹风机成为爆款，而吸尘器却鲜有人买。这正是因为吹风机的受众是年轻用户，而抖音刚好年轻用户居多。戴森吹风机，如图8-7所示。

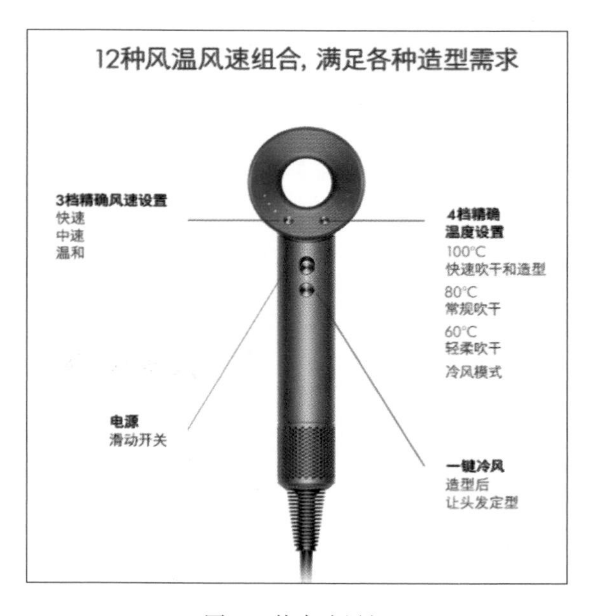

图8-7 戴森吹风机

2．商品具有实用价值

商品的实用价值高，用户才会愿意购买。例如，“切菜神器”切菜速度快，且切菜“品相”好，还能让用户再也不怕切菜切到手。面对这样的“好物”，用户自然愿意购买。“切菜神器”外观以及“切菜神器”切菜的“品相”，如图8-8所示。

图8-8 切菜神器

3. 商品具有话题性

话题性相当于商品的特殊标签，它可以使商品在短视频平台上快速传播。例如，“小猪佩奇”的话题，使得小猪佩奇的手环、公仔、背包等周边产品的销售量得到快速提升。某网店售卖的小猪佩奇公仔总评价已经超过了20000，且商品人气也超过了50000，可见小猪佩奇备受用户喜欢，如图8-9所示。

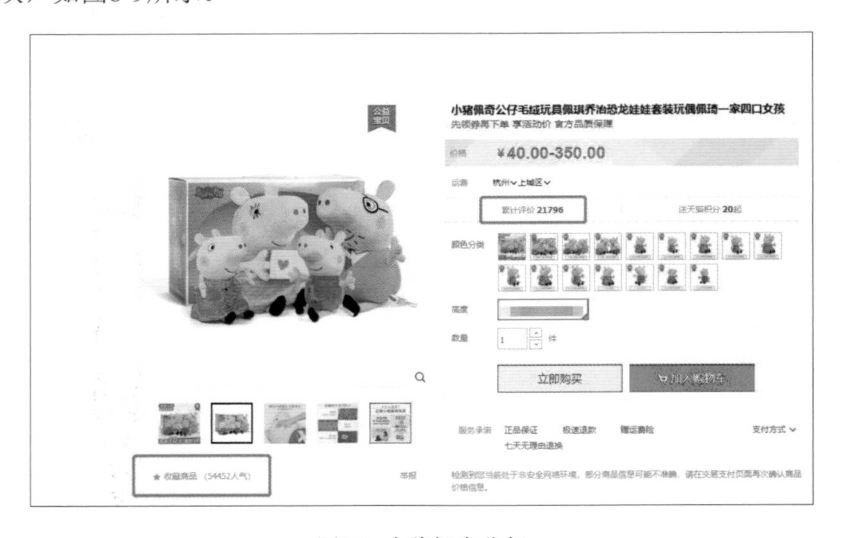

图8-9 小猪佩奇公仔

4. 商品具有个性、创意

年轻人更喜欢创意、新奇和有个性的商品，如搞怪面具，它适用于多种场景，尤其是在新郎接亲时，用这样的搞怪面具，可以为接亲环节增添不少刺激和趣味性。或者“可以吃的iPhone X”，iPhone X包装盒里装的不是手机，而是可以吃的巧克力。

值得注意的是，创作者如果要选择该类商品进行推广，那在一开始就要提炼出该商品最引人注意的创意属性，等到这个商品火爆以后，就可以继续提炼该商品的其他创意点，让商品持续火爆。

5．商品价格能被绝大多数人接受

一般来说，对于价格较低的商品，用户购买时会比较随意。如果商品的价格相对较高，用户在购买时就可能会犹豫。例如，一件100元的新潮衣服一定会比一台10000元的某知名品牌电视机更容易成为爆款。

走心秘技3：新手小白也能打造出一个赚钱的抖音号

新手小白也能快速打造出一个赚钱的抖音号，这是真的吗？当然是真的了。其运作方式非常简单，具体如表8-4所示。

表8-4 快速打造一个赚钱的抖音号的运作方式

确定账号定位	内容定位	首先找到自己想要做什么内容，例如，内容是关于美食的、穿搭的、美妆的、摄影的、技能分享的、职场干货的
	人群定位	确定自己制作的内容的受众是谁，例如，受众是男人、女人、老人、小孩，宝妈、学生、白领、80后、90后？收入高、收入低？
	产品定位	确定账号适合卖什么产品，这是根据手中的需求而定的，受众需要什么，就可以卖什么。例如，做职场干货的短视频创作者就可以售卖职场干货的知识课程
	行业定位	了解自己账号运营的内容属于什么行业，从而为后期从售卖单一产品到多元产品做准备
	盈利定位	确定自己通过什么来盈利，例如，作品带货、直播带货、引流到微信、社群盈利
保证内容垂直度	为了保证内容垂直度，获得更为精准的系统推荐和目标受众，运营的内容最好是不超过两个领域	
力求账号审美符合大众	在保证账号审美上，可以对标同行的比较优质的视频账号，学习他们的视频内容以及风格	
保障视频内容持续性输出	保证视频内容持续性输出就是保证账号的曝光量，同时也增加了账号粉丝的黏性	
发展IP	当视频账号有了一定的粉丝基础，就可以往发展IP的道路上前进，例如，李子柒、二更、一条、日食记等	

走心秘技4：3种抖音带货玩法，不想赚钱都难

抖音带货玩法有3种，分别是有产品、无产品和其他玩法，基本上满足了所有人的带货玩法。一般来说，选择一种适合的玩法，日赚斗金基本上不成问题。

（1）有产品玩法

有产品的玩法适用于淘宝商家、生产厂家、零售商等有产品的用户。

淘宝商家在玩抖音带货时，可以将视频中的购物车链接连接到自己淘宝店铺的网址，也可以直接在商品橱窗中上架自己店铺中的产品；生产厂家可以开通蓝V，曝光产品，引导用户关注或购买产品；零售商可以直接开通“抖音小店”售卖产品。

（2）无产品玩法

无产品的玩法适合没有可以线上售卖产品的用户，多用于服务类或餐饮类的本地服务，可以通过抖音将线上流量引入到线下，完成转化。

此外，淘宝客带货也属于一种无产品的玩法，只需要将淘宝联盟中的商品链接放置在短视频中，如果有用户购买，淘宝客就可以获得相应的佣金。

（3）其他玩法

其他玩法就是大家所说的直播带货、账号矩阵玩法、蹭热度微商玩法、DOU+助力玩法、抖音电商代运营等。

走心秘技5：3种科学卖货营销方法，不想观众买都难

其实抖音上的卖货套路，绝大多数的用户都心如明镜，十分清楚。因此，想要在众多带货短视频中拼出一条出路，不妨通过3种科学卖货营销方法，让用户心理接受度高、信任度高。

（1）结合产品

结合产品，将视频内容与产品相结合，用户在观看视频的过程中就收到创作者要传递出去的信息，这种方法更能让用户接受。

例如，某口红的营销短视频，通过“口红应急化妆”的视频，将这一产品的特点深刻地印在用户的大脑里，对于会用到口红的用户来说，自然会去购买该产品。

（2）结合企业理念

结合企业理念，将视频内容与企业理念相结合，使得用户在观看视频的过程中感受到企业的态度。例如，海尔砸冰箱的故事，就从侧面反映了企业严格把控产品质量的理念，对于想要购买冰箱的用户，购买海尔电冰箱自然成了他们的重要选择。

（3）结合品牌或者个人形象

结合品牌或者个人形象，将视频内容与品牌或者个人形象相结合，能够拉伸用户对视频的好感度。例如，一家做牧业的企业，在视频中向观众展示牛奶从出产到抵达用户手中的每一个环节都安全可靠，从侧面反映出该企业的真诚，也能一定程度上提升用户对企业的好感，购买将成为理所当然的行为。

走心秘技6：抖音电商内容4大核心形式

在市场中，绝大多数的营销都有一定的套路，掌握了这些套路，能够强化营销的效果。在抖音电商的实战中也一样，掌握了4大核心形式，更有利于将产品营销出去。

- 测评：当A与B都属于同一类型的产品时，创作者可以用测评的方式，推荐其中更好一款。
- 种草：用户购买产品都是为了自身的需求，因此，创作者在种草产品时，可以从用户角度出发，种草好看或生活中经常使用的产品。
- 避雷：在万千的产品中，难免有的产品存在质量或美观的问题，创作者可以通过盘点或体验使用的方式，引导用户避雷。
- 低价：用户对实惠的商品的需求十分强烈，创作者可以将平时评价比较好的产品的优惠信息进行推广或者直接进行促销。

综合案例：火爆抖音的高盈利养生茶项目拆解分析

抖音平台上有很多的创作者短视频销售养生茶，达到了日收入过千的水平，令很多人都感到惊讶。究其原因，是因为养生茶短视频具有制作简单、可复制性强、佣金高和成单率高等特点，让很多做养生茶项目的创作者都获得了不错的收益。

养生茶的热潮迟早会过去，但养生类产品将会层出不穷，因此，掌握养生茶项目的操作原理，对大家操作其他养生产品的项目会有极大的帮助。

1. 养生茶项目火爆及高盈利背后的逻辑

通过抖音带货火爆起来的商品有很多，养生茶能从其中脱颖而出，为大家所青睐，这是因为养生茶的类型很广泛，适合很多人饮用，并且它顺应市场而生、顺应市场而转化，是被当下用户所乐于接纳的产品。

（1）常见的养生茶类型

养生茶的主要原料是茶，它根据人的体质以及时令季节等因素，搭配不同的药材或食材制作而成。在我国古代就有喝茶的传统，后来随着时代不断进步，各种各样的“保健”的养生茶逐渐出现在大众的视野，并逐渐被大众接纳。常见的养生茶类型有美颜茶、护肝茶、瘦身茶、清肝明目茶。养生茶的类型不同，其原料也有所差异，例如，效果是“补肝明目，改善气虚”的养生茶，其养生茶原料是决明子、枸杞、菊花和红糖，如图8-10所示。

（2）为什么养生茶能够火爆

不难发现，养生茶能在众多爆款商品中崭露头角，被带货的播主们青睐，能够为人们带来高收益，与我国人们喝茶的传统观念和平台以及市场的推动分不开，具体可以从以下三个方面说明，如图8-11所示。

决明子枸杞菊花红糖茶
补肝明目 改善气虚
1.8w
343
4429
经常熬夜最伤气血，熬夜就喝决明子菊花红糖养生茶#养生 #vlog日常 #
@抖音小助手
音乐人

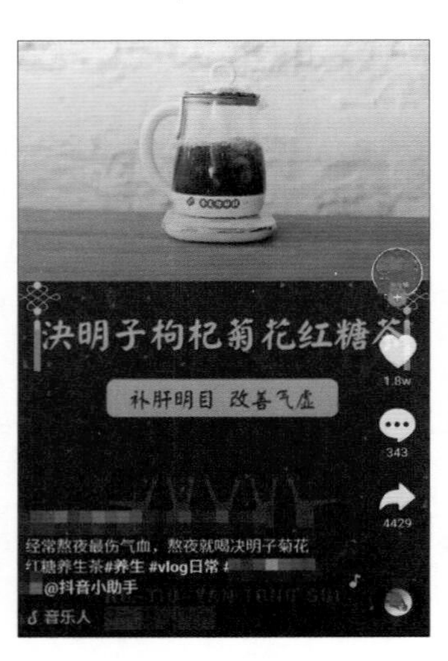

图8-10 “补肝明目，改善气虚”养生茶

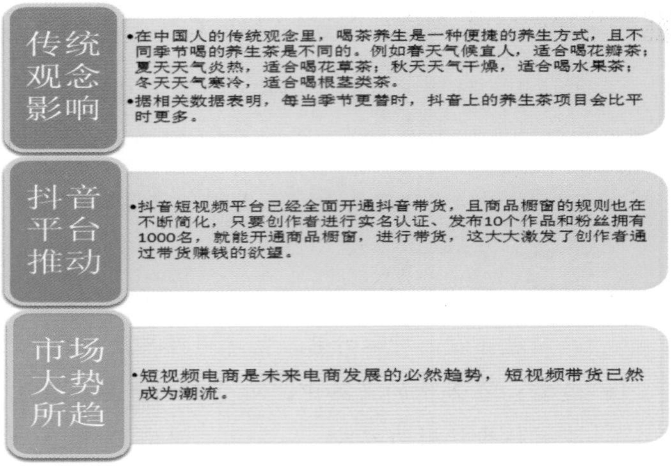

传统观念影响
•在中国人的传统观念里，喝茶养生是一种便捷的养生方式，且不同季节喝的养生茶是不同的。例如春天气候宜人，适合喝花瓣茶；夏天天气炎热，适合喝花草茶；秋天天气干燥，适合喝水果茶；冬天天气寒冷，适合喝根茎类茶。
•据相关数据表明，每当季节更替时，抖音上的养生茶项目会比平时更多。
抖音平台推动
•抖音短视频平台已经全面开通抖音带货，且商品橱窗的规则也在不断简化，只要创作者进行实名认证、发布10个作品和粉丝拥有1000名，就能开通商品橱窗，进行带货，这大大激发了创作者通过带货赚钱的欲望。
市场大势所趋
•短视频电商是未来电商发展的必然趋势，短视频带货已然成为潮流。

图8-11 养生茶火爆的因素

（3）养生茶是如何转化的

绝大多数的养生茶项目创作者都能收入不菲，可见养生茶的转化效率非常高。这很大原因在于养生茶首先抓住了当前时代人们的痛点，并将这个痛点无限放大，引起人们的焦虑，最后再将养生茶的作用代入这个健康问题中，如此一来，就形成一个售卖养生茶良好的闭环，如图8-12所示。

第一步
•如今，绝大多数的人都处于亚健康状态，且对于健康问题都比较重视，如果是和健康问题有关的商品，人们会比较愿意关注。
第二步
•养生茶将每个人担心的健康问题无限放大，并向这些人传递不解决这个问题的后果非常严重的信息。如此一来人们自然而然的就会去重视，并且会主动去了解解决简单问题的方法。
第三步
•将养生茶恰到嵌入到健康问题当中，并且强化饮用养生茶的效果，刺激目标用户的购买欲。

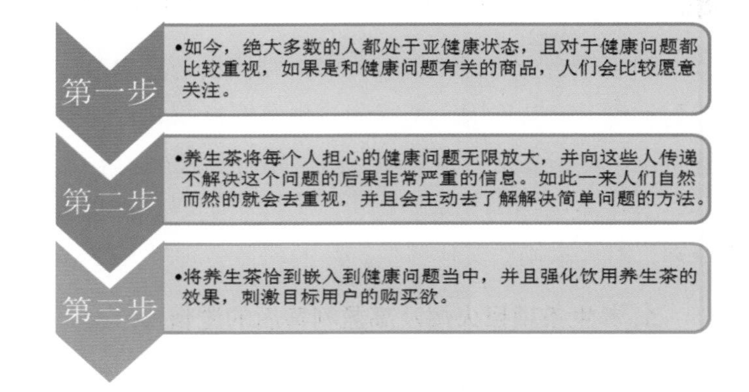

图8-12 抖音养生茶转化逻辑

（4）养生茶项目前景

养生茶在抖音平台上形成了两种互补阵营，分别是“养生茶 ”和“美妆茶 ”。“养生”主要针对于消费者在春、秋、冬这三个季节的身体健康问题，而“美妆”则主要针对消费者在春、夏、秋这三个季节的美容养颜问题。但是，这两者之间并不冲突，反倒是形成了一个良好的闭环，帮助养生茶项目获得更大的市场。由此可见，养生茶项目的前景非常好，值得创作者一试。

2. 养生茶品类及选择方法：快速锁定目标产品及佣金

市面上的养生茶品类非常多，且各有特点。创作者在选择养生茶的时候，可以从养生茶的功效、养生茶的类型和产品的佣金三个方面出发，更有助于在养生茶项目上获得越来越好的效益。

（1）养生茶的功效

不同的养生茶，其功效是不同的，适用的人群也是不同的。具体人群适用的养生茶功效以及这些功效对应的茶的种类，如表8-5所示。

表8-5 养生茶功效适用人群

男性适用		女性适用				男女通用		
清咽润肺	补肾壮阳	补血补气	驱湿养颜	瘦身减肥	驱寒调理	清热解毒降火	养神安睡	降高酸
胖大海菊花茶	五宝桑葚山药茶	红枣桂圆枸杞茶	红豆薏米芡实茶	玫瑰冬瓜荷叶茶	红糖桂圆姜茶	蒲公英根茶	艾草中药足浴	菊苣栀子茶

创作者根据养生茶的功效可以推断出适用的目标群体，反之，根据养生茶的目标人群，也可以判断出他们重视的问题，从而选择合适的养生茶类型。表中所列出来的功效以及对应的养生茶类型，只是众多养生茶中的一部分，读者可以将其作为参考。

（2）养生茶产品类型

抖音上的养生茶产品类型有很多，最常见的有以下几种：

- 南京同仁堂科技红枣桂圆枸杞茶叶组合（补气血女人茶）。
- 南京同仁堂科技红豆覃米芡实茶赤小豆意仁茶叶（祛湿排毒茶）。
- 南京同仁堂生物玫瑰荷叶茶叶纯干玫瑰花茶袋泡花草组合冬瓜茶（瘦身减肥）。
- 蒲公英茶长白山蒲公英非特级正品野生蒲公英根茶（清热解毒降火）。
- 玫瑰冬瓜荷叶茶叶干玫瑰花茶袋泡茶包天然决明子正品（瘦身减肥）。
- 蒲公英茶带根干长白山天然野生非特级婆婆丁正品花草茶叶组合（清热解毒降火）。
- 人参枸杞茶五宝桑棋山药覆盆子大麦组合（补肾壮阳，持久补元气）。
- 胖大海菊花茶润喉罗汉果金银花陈皮泡水茶包（清咽润肺茶）。
- 红豆事米茶赤小豆芡实豪仁茶大麦苦芬橘皮组合（祛湿排毒茶）。
- 桂圆红枣枸杞姜茶叶五宝花茶组合（补气血女人茶）。
- 艾叶草十二味中药包泡脚草本足浴包老姜足浴粉睡眠男女。
- 同仁堂红豆董米芡实茶。
- 同仁量红枣桂圆枸杞茶叶组合型花草茶。
- 同仁堂艾叶老姜泡脚中药包男女足浴草本脚奥粉包。

这些产品通常都有相关的购买链接，创作者只需将链接分享出去，如果有顾客通过链接购买了养生茶，创作者就能获得相应的佣金。一般来说，很多初入养生茶项目的创作者，都会通过分享这些产品，从而获得高佣金收入。

（3）选品以及佣金获取

创作者可以通过抖音好物榜、大淘客、飞瓜数据、好单库以及种草之家等方式找到人气火爆、销量较好的养生茶产品，同时也可以通过这种方式了解产品的佣金。好单库某月销售火爆的养生茶产品的销量，如图8-13所示。

图8-13 好单库中养生茶月销量

从图中可以明显看出，排在第一位的养生茶月销售量高达23.16万件，由此可见，该养生茶有多么火爆。此外，每个养生茶产品的下方都有详细的佣金介绍，这对于创作者快速锁定目标产品及佣金非常有帮助。

3. 养生茶视频的3大主流类型：哪个玩法效果最好

目前较为主流的养生茶视频类型有3种，分别是罗列养生茶配方卖点类、养生综艺类和卡通类，且不同类型的视频呈现特点也有所不同，具体如下所示：

- 罗列养生茶配方及卖点类型的视频：这种养生茶短视频类型是抖音上最常见的一种养生茶短视频。创作者通过短视频讲述健康问题，并将养生茶有机地植入其间，向观众展示出养生茶的配方和卖点，并在最后向观众呈现出饮用养生茶之后的效果。
- 养生综艺节目类型的视频：这种养生茶短视频类型类似于养生综艺节目，由创作者二次剪辑，创作出一个新的养生茶短视频，向观众展示养生茶的好处。这是因为养生综艺节目里的讲解嘉宾多为养生领域的专家、医生或者有影响力的人物，他们很容易受到人们的信赖，说服力比较强，能够为产品背书。
- 卡通类型的视频：卡通类型的养生茶视频是指视频内容通过卡通的形式向观众展现为什么要喝养生茶、养生茶的配方是什么，以及喝养生茶的好处有哪些。一般来说，卡通类的养生茶短视频更倾向于养生茶的科普。

值得注意的是，上面三种养生茶视频类型可以相互融合使用。以某个“养肝护肝”的养生茶视频为例，这个视频就属于罗列配方及卖点类，其具体视频界面如图8-14所示。

该视频一开始先抛出了一个“经常掉头发”的问题，这个问题是很多观众都有的痛点，随之告诉观众喝什么茶可以解决这个问题，最后再讲述茶的配方和功效。

图8-14 罗列养生茶配方及卖点类型的短视频

4. 养生茶文案写作及视频制作：抛弃烦琐，新手也能做

养生茶的文案写作及视频制作并不是想象中的那样，很困难、很复杂，反而非常简单。这里分别从养生茶文案写作和视频制作两个方面来讲解，让一个新手也能写出引人注目的文案，制作出效果极好的养生茶视频，并且能通过这个养生茶短视频轻松实现收益。

（1）养生茶文案写作

养生茶文案写作可以分为时间原则和素材来源两个方面。

在时间原则上，由于短视频时间较短，往往需要在3秒之内吸引观众的眼球，因此创作者最好通过标题来吸引观众，如“常熬夜的人，千万不能喝这个”，并且在3秒之内描述产品的配方和使用方法，最后用3秒的时间来呈现使用产品的效果，刺激用户购买，如“每周2杯，1个月后我告诉你惊喜”。

在素材来源上，创作者可以通过4种方式，来寻找对自己有帮助的素材，具体如下所示：

- 通过分析抖音竞品养生茶视频的文案，并加以借鉴。
- 通过养生茶的产品详情，提取其中精华部分，整理成新的文案。
- 根据养生类视频或图文内容，整理出比较精辟的文案。
- 根据养生节目提取出专家的观点，用在养生茶的文案上。

（2）养生茶视频制作

制作养生茶视频的方式有3种，分别是混剪、实拍和动画。这3种养生茶视频的制作方式，如表8-6所示。

表8-6 养生茶视频制作方式

制作方式	方　法
混剪	通过视频剪辑软件对视频素材进行二次剪辑，使其成为一个新的养生茶短视频作品
实拍	通过拍摄相关的养生茶配料、制作方法等视频，并加以剪辑，使其成为一个完整的养生茶视频
动画	通过卡通动画的形式，或者用养生科普等方式向观众呈现出一个完整的养生茶视频

5. 养生茶带货出单技巧解密：要做什么与不能做什么

让养生茶出单量更高，可以说是每一个做养生茶项目的创作者最关心的问题。因此，应主动去了解养生茶带货出单的技巧，重点关注这3个技巧：养生茶的短视频要不要投放抖音DOU+，视频播放量太低要怎么解决，怎么解决播放量高但转化率很低怎么办。

（1）是否要投放抖音DOU+

不难发现，抖音平台上播放量和点赞数据都很高的短视频，很大一部分都投放了DOU+。因此，很多创作者也想通过投放DOU+，获得高曝光率，提升视频的播放量和养生茶出单量。但由于养生茶短视频大多夸大其词，广告嫌疑很重，平台不会去大肆推荐、宣传该条短视频。因此，养生茶的短视频不建议投放DOU+。

（2）视频播放量低甚至没有

当一个养生茶视频发布成功之后，如果视频播放量很低，甚至是没有。这个时候，就要求创作者对短视频甚至是账号进行检查，寻找出问题的关键，并加以解决。

创作者在检查时，可以从两个方面进行。第一方面是检查账号是否有问题，如果账号有问题，则有可能是账号运营或养号问题，进行相应的改正即可。

另一方面是检查短视频内容是否违规，视频违规主要体现在内容或画面敏感，可能会被平台限流，创作者进行相应的改正即可。

需要注意，如果这两方面都正常，问题还存在，则可以尝试新方向，例如直播。通过直播的方式引导用户关注并恰当嵌入养生茶的解说，从而带动养生茶的销量，也是一个非常不错的方法。

（3）播放量高但是没有销量

播放量高但是养生茶销量却毫无起色，这是每一个做养生茶项目创作者都非常想要解决的问题。养生茶视频播放量高，但是没有销售量，有3点的原因，创作者根据相应的原因入手解决即可。

第一是账号定位不准确，养生茶视频受众垂直度不够高；第二是养生茶视频内容缺乏有效的互动数据，例如点赞量和评论量；第三是养生茶视频缺乏卖点信息，或者卖点与目标受众不够匹配。

由此可见，想要短视频播放量高，且养生茶销售量高，创作者在做养生茶项目时，就要深入了解养生茶市场，知道什么可以做，什么不能做，怎么做，怎么做才能做得更好。只有这样，养生茶的项目才可以成功。